Depósitos cenozoicos no Planalto Ocidental Paulista

JAYME DE OLIVEIRA CAMPOS

DEPÓSITOS CENOZOICOS NO PLANALTO OCIDENTAL PAULISTA

UMA ABORDAGEM DE GEOLOGIA DE ENGENHARIA

editora unesp

Direitos de publicação reservados à:
Fundação Editora da Unesp (FEU)
Praça da Sé, 108
01001-900 – São Paulo – SP
Tel.: (0xx11) 3242-7171
Fax: (0xx11) 3242-7172
www.editoraunesp.com.br
www.livrariaunesp.com.br
atendimento.editora@unesp.br

Dados Internacionais de Catalogação na Publicação (CIP) de acordo com ISBD
Elaborado por Odilio Hilario Moreira Junior – CRB-8/9949

C198d Campos, Jayme de Oliveira

Depósitos cenozoicos no Planalto Ocidental Paulista: uma abordagem de geologia de engenharia / Jayme de Oliveira Campos. – São Paulo: Editora Unesp, 2025.

Inclui bibliografia.
ISBN: 978-65-5711-255-7

1. Geologia. 2. Depósitos cenozoicos. 3. Paleontologia. 4. Morfologia. 5. Pedologia. 6. Paleogeologia. 7. Ciências da terra. 8. Geologia histórica. I. Título.

CDD 551.072
2025-2389 CDU 551.1

Editora afiliada:

Asociación de Editoriales Universitarias de América Latina y el Caribe

Associação Brasileira de Editoras Universitárias

In memoriam

Eng. Mílton Vargas
Geólogo Lorenz Döbereiner
Eng. Paulo Teixeira da Cruz
Geólogo Paulo M. Barbosa Landim

Sumário

Agradecimentos

À Providência, que me possibilitou discernir o Quê, o Por Quê e o Quando.

À Universidade Estadual Paulista "Júlio de Mesquita Filho" (Unesp), abrigo da minha carreira acadêmica e edição deste trabalho.

Ao Instituto de Geociências e Ciências Exatas (IGCE), Departamento de Geologia Aplicada da Unesp, câmpus de Rio Claro, onde se materializou o Projeto de Pesquisas.

Ao Conselho Nacional de Desenvolvimento Científico e Tecnológico do Brasil (CNPq); à Fundação de Amparo à Pesquisa do Estado de São Paulo (Fapesp); e à Fundação para o Desenvolvimento da Unesp (Fundunesp), que proporcionaram os meios materiais para a pesquisa.

Ao Instituto de Pesquisas Tecnológicas de São Paulo (IPT), nas pessoas do eng. Cláudio Michael Wolle, eng. Scandar Gasperazzo Ignatius e eng. Sussumu Niyama, na época respectivamente coordenador, engenheiro e engenheiro chefe do Agrupamento de Mecânica dos Solos e Fundações, onde se desenvolveu a fase brasileira desta pesquisa.

Ao Laboratoire Central des Ponts et Chaussées (LCPC), em Paris, França, onde foi realizada a fase francesa da pesquisa.

Ao dr. André Le Roux, do Laboratoire Central des Ponts et Chaussées, orientador da pesquisa, pela competência e experiência.

Ao dr. Paulo Teixeira da Cruz, pelas sugestões oportunas e convenientes.

Ao prof. dr. Paulo Mílton Barbosa Landim, da Unesp, câmpus de Rio Claro, pela compreensão e pelo suporte ao projeto de pesquisa.

A Mauro Gregorin, desenhista.

A todos os que de uma forma ou de outra colaboraram para os bons propósitos do projeto, mesmo aqueles que não conhecemos, mas presentes na revisão bibliográfica e na parte gráfica.

À família, pelo incentivo e pelo amparo.

PREFÁCIO

Este texto tem como enfoque principal o estudo, em seus múltiplos aspectos, dos depósitos cenozoicos no Planalto Ocidental Paulista e sua importância para a geologia de engenharia. Foi escrito por um geólogo com uma larga experiência em sua vida profissional nesse campo de atuação e ao mesmo tempo um professor extremamente preocupado em transmitir conceitos da maneira mais didática e simples possível e que possam ser úteis na análise e consequente interpretação geotécnica de fatos geológicos.

O autor, bacharel em Geologia pela Universidade de São Paulo (USP) em 1963, é doutor em Geologia Geral e de Aplicação pela Universidade de São Paulo (1981) e livre-docente em Geotecnia pela Universidade Estadual Paulista (Unesp), câmpus de Rio Claro (1989). Foi professor de Geotecnia no Curso de Graduação da Unesp, câmpus de Rio Claro (1976-1994), além de orientador nos programas de pós-graduação do Curso de Geotecnia da USP de São Carlos (1982-1997), de Geociências e Geotecnia da Unesp, câmpus de Rio Claro (1985-2001), de Geografia (2002-2007) desse mesmo câmpus e em Engenharia Civil na Universidade Federal de Viçosa (1993-1994). Realizou estágio de pós-doutorado sobre solos tropicais brasileiros no Laboratoire Central des Ponts et Chaussées (LCPC), em Paris, França (1990), e especializações sobre liofilização de solos cenozoicos brasileiros no LCPC (1993), e géis produzidos nas reações álcali-agregados na Universidade Paris-Sud (1994). Realizou estágio de especialização em Gestão de Resíduos Industriais nas empresas CerChimie, em Nanterre, e Sarp Industries, em Limay, França (1998).

Participou da comissão editorial da revista *Geotecnia*, da Sociedade Portuguesa de Geotecnia (1974-2014). Foi presidente da Associação Brasileira de Geologia de Engenharia e Ambiental (ABGE) (1991-1993), diretor-presidente da Empresa Municipal de Desenvolvimento da Prefeitura de Rio Claro (Emderc) (1996-1999), secretário municipal de Planejamento, Desenvolvimento e Meio Ambiente (Sepladema) da Prefeitura Municipal de Rio Claro (2005-2008), administrando a operação do aterro sanitário do município, sendo gerente dos projetos do Plano Diretor de Rio Claro, e do Sistema de Informações Municipais, além de coordenar o Protocolo Município Verde da Secretaria de Estado de Meio Ambiente de São Paulo (SMA), tendo coordenado a elaboração do Plano Diretor de Rio Claro que originou a Lei Municipal n.3.806 de 28 de dezembro de 2007. Foi professor adjunto/colaborador na Secretaria Municipal de Ciência, Tecnologia e Desenvolvimento Econômico da Prefeitura Municipal de São Carlos, quando coordenou o Projeto Cátedras de São Carlos – Resíduos Sólidos: Inventário e Plano de Manejo para a Cidade de São Carlos. Tem experiência na área de Geologia Aplicada à Engenharia, atuando principalmente nos seguintes temas: Projetos e Construções de Barragens, Túneis, Canais, Estradas e Taludes, em empresas como Eletrobras, Cherp, Cesp, Comasp, Sabesp, IPT e Themag Engenharia. Dedica-se ao estudo das rochas brandas, tendo sido coordenador do Primeiro Relato do Comitê de Estudos Geotécnicos de Rochas Sedimentares da ABGE (1988) e apresentou trabalhos sobre o tema em congressos internacionais em Beijing, China, em 2014; Goiânia, Brasil, em 2014, e Cartagena, Colômbia, em 2016. Na área ambiental, atuou como assessor do Consórcio Intermunicipal das Bacias dos Rios Piracicaba, Capivari e Jundiaí, quando colaborou, em comissões técnicas mistas Brasil-França, de iniciativas para a Gestão de Bacias Hidrográficas e Gestão de Resíduos na área de atuação do consórcio, através de colaboração com a Agência Francesa de Meio Ambiente e do Domínio da Energia (Ademe), e da Agência de Bacia Sena-Normandia (1992-1998).

O livro tem início com uma introdução sobre a estratigrafia da área estudada, ao relacionar as diversas unidades sobre as quais estão sobrepostos os depósitos cenozoicos. A seguir são apresentados conceitos básicos sobre solos com destaque para os fundamentos teóricos das características e comportamento de tais materiais do ponto de vista geotécnico. Em sequência, o autor mostra todo o seu domínio sobre o estudo de rochas brandas e sua aplicação em geologia de engenharia ao discorrer, como um "estudo de caso", sobre os dados obtidos no Planalto Ocidental Paulista e como analisá-los. Como conclusão, é ressaltado, no trabalho, que fica evidente a importância da colaboração entre a geologia, a pedologia e a geotecnia, com a ressalva, porém, que nas classificações de solos em geotécnica, em pedologia e em mecânica dos solos, a abordagem metodológica dos estudos e trabalhos não seguem exatamente os mesmos padrões. Isto, porém, não deve significar um problema, mas sim uma oportunidade para um aprofundamento de colaboração entre essas áreas citadas. Baseado nisso, finalmente são apresentadas recomendações para futuros estudos sobre o tema com a preocupação de ressaltar a necessidade de que se aprimore o conhecimento das coberturas cenozoicas, em nosso país, no que se refere aos processos geológicos, geomorfológicos, sedimentológicos e pedológicos, com consequente caracterização geotécnica desses diferentes materiais de cobertura. O teor e a pertinência dessas conclusões e recomendações revelam o grande mérito desta obra e a sua importância.

Paulo M. Barbosa Landim

Professor emérito da Universidade Estadual Paulista (Unesp)

Introdução

Vastas ocorrências de um solo arenoso pouco argiloso de cor vermelho-amarelada marcante, sob uma vegetação rasteira castigada pelo sol do Planalto Ocidental Paulista, apresentavam-se para os que trabalhavam na construção das barragens do rio Tietê, no estado de São Paulo, nos anos de 1960 e 1970. Esse material, consagrado pela qualidade e pela quantidade – reveladas pelas sondagens e ensaios de laboratório –, constituía as chamadas "áreas de empréstimo" no jargão dos especialistas em barragens de terra, seria usado para a construção delas, e a sua presença se agregou de forma perene à memória daqueles que por lá estiveram e trabalharam. Esse solo arenoso pouco argiloso, vermelho-amarelado, veio a ser tema para avanço das pesquisas concernentes aos solos, pelo potencial técnico e científico que agrega.

Nos trópicos, mantos de saprólitos são geralmente cobertos por sedimentos transportados, originados por movimentos vários, como corridas de lama, escorregamentos ou atividades eólica ou fluvial, particularmente onde há rápida infiltração favorecida pelo acúmulo de materiais grosseiros. Esses depósitos podem estender-se por 1 ou 2 km das bases dos piemontes, acumulando-se sobre as rochas alteradas, com espessuras de mais de 10 m. Em sua base, pode haver linhas de seixos, usualmente de quartzo, com espessuras de até 2 m, cuja origem controvertida é atribuída à ação das térmitas, ou à formação de um revestimento de cascalho, quando componentes finos são removidos para baixo, por fortes lavagens. Em regiões semiáridas, esses revestimentos podem ocorrer na superfície; nas regiões úmidas, o soterramento deles por coluviões finos pode indicar uma mudança climática. As feições diagnósticas desses horizontes incluem:

- ausência de estruturas;
- seleção granulométrica pelo transporte;
- fraca estratificação;
- diminuição da granulometria talude abaixo;
- ausência ou fraco desenvolvimento de estruturas de solo;
- em direção à superfície, presença de material originado de rochas diferentes do material acumulado.

O contato com o solo residual subjacente é comumente marcado, além da linha de seixos, por mudanças na distribuição de partículas, de cores ou de composição química. Solos soterrados no meio dos depósitos indicam frequentemente dois ou mais episódios de deposição, com períodos intercalados de estabilidade, resultantes possivelmente de alterações climáticas no Quaternário.

Os solos citados identificam-se, no interior do estado de São Paulo, como importantes depósitos sedimentares cenozoicos, cuja evolução se realiza em ambiente tropical por processos coluviais, ou pela alteração de rochas arenosas ou basálticas. Podem ter 10 m ou mais de espessura e apresentam grande importância em engenharia civil, pois são utilizados na construção de aterros, na base de rodovias ou mesmo como fundações de estruturas. A história de tensões, às quais foram submetidos durante sua evolução, não tem grande influência no seu comportamento geotécnico, comparativamente à sua estrutura atual, produto da evolução por intemperismo químico. Tais solos apresentam uma microestrutura instável característica, ou seja, suas partículas são ligadas por um fraco cimento ferruginoso. Essa estrutura, chamada "em grumos", à qual correspondem altos valores da porosidade e do volume de vazios, desfaz-se por saturação e carregamento (Cruz, 1987; Cruz; Marinho, 1995).

As rochas que são fontes de tais solos têm composição tal que originam depósitos desde muito arenosos até muito argilosos. As características do clima – subtropical, quente e úmido – favorecem os processos de alteração ferralítica, principalmente através da hidrólise de minerais do substrato, com liberação de sílica e bases, e concentração de sesquióxidos de ferro e alumínio. Tais processos permitem a formação de perfis com características de latossolos, podzólicos e terra roxa estruturada. Em termos gerais, predominam solos desenvolvidos do ponto de vista pedológico, caracterizados por horizontes superiores com alterações pronunciadas dos minerais originais. Trata-se de solos com horizonte B latossólico e B textural, representados pelas classes pedológicas: latossolo vermelho-escuro texturas média e argilosa; latossolo roxo; terra roxa estruturada; e podzólico vermelho-amarelo textura arenosa média abrúptico e não abrúptico. Esses materiais podem ser classificados como ferrisóis ou solos ferruginosos quando derivados de rochas arenosas; e como solos fersialíticos quando provindos de rochas básicas.

Os depósitos cenozoicos citados estão localizados em áreas com protagonismo de um crescimento econômico notável, portanto merecem especial atenção quanto ao conhecimento de suas particularidades e comportamentos ligados à gênese, com influência determinante em obras de engenharia implantadas na região (Campos, 1993).

Capítulo 1
O planalto ocidental paulista

Situa-se entre os paralelos de 22° e 22°30' e os meridianos de 50°30' e 51°, com uma área aproximada de 300 km² (Figura 1), em área de 50% do estado de São Paulo.

Figura 1: Mapa esquemático da região estudada (Campos, 1990, modificado)

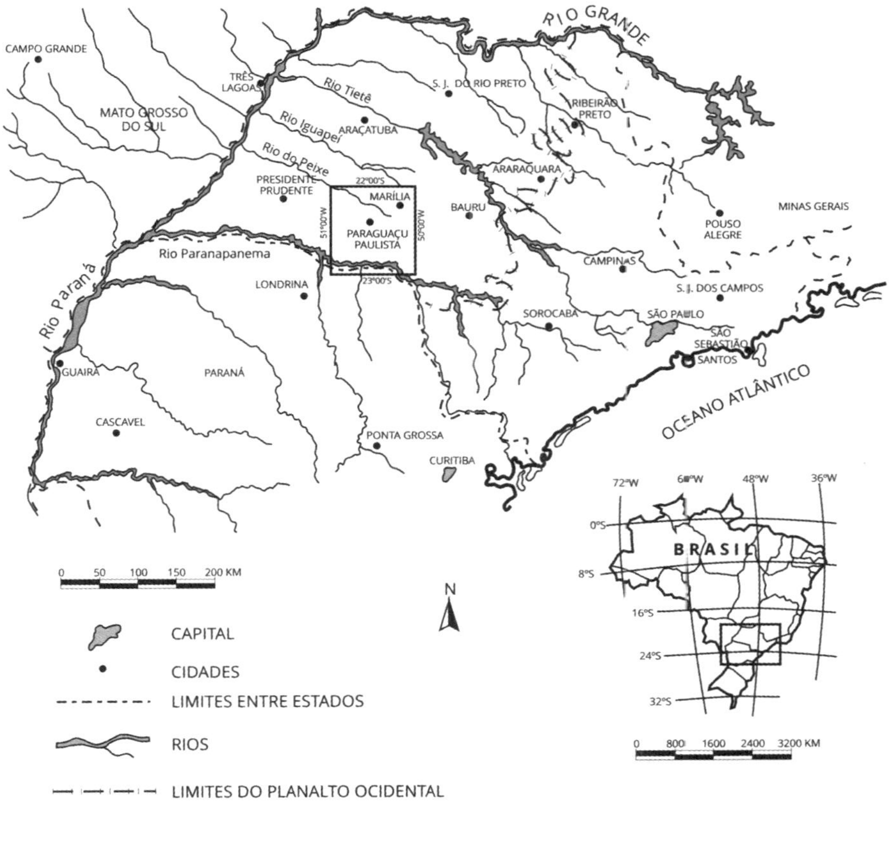

O índice pluviométrico no Planalto Ocidental é de 1.250 mm/ano, com variação média mensal de 30 mm a 240 mm, concentrando-se as chuvas nos meses de verão. Entre junho e setembro chove apenas 15% do total anual, época em que os solos se tornam deficitários em água e os rios têm os níveis mais baixos.

De acordo com a classificação climática internacional de Köppen, ocorrem na região duas subdivisões: o clima Cwa, temperado brando com inverno seco e verão quente e chuvoso; e Cfa, temperado brando, sem estação seca e com verão quente.

A temperatura média anual situa-se em torno de 22 °C, e a do mês mais frio (julho) entre 17 °C e 18 °C. A evapotranspiração potencial anual apresenta valores próximos a 1.000 mm.

Quanto à vegetação, a região foi coberta pela Mata Tropical Pluvial, sendo o vale do Paranapanema o divisor climático entre esta e os campos cerrados de São Paulo. Com o desmatamento ocorrido para o cultivo do café e outras culturas, a zona de clima seco no inverno transpôs seu limite natural.

Na mesorregião do Sudoeste Paulista, localiza-se a zona hidrográfica denominada Baixo Paranapanema. É uma bacia com 18.900 km² de extensão, desenvolvida no Planalto Ocidental, sendo o rio Paranapanema divisor entre a região sudoeste do estado de São Paulo e a região norte do estado do Paraná. O Planalto Ocidental é ocupado por relevos monótonos de colinas e morrotes, dentre os quais se destacam as regiões acidentadas de Marília-Garça-Echaporã, Monte Alto e Catanduva. A primeira dessas regiões tem sido a mais estudada do Planalto Ocidental, do ponto de vista geomorfológico, província que é, no seu conjunto, ainda mal conhecida. Segundo o Instituto de Pesquisas Tecnológicas de São Paulo (IPT, 1981), deve-se considerar que, apesar de sua aparente simplicidade, o Planalto Ocidental é muito pouco estudado, não sendo improváveis novas alterações de seus limites a partir de estudos regionais mais completos (Figura 2). O relevo dessa província mostra forte imposição estrutural, sob o controle de camadas sub-horizontais, com leve caimento para oeste, formando uma extensa plataforma estrutural extremamente suavizada, nivelada em cotas próximas a 500 m, atingindo, na foz do Paranapanema, 247 m de altitude (Figura 3).

Em meio a esse relevo suave, destacam-se platôs residuais, sustentados por rochas areníticas do Grupo Bauru com forte cimentação carbonatada (Fúlfaro; Perinotto, 1996). Esses platôs são formas acentuadamente

Figura 2: Mapa geológico do estado de São Paulo (adaptado de IPT, 1981)

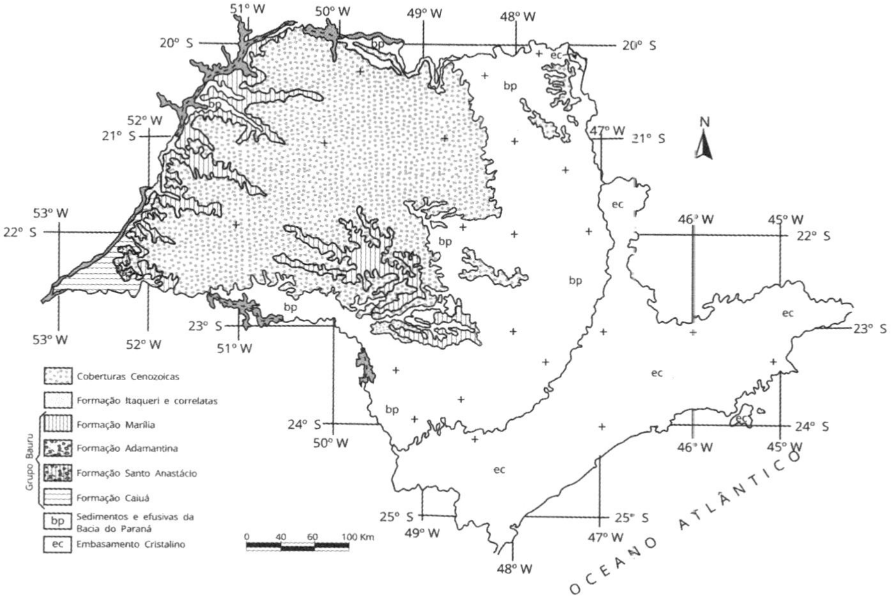

erodidas e destacam-se topograficamente por se elevarem de 150 m a 200 m em relação às altitudes dos relevos circunvizinhos. De acordo com Araújo Filho e Ab'Saber (1969), mais do que as altitudes, são as formas escarpadas das vertentes superiores desses platôs sedimentares que implicam uma separação nítida dos interflúvios mais elevados em relação às colinas mais baixas, que os envolvem ou eventualmente neles penetram, sob a forma de níveis embutidos em forma de pedimentos. Esses platôs foram cartografados e definidos como zonas, denominadas Planalto de Marília, Planalto de Monte Alto e Planalto de Catanduva. Destes, o primeiro engloba os platôs de Garça-Marília-Tupã e de Echaporã, assim referidos na literatura; o de Monte Alto foi delimitado na região em que a ele se referiu Almeida (1964). A maior parte da província permanece indivisa.

Do ponto de vista hidrológico, o rio Capivara divide a área de estudo em duas sub-bacias. Na margem direita, seu principal afluente é o ribeirão do Sapé ou do Engenho, na margem esquerda, são o ribeirão do Cervo e o córrego da Bomba.

Figura 3: Cobertura pós-basáltica da Bacia do Paraná (adaptado de Fúlfaro & Perinotto, 1996)

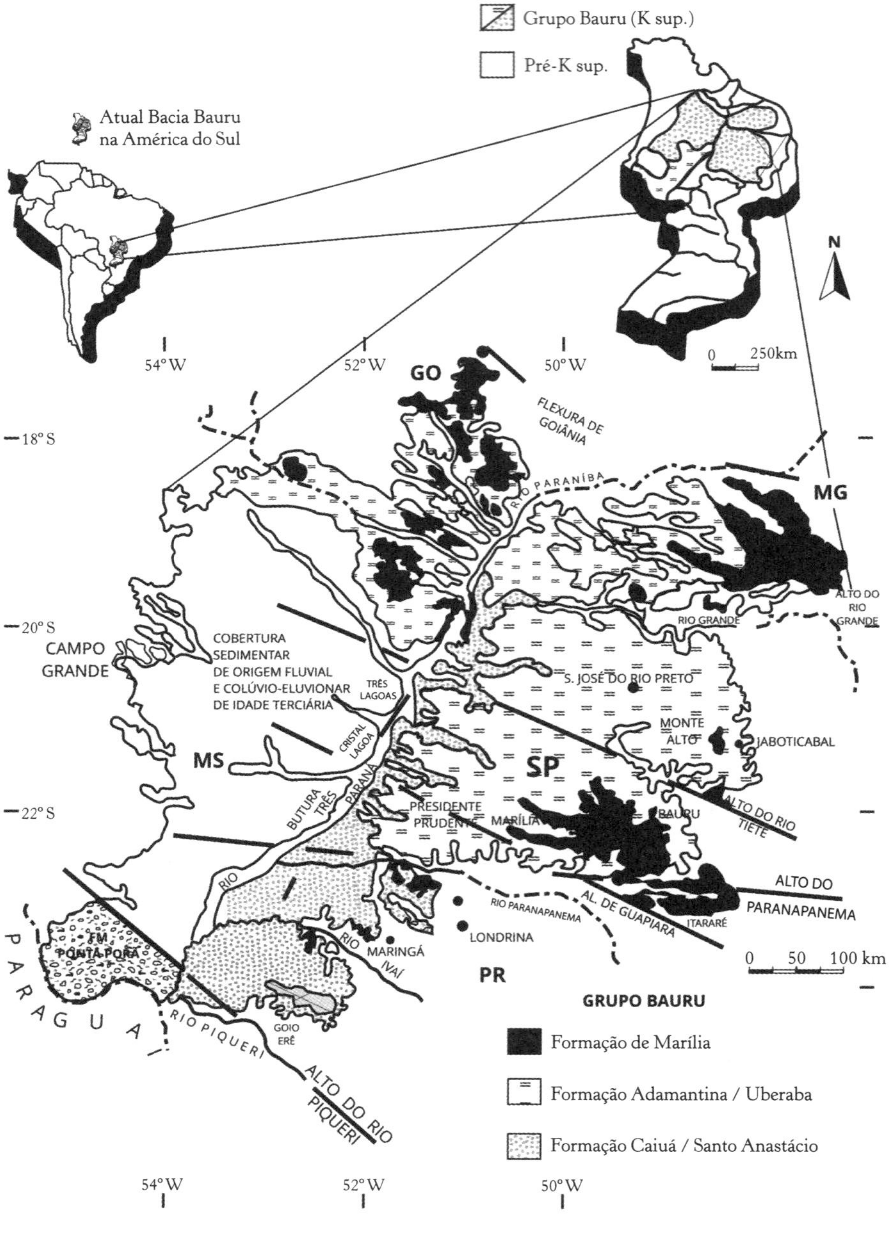

Quadro estratigráfico simplificado

O Grupo Bauru

No *Mapa geológico do estado de São Paulo* (IPT, 1981) (Figura 2), está registrado que, cessados os derrames de lavas da Formação Serra Geral, marcadores do final dos eventos deposicionais e vulcânicos generalizados na área da Bacia do Paraná, observou-se uma tendência geral para o soerguimento epirogênico em toda a Plataforma Sul-Americana, em território brasileiro. A porção norte da Bacia do Paraná, entretanto, comportou-se como área negativa relativamente aos soerguimentos marginais e à zona central, marcando o início de uma fase de formação de bacias localizadas em relação à área da bacia como um todo. Nessa área deprimida acumulou-se o Grupo Bauru, no Cretáceo Superior (Fúlfaro; Bjornberg, 1993; Fúlfaro; Perinotto, 1996), que aparece em grande parte do estado de São Paulo, recobrindo as lavas basálticas do Planalto Ocidental. De acordo com Suguio et al. (1977), "na mesma época da sedimentação Bauru não ocorrem intensos movimentos tectônicos, a não ser o contínuo levantamento dos arcos marginais que se manifesta na variedade de fácies que podem ser delineadas em suas regiões marginais". Os mapeamentos geológicos regionais do oeste do estado realizados a partir de 1975 permitiram melhor definição da estratigrafia dos depósitos suprabasálticos. Suguio et al. (1977) subdividiram a "Formação Bauru" em três litofácies distintas.

Landim e Soares (1976), pela primeira vez, utilizaram a denominação Santo Anastácio, referindo-se a sedimentos encontrados no vale do rio homônimo, no extremo oeste do estado, considerados como pertencentes a uma fácies de transição entre as formações Caiuá e Bauru. Soares et al. (1979) e Stein et al. (1979) descrevem novamente os arenitos Santo Anastácio, e os mapeiam por grande extensão da porção oeste do estado de São Paulo. Finalmente, Soares et al. (1980) e Almeida et al. (1980) propõem que a designação Grupo Bauru abranja as formações Caiuá, Santo Anastácio, Adamantina e Marília. As propostas desses autores, além da de Almeida (1980), foram debatidas e endossadas pelos geólogos reunidos na mesa-redonda *A Formação Bauru no Estado de São Paulo e regiões adjacentes*, publicação especial SBG-SP n.7, 1980. Ainda que pese o consenso dos debatedores sobre a subdivisão nas quatro formações, o que foi adotado no *Mapa geológico*, restam ainda questões pendentes de solução, principalmente quanto à subdivisão da Formação Adamantina, e também quanto à posição estratigráfica da Formação Itaqueri, que foi considerada independente do Grupo Bauru, e descrita no capítulo referente às coberturas cenozoicas (Figura 3).

Mais recentemente, novas interpretações surgiram com relação à geologia da região em apreço, dadas por Basilici et al. (2012). Esses autores afirmam que a Bacia Bauru, sedimentar e intracratônica, tem aproximadamente 370.000 km^2 e abrange quase toda a metade ocidental do estado de São Paulo, aflorando também nos estados de Minas Gerais (Triângulo Mineiro), Goiás, Mato Grosso, Mato Grosso do Sul e Paraná, além de uma pequena parte do Paraguai. Formou-se sobre uma das mais importantes efusões de lavas basálticas conhecidas na história geológica da Terra, a Formação Serra Geral. A espessura conhecida dos basaltos alcança 2.000 m, que foram gerados pela fragmentação do paleocontinente Gondwana Meridional e pela formação do oceano Atlântico Meridional. A área para a acomodação dos sedimentos nela depositados foi criada pelo resfriamento e contração progressivos da massa basáltica e pelo peso que a mesma exercia sobre a crosta continental. Provam-no, segundo os autores (ibid., 2012), o fato de que as maiores espessuras de sedimentos depositados na bacia estão próximas às áreas com maiores espessuras de basaltos. A ordenação estratigráfica da Bacia Bauru é complexa, e os autores acentuam a importância do trabalho do Departamento de Águas e Energia Elétrica do Estado de São Paulo (Daee) – que, desde 1974, realizou uma série de mapeamentos geológicos que resultaram na classificação formal das unidades pertencentes à bacia, além do trabalho de Soares et al. (1980) com o mesmo objetivo. Assim, são descritas as formações a seguir.

Formação Caiuá

Foi originalmente descrita por Baker (1921) e formalmente proposta por Washburne (1930). Fúlfaro e Bjornberg (1993) consideram essa formação como a mais polêmica do grupo quanto ao seu posicionamento estratigráfico (Fúlfaro; Barcelos, 1991). Durante muito tempo foi considerada como do Grupo São Bento ou mesmo até do Cenozoico, mas admitida por Fúlfaro e Barcelos como pertencente ao Grupo Bauru. Fernandes e Coimbra (1992) a colocavam em uma nova unidade denominada Grupo Caiuá (formações Alto Paraná e Goio Erê), retirando-a do Grupo Bauru. Ocorre junto à margem esquerda do rio Paraná até a foz do rio do Peixe (Figura 2). Prolonga-se ainda pelos estados do Paraná e Mato Grosso do Sul. Sua espessura máxima é de 200 m. A litologia tem características uniformes de arenitos arroxeados de granulação fina, composta fundamentalmente de quartzo, e secundariamente de calcedônia e opacos. Apresenta pontos esbranquiçados provenientes de sua composição descrita. É marcante a estratificação cruzada de grande porte e tangencial na base, onde há indicações de paleodireções para oeste. Pode ainda apresentar bancos mais maciços com algum cimento carbonático e brecha basal, com pequenos fragmentos de basaltos (IPT, 1981). A unidade é afossilífera, registrando-se apenas pistas de répteis e mamíferos primitivos (icnofósseis), como registra Leonardi (1977), o que origina controvérsias quanto à sua idade. Fúlfaro e Barcelos (1991) a colocam no Cretáceo Médio, justificando-a como reflexo da fase *rift* no interior continental. Seu ambiente de sedimentação deve ter sido entre eólico e subaquoso.

Formação Santo Anastácio

Inicialmente descrita por Landim e Soares (1976), está presente na mesma área da Formação Caiuá, com pequeno prolongamento para o leste e o norte (Fúlfaro; Bjornberg, 1993). Constitui-se de arenitos de granulação média a fina marrom-arroxeada, diferenciando-se da Formação Caiuá por uma seleção tendendo a ruim. A interpretação de seu ambiente de deposição é dificultada por se constituir de maciços com raras intercalações pelíticas. Assenta-se sobre a Formação Caiuá em contato transicional ou sobre os basaltos da Formação Serra Geral apresentando então pequena brecha basal. É sobreposta à Formação Adamantina em contato transicional; Fúlfaro e Barcelos (1991) a interpretam como um horizonte de transição entre a Formação Caiuá e a Formação Adamantina. É afossilífera e sua espessura média é de 80 m a 100 m.

Formação Adamantina

Essa formação ocorre por vasta extensão do oeste do estado de São Paulo, constituindo os terrenos da maior parte do Planalto Ocidental, só deixando de aparecer nas porções mais rebaixadas dos vales dos principais rios, onde já foi removida pela erosão. Recobre as unidades pretéritas e é recoberta, em parte, pela Formação Marília e por depósitos cenozoicos. Estende-se ainda para o Triângulo Mineiro, extremo sul de Goiás, Mato Grosso do Sul, e, mais restritamente, para o norte do Paraná. O episódio de formação de bacias da Formação Adamantina estendeu-se por grande parte da porção norte da Bacia do Paraná, propiciando sedimentação que recobre, por transgressão, a Formação Santo Anastácio, sotoposta. À época da deposição, toda essa região apresentava comportamento negativo em relação aos soerguimentos marginais, principalmente nas áreas do Arco do Alto Paranaíba, e do soerguimento que viria a originar a Serra do Mar, que atuaram como importantes áreas-fonte.

De acordo com sua definição formal, a Formação Adamantina abrange

> um conjunto de fácies cuja principal característica é a presença de bancos de arenitos de granulação de fina a muito fina, cores de róseo a castanho, portando estratificação cruzada, com espessuras variando entre 2 m a 20 m, alternados com bancos de lamitos, siltitos e arenitos lamíticos, de cor castanho-avermelhada a cinza-castanha, maciços ou com acamamento plano-paralelo grosseiro, frequentemente com marcas de onda a micro estratificação cruzada. (Soares et al., 1980)

É comum a ocorrência de seixos de argilito da própria unidade e também cimento e nódulos carbonáticos. As maiores espessuras da Formação Adamantina ocorrem geralmente nas porções ocidentais dos espigões entre os grandes rios. Atinge 160 m entre os rios São José dos Dourados e Peixe, 190 m entre os rios Santo Anastácio e Paranapanema, e 100 m a 150 m entre os rios Peixe e Turvo, tornando-se mais delgada dessas regiões em direção a leste e nordeste, de acordo com os autores (ibid., 1980).

Formação Marília

Ocorre na porção centro-sul do estado, entre os médios vales dos rios Tietê e Paranapanema. Tem ocorrência restrita relativamente às demais formações do Grupo Bauru, sendo que a linha de contato desenha um intrincado recorte, resultante da erosão ao longo da drenagem principal. Nas regiões de Marília e Echaporã sustenta escarpas características, com até pouco mais de uma centena de metros de desnível, encimadas por uma superfície aplainada denominada Planalto de Marília-Garça-Echaporã (ou Planalto de

Marília). A Formação Marília depositou-se em uma bacia localizada, desenvolvida ao término da deposição Bauru, em situação parcialmente marginal, repousando geralmente sobre a Formação Adamantina, e, mais para leste, diretamente sobre os basaltos da Formação Serra Geral. Almeida e Barbosa (1953), reconhecendo a diferenciação litológica do Grupo Bauru, já apontada por Setzer (1943), propõem a sua subdivisão em duas formações, e denominam a mais alta de Marília, caracterizando-a pela abundância de cimento calcário, e reconhecendo-a nos planaltos de Marília e Garça. Desde então, a maioria dos autores têm individualizado a unidade Marília, caracterizada pela textura grossa, presença de nódulos carbonáticos e expressão morfológica de seus depósitos. Entretanto, sua hierarquia tem sido interpretada de diversas maneiras, ora como uma subdivisão do Bauru: fácies cálcio conglomerática (Soares; Landim, 1970; Landim; Soares, 1976); fácies "C" (Coimbra, 1976); litofácies Marília (Suguio et al., 1977); membro superior (Brandt Neto, 1977); fácies Marília (Soares et al., 1979); unidade superior (Stein et al., 1979), ora como uma formação individualizada (Soares et al., 1980; Almeida et al., 1980; Suguio, 1980). Por outro lado, houve autores que sugeriram o abandono da designação Marília, com base na falta de continuidade lateral de seus depósitos (Freitas, 1964; Arid, 1966, 1973; Mezzalira, 1974). Essa opinião, entretanto, não tem encontrado guarida no meio geológico.

Formação serra geral

As considerações seguintes foram reproduzidas do *Mapa geológico do estado de São Paulo* (IPT, 1981) (Figura 4).

As eruptivas da Serra Geral (White, 1908) compreendem um conjunto de derrames de basaltos toleíticos (JK – Jurássico, Cretáceo), entre os quais se intercalam arenitos com as mesmas características dos pertencentes à Formação Botucatu. São associados a elas corpos intrusivos de igual composição, constituindo sobretudo diques e *sills*[1] (JK). Em São Paulo, os derrames

1 Ocorrência em forma tubular de rocha ígnea que se aloja paralelamente aos planos principais de estratificação da rocha hospedeira Sin: Soleira (Associação Brasileira de Geologia de Engenharia ABGE. Glossário de termos técnicos de Geologia de Engenharia e Ambiental ABGE (2013, mod.)).

Figura 4: Divisão geomorfológica do estado de São Paulo (adaptado de Fernando Flávio Marques de Almeida, 1964)

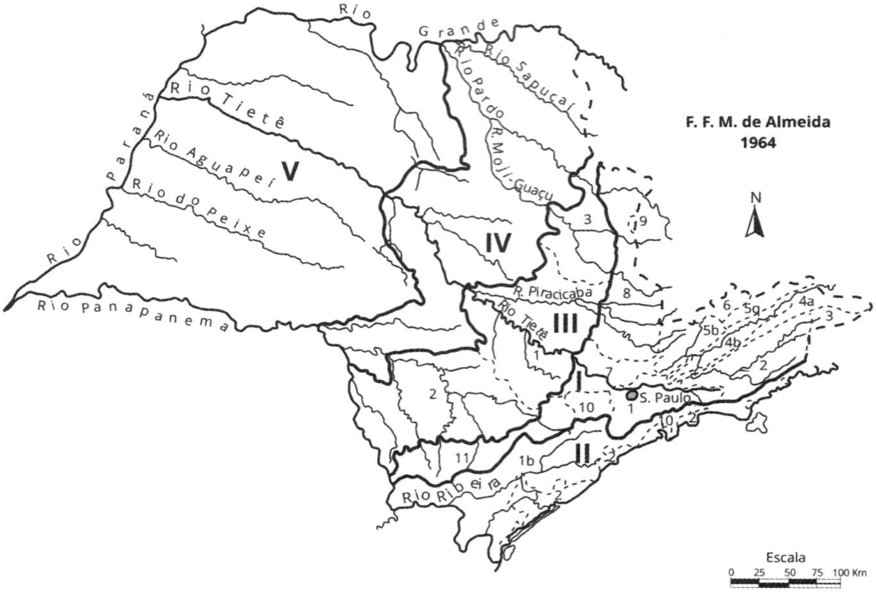

Províncias	Zonas	Subzonas
I – Planalto Atlântico	1 – Planalto Paulistano 2 – Planalto do Pitanga 3 – Planalto da Bocaina 4 – Médio Vale do Paraíba 5 – Serra da Mantiqueira 6 – Planalto do Campos do Jordão 7 – Serra de São Roque 8 – Zona Cristalina do Norte 9 – Planalto de Poços de Caldas 10 – Planalto de Ibiúna 11 – Planalto Cristalino Ocidental	4a – Morros Cristalino 4b – Bacia de Taubaté 5a – Ocidental 5b – Oriental
II – Província Costeira	1 – Serraria Costeira 2 – Baixadas Litorâneas	1a – Serra do Mar 1b – Serra do Paranapanema
III – Depressão Periférica	1 – Zona do Médio Tietê 2 – Zona do Paranapanema 3 – Zona do Mogi-Guaçu	
IV – *Cuestas* Basálticas		
V – Planalto Ocidental		

afloram na parte superior nas escarpas das *cuestas* basálticas e de morros testemunhos delas isolados pela erosão. Nos planaltos de rebordo dessas *cuestas*, podem cobrir grandes extensões, como no nordeste do estado. Penetram pelos vales que drenam o Planalto Ocidental, expondo-se principalmente nos dos rios Paranapanema, Tietê, Mogi-Guaçu e Grande. Os corpos intrusivos tabulares concordantes são muito frequentes na Depressão Periférica, na região nordeste do estado, onde chegam a suportar *cuestas* locais. Diques de diabásio existem por toda parte, penetrando nas rochas sedimentares da bacia ou nas cristalinas pré-cambrianas, alcançando a região litorânea. Os arenitos da Formação Botucatu são interdigitados em grande escala, com os derrames da Formação Serra Geral, tornando questão complexa a delimitação de ambas, em âmbito regional. É admissível que os arenitos Botucatu não cobriram simultaneamente toda a Bacia do Paraná, na qual restaram expostas áreas de rochas mais antigas, para só mais tarde serem ocultas pelas dunas, quando o foram, ou ainda podem ter sido cobertas e posteriormente expostas com o próprio processo de progressão das dunas. Por outro lado, parece inadmissível que o vulcanismo se tenha iniciado simultaneamente em tão grande área, e, embora indicando para o fenômeno um intervalo aparentemente mais longo que o real, as datações radiométricas parecem mostrar que ele teve duração de pelo menos 15 milhões de anos. De tal modo, é possível que em certos locais se tenham manifestado efusões basálticas antes ou ao mesmo tempo que, em sítios não muito afastados, ainda se acumulavam arenitos eólicos infratrapeanos, portanto pertencentes à Formação Botucatu. É fato que não há evidências, até agora, de uma discordância pré-Serra Geral como suposta por Leinz (1949), que admitiu mesmo já se achar o Arenito Botucatu consolidado, mas não o arenito intertrapeano, à época da manifestação do vulcanismo. O limite entre as formações Botucatu e Serra Geral tornou-se de tal modo convencional e estabelecido em função de conveniências locais, para fins de mapeamento. A Formação Serra Geral é recoberta em discordância angular, geralmente muito disfarçada, pelas várias formações que constituem o Grupo Bauru, ou depósitos cenozoicos. Localmente, a discordância se observa em afloramentos, podendo ser bem acentuada, tendo mesmo levado à total erosão dos basaltos, quando aquele grupo repousa sobre rochas paleozoicas, como é o caso da região próxima a Bauru (Mariano; Barner, 1976; Soares et al., 1979). A superfície basal do Grupo Bauru desenvolveu-se à custa da erosão de espessura não conhecida, possivelmente considerável, da Formação Serra Geral, após ter sido esta deformada por falhas e adernamentos.

A máxima espessura da Formação, conhecida na sondagem de Presidente Epitácio, próximo à margem do rio Paraná, na região central e onde a bacia apresenta a maior subsidência, é de 1.529 m. As espessuras expostas em São Paulo, nas serras basálticas e bordas do Planalto Ocidental, possivelmente não alcançam um terço desse valor, mas não há elementos seguros para estimá-la.

Os derrames são formados por rochas de cor cinza escura a negra, afaníticas. Têm espessura individual variável, desde poucos metros a 50 m ou mesmo 100 m (Leinz, 1949). Sua extensão horizontal, a julgar-se pelo exame de exposição nas escarpas das serras, no vale do rio Grande e por análise de fotografias aéreas, pode ultrapassar 10 km. Nos derrames mais espessos, a zona central é maciça, microcristalina, fraturada por juntas subverticais de contração, dividindo a rocha em colunas. A parte superior do derrame, numa espessura que pode alcançar 20 m (Leinz, 1949) nos mais espessos, tem aspecto melafírico, aparecendo vesículas e amígdalas, com frequência alongadas horizontalmente, e sendo aí maior a porcentagem de matéria vítrea na rocha. As amígdalas são parcial ou inteiramente preenchidas por calcedônia, quartzo, calcita, zeólitas e nontronita, mineral este que lhes imprime cor verde. Grandes geodos de quartzo e calcedônia podem existir na parte mais profunda dessa zona melafírica. Também na zona basal dos derrames apresentam-se aspectos semelhantes, porém em espessura e abundância sensivelmente mais reduzidas. Tanto nas porções basais como no topo dos grandes derrames ocorrem juntas horizontais, o que seria, pelo menos em parte, devido ao escoamento laminar da lava no interior dos derrames (Bagolini, 1971; Guidicini; Campos, 1968); estruturas fluidais raramente são observadas.

A uniformidade dos derrames, a vasta extensão que cobrem, a associação a diques contemporâneos, a preservação local de morfologia das dunas e a raridade de produtos piroclásticos indicam que os basaltos da Formação Serra Geral se originaram do extravasamento rápido de lava muito fluida através de geoclases e falhas menores. Produtos de erosão dos basaltos não são conhecidos no interior da formação, parecendo indicar não ter havido hiatos significativos durante o processo vulcânico. A persistência das condições desérticas durante o vulcanismo é comprovada pela existência de intercalações eólicas.

As coberturas dos platôs de Marília e Echaporã

Esses materiais constituem depósitos cenozoicos, terciários ou quaternários (Fúlfaro; Suguio, 1974; Landim; Soares; Fúlfaro, 1974; Soares;

Landim, 1970; Fúlfaro, 1979) (Figura 5). Na parte superior deles, ocorrem areias pouco argilosas sem estrutura, revelando processos coluviais, e tendo, sobre formações mais antigas, depósitos de seixos ou uma linha de seixos de quartzo com raros fragmentos de limonita. Melo e Ponçano (1983), na Monografia n.9 do IPT, esclarecem-nos que, sobre os platôs do Planalto Ocidental, ocorrem depósitos sem coesão, arenosos e arenosos argilosos com cascalhos, distintos do arenito Bauru, já descritos por Soares e Landim (1970); Lepsch (1977); Queiroz Neto et al. (1977); Queiroz Neto e Journaux (1978); Soares et al. (1980), entre outros. Soares e Landim (1970) citam a existência de depósitos na região do Morro do Diabo e do Planalto do Sul (extremo oeste do estado), interpretados como testemunhos da Superfície

Figura 5: Esquema da distribuição dos depósitos superficiais no Centro-Sul do Brasil (Landim et al., 1974)

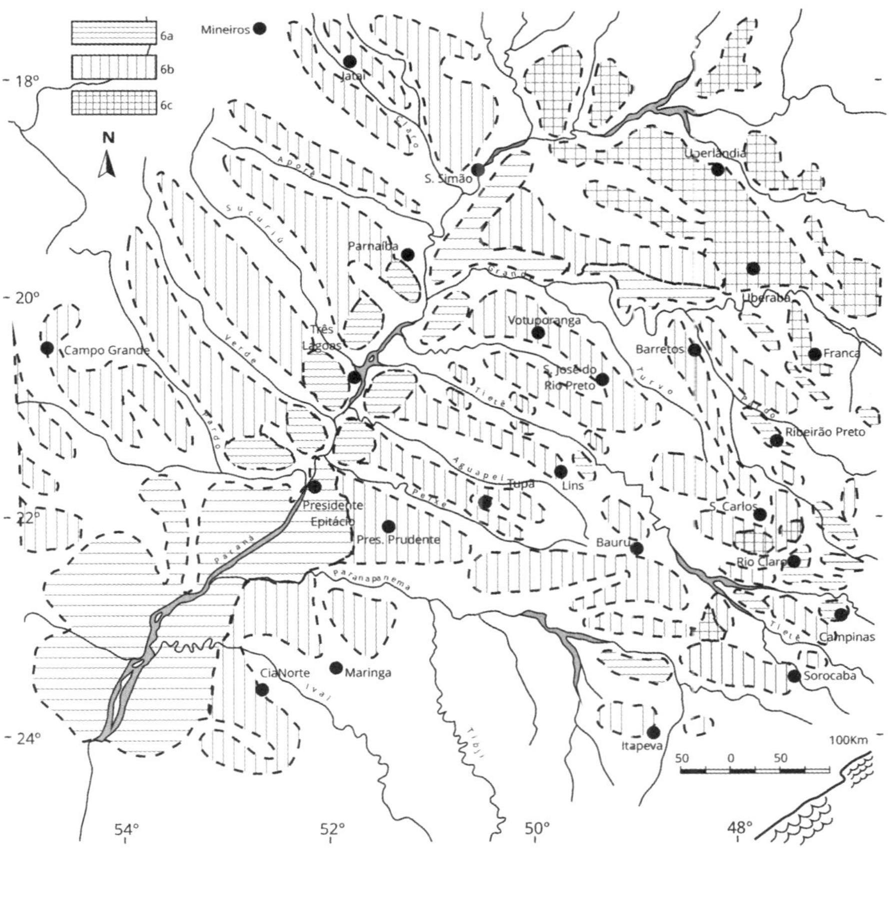

Sul-Americana de King (1956) de idade Terciária Inferior, correspondente à Superfície do Japi. O caráter distintivo dos depósitos associados à superfície Sul-Americana é sua cor vermelho-escura, refletindo o intenso enriquecimento em ferro. As litologias distintas de uma região para outra refletem nitidamente a área fonte regional (Landim; Soares, 1976).

Lepsch (1977) descreve depósitos sobre o platô na região de Echaporã como "arenosos barrentos (15% a 25% de argila), vermelhos ou vermelho-escuros, muito porosos, bastante friáveis e sem qualquer evidência morfológica de estratificação". Indica, ainda, uma espessura variável entre 3 m e 20 m e a existência, na base, de uma camada contínua de seixos de quartzo com uma espessura de 30 cm a 50 cm. Refere-se, ainda, a sedimentos semelhantes nas localidades de Monte Alto, Marília, Garça e Duartina.

Esse autor (ibid., 1977) considera tais depósitos como sedimentos diferentes daqueles do Grupo Bauru e não uma simples alteração *in situ*. Correlaciona-os à formação da superfície de cimeira do Platô de Echaporã, considerando-os como os mais antigos depósitos pós-cretáceos da área. Admite a impossibilidade de definir claramente o ambiente de deposição desses sedimentos, mas sugere meio aquoso, com transporte a curta distância e agente de grande competência, o que seria indicativo de processos de pedimentação em clima semiárido. Correlaciona-os tentativamente com o Pediplano Pd2 de Bigarella e Andrade (1965). Já Queiroz Neto et al. (1977) reconheceram, sobre o platô de Marília, dois níveis geomorfológicos, sendo o superior recoberto por formações arenosas espessas, e o inferior recoberto por formações arenosas argilosas vermelhas com linhas de seixos, estes últimos provavelmente correspondentes aos depósitos descritos por Lepsch (1977). Queiroz Neto et al. (1977) levantam a hipótese de que os depósitos do nível superior sejam de origem eólica, retrabalhados posteriormente por ações hídricas, admitindo que esta seria a única maneira de explicar a existência de tal espessura de sedimentos no topo do platô. Com base no tipo de solo desenvolvido sobre esses depósitos (podzolizado variação Lins, transição para B latossólico), considerado menos evoluído que o tipo encontrado em locais análogos mais a leste no estado, os autores concluem que os depósitos do nível superior no platô não são correlacionáveis à época de elaboração da superfície, sendo sua idade dificilmente determinável. Já para os depósitos arenosos argilosos do nível inferior sobre o platô, admitem uma origem a partir do retrabalhamento daqueles do nível superior e da própria alteração do Arenito Bauru. Mostram que correspondem a várias fases de coluviões, conforme já haviam constatado Penteado e Ranzani (1973).

Queiroz Neto e Journaux (1978) consideram o nível mais elevado com cobertura arenosa como resto de um pediplano de idade terciária média (Superfície Paleogênica ou das Cristas Médias). Descrevem com mais detalhes os depósitos do nível inferior, que ocorrem na periferia dos platôs de Marília e Echaporã. Referem-se à existência de lentes de seixos de quartzo e quartzito, grânulos e nódulos carbonatados, e fragmentos de argilito. Interpretam esses depósitos como representativos de "uma fase antiga da evolução da drenagem relacionada à elaboração dos extensos Pediplanos Neogênicos" (ibid., 1978). Conforme se depreende das conclusões dos autores mencionados anteriormente, é muito controvertida a interpretação dos depósitos situados sobre os platôs residuais do Planalto Ocidental. Sem dúvida, trata-se de importantes testemunhos da evolução cenozoica dessa província, mas cujo significado ainda precisa ser mais bem definido. Provisoriamente, admite-se para os depósitos arenosos do nível superior sobre o platô uma idade paleogênica, conforme Queiroz Neto e Journaux (1978), pois as correlações geomorfológicas assim a indicam. Nesse caso, os depósitos arenosos do nível mais alto do platô de Marília seriam correlacionáveis à Formação Itaqueri, da qual poderiam representar um termo depositado a uma maior distância da área de maior soerguimento, nos terrenos cristalinos do Planalto Atlântico. Já para os depósitos arenosos argilosos do nível inferior, com horizontes basais e leitos de cascalhos, parece mais verossímil a hipótese de que correspondam a várias fases coluviais pós-paleogênicas, conforme admitem Penteado e Ranzani (1973) e Lepsch (1977). A mais antiga e principal dessas fases, quando teriam se formado as cascalheiras basais, deve corresponder à fase de Pediplanação Neogênica, correspondente ao Pediplano Pd2 de Bigarella e Andrade (1965).

Sallun e Suguio (2006) descreveram depósitos de coluviões no Planalto Ocidental associados a relevos suaves, que refletiriam granulometria e composição mineralógica correlacionáveis às rochas basais. Tais depósitos seriam arenosos de alta permeabilidade e porosidade, com fragmentos centimétricos dispersos de restos vegetais carbonizados, com 8 m de espessura, em média, e, na base, *stonelines* (linhas de seixos) limonitizadas e/ou constituídas de fragmentos de canga.

Os depósitos cenozoicos

Fúlfaro e Bjornberg (1993) relatam que sedimentos cenozoicos aluviais e coluviais arenosos constituem amplas coberturas na Depressão Periférica Paulista, no reverso da *cuesta* basáltica, e no Planalto Ocidental (Figura 6). Esses sedimentos estão associados a dois ciclos geomorfológicos, dos quais o mais novo representa a fase mais importante no Quaternário Inferior, quando os rios da parte norte da Bacia do Paraná atingiram a fase senil. Nessa época formaram-se amplas planícies aluviais ao longo dos principais rios: Grande, Pardo, Turvo, Tietê, Paranapanema, e grandes coberturas coluviais nos divisores de águas. Dessa forma, surgiu uma ampla cobertura sedimentar, destacando-se dela somente os pontos com maior elevação. A origem desses depósitos está sempre relacionada a níveis de bases locais, soleiras e aos basaltos da Formação Serra Geral. Verificou-se, durante muito tempo na parte superior dos rios, processos de agradação e coluviais. A pequena distância de transporte da carga sedimentar pelo sistema fluvial que recobriu colinas e depressões na *cuesta* originou depósitos sedimentares muito similares aos das áreas-fontes quanto à litologia, mas sempre arenosos. O levantamento da Serra do Mar com basculamento para oeste influenciou o perfil longitudinal dos rios com rejuvenescimento e rupturas ocasionais, causando intensa formação de terraços. A espessura dos colúvios originados foi da ordem de 15 m. Ainda de acordo com os autores (ibid., 1993), seja pelo controle dos níveis de base locais, ou pelo rejuvenescimento dos rios, os processos de sedimentação foram aquosos, e predominantemente por dois ciclos. Quanto ao ciclo superior, de distribuição mais ampla e com características associadas a processos coluviais, tem espessura de até 15 m. São depósitos arenosos, sem estrutura, tendo frequentemente na base uma camada de cascalhos ou uma linha com seixos de quartzo e quartzito, e ocasionalmente fragmentos de limonita. O material sedimentar é muito próximo ao das rochas vizinhas, sendo que processos de laterização foram frequentes durante a formação das coluviões. A espessura da sedimentação limonítica basal, originada por lixiviação, pode atingir de 1 m a 3 m na base dos depósitos.

Tais depósitos são normalmente associados a níveis escalonados na paisagem, ligados a áreas aplainadas do relevo. A elevada porosidade (mais de 60%) e baixos teores de umidade fazem que apenas parte dos vazios desses solos estejam preenchidos com água, com alta permeabilidade *in natura*

Figura 6: Depósitos da cobertura Cenozoica no interior do estado de São Paulo (Landim et al., 1974)

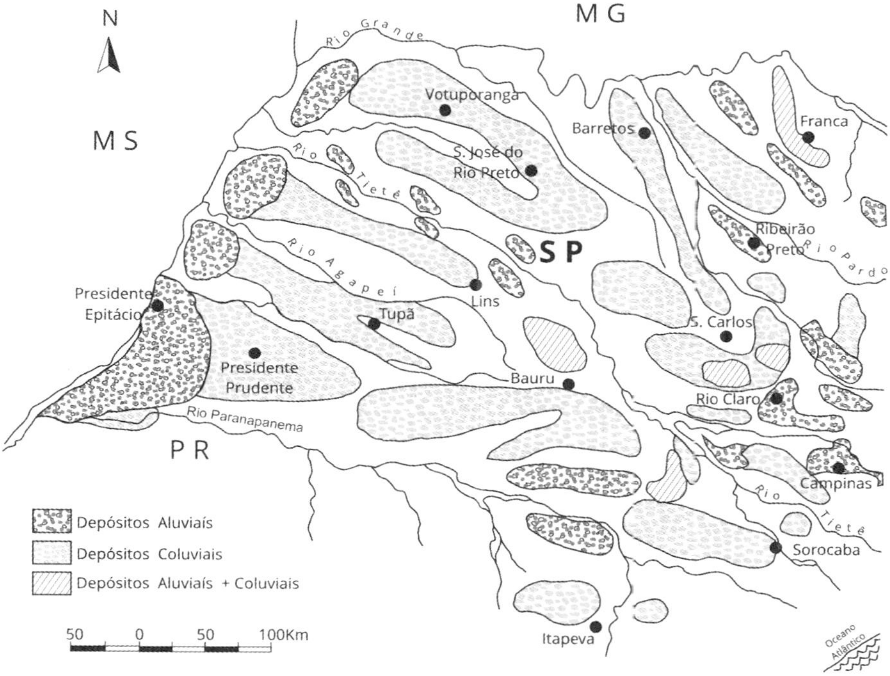

devido à lixiviação, fazendo-os suscetíveis ao colapso quando submetidos a carregamentos, permeabilidade esta que assume valores normais após compactação. O fenômeno da sucção em solos parcialmente saturados confere aos materiais citados a capacidade de suportar altos taludes, os quais podem tornar-se repentinamente instáveis sob saturação durante chuvas torrenciais. A importância dessa saturação parcial na resistência efetiva e no colapso está intimamente ligada às características de erodibilidade, dispersão e colapsividade potencial para os ferrisolos, solos ferruginosos e solos fersialíticos (Campos, 1997).

As composições das rochas-fontes desses depósitos explicam que eles tenham composições desde muito arenosos até muito argilosos. As características do clima – subtropical, quente e úmido – favorecem os processos de alteração ferralítica, principalmente através da hidrólise de minerais do substrato, com liberação de sílica e bases, e concentração de sesquióxidos de Fe e Al. Tais processos permitem a formação de perfis com características de latossolos, solos podzólicos e terra roxa estruturada. Em termos gerais, predominam solos de evolução pedológica bem desenvolvida, caracterizados por horizontes superiores com alterações pronunciadas dos minerais originais. O substrato geológico consiste de rochas sedimentares do Mesozoico (arenitos médios a grosseiros) e rochas magmáticas basálticas do Jurássico/ Cretáceo da Formação Serra Geral e do Grupo São Bento; e arenitos cretáceos, siltitos, arenitos ferruginosos e calcíferos mal selecionados, além de conglomerados do Grupo Bauru. Os horizontes superiores de alteração profunda dos materiais originais são fortemente influenciados pelas condições climáticas citadas. Predominam os solos tropicais vermelhos de origem laterítica e não lateritos propriamente ditos (Nogami, 1985). Trata-se de solos com horizonte B latossólico e B textural, representados pelas classes pedológicas: latossolo vermelho-escuro, texturas média e argilosa; latossolo roxo; terra roxa estruturada; e podzólico vermelho-amarelado, textura arenosa média, abrúptico e não abrúptico. Esses materiais podem ser classificados como ferrisols ou solos ferruginosos quando derivados de rochas arenosas; e como solos fersialíticos quando provindos de rochas básicas (Geological Society, 1990).

Bjornberg e Landim (1966) registraram que no estado de São Paulo estudos sedimentológicos de depósitos cenozoicos restringiam-se às bacias de São Paulo e Taubaté. Entretanto, cortando seja o Cristalino ou os Planaltos Interioranos, apareciam níveis topográficos escalonados na paisagem correspondendo a fases de aplainamento, cobertos por uma capa detrítica do Cenozoico geralmente pouco espessa. Essa cobertura sedimentar mereceu algumas referências, e a primeira delas relativa à região de Tanque na região do rio Atibaia foi feita por Florence e Pacheco, na *Carta geológica do estado de São Paulo* (1929). Outras se seguiram: na bacia dos rios Tietê, Sorocaba e Mogi-Guaçu (Almeida; Barbosa, 1953); nos arredores de Atibaia e Bragança Paulista (Wohlers et al., 1954), nas proximidades de Piracaia, Rio Claro, Vargem Grande do Sul, São Carlos, Botucatu, São José dos Campos; e no vale do rio Jaguari, próximo de Aguaí (Mezzalira, 1948, 1959, 1964); referem-se também aos terraços nos vales dos rios Corumbataí, Piracicaba e Tietê (Almeida; Barbosa, 1953; Almeida et al., 1979); na Serra de Santana (Christofoletti; Queiroz Neto, 1960); no vale dos rios Jundiaí, Atibaia e Jaguari (Penalva, 1964). De todas essas ocorrências, a única com possibilidade de mapeamento foi a de Tanque, registrada na *Carta geológica do estado de São Paulo* e editada em 1963 pelo Instituto Geográfico e Geológico (IGG), tornada possível pela escala do mapa (Wohlers, 1964, p.155). Porém, após as pesquisas de Bjornberg et al. (1964a, 1964b), e principalmente Bjornberg (1965), ficou demonstrado que tais ocorrências poderiam se apresentar em extensas áreas, muito maiores do que se supunha, sendo passíveis de mapeamento.

Nesse contexto, Bjornberg e Landim (1966) confirmaram a existência de uma cobertura sedimentar de espessura variável, capeando superfícies marcadamente aplainadas, na Depressão Periférica Paulista. Pela distribuição granulométrica, os sedimentos estudados se assemelhavam muito ao Arenito Botucatu (Eocretáceo). Entretanto, a fração grosseira e os valores das medianas, indicando maior competência do veículo de transporte, bem como a maior percentagem de magnetita presente, as estruturas primárias de deposição, e a presença de restos vegetais, são características extremamente valiosas na diferenciação de ambos os sedimentos. Segundo os autores (ibid., 1966), essa deposição do pós-Cretáceo aconteceu obedecendo a uma drenagem com traçado semelhante ao atual e provavelmente em clima semiárido, com flutuações para fases climáticas mais amenas. Propuseram então a designação estratigráfica de Formação Rio Claro (Neocenozoica) para os sedimentos situados a uma altitude de 600 m-800 m, com a seção tipo em Rio Claro (SP).

Posteriormente, Landim et al. (1974) e Etchebehere et al. (2004) (Figura 7) registraram a ocorrência de sedimentos cenozoicos com espessuras variáveis sobre superfícies de erosão, e largamente distribuídos no interior do estado de São Paulo, no sul dos estados de Mato Grosso e Goiás, no noroeste do estado do Paraná e no sudoeste do estado de Minas Gerais. Tais depósitos, que foram amplamente mapeados por Soares et al. (1980), têm origem aluvial ou coluvial, sendo equivocadamente considerados às vezes como solos autóctones. A ausência generalizada de uma matriz nesses depósitos arenosos, devido a processos de lixiviação originando alta porosidade e permeabilidade, frequentemente causa sérios problemas em geologia de engenharia e na conservação de solos, podendo ocorrer neles os fenômenos erosivos conhecidos como boçorocas. A origem de tais depósitos parece relacionada a um ciclo jovem de erosão e alguns estágios durante o processo de denudação. O mais importante deles ocorreu provavelmente durante o início do Quaternário, quando os rios do norte da Bacia do Paraná atingiram o estádio senil, com largas planícies aluviais ao longo dos rios principais (Grande, Pardo, Turvo, Tietê, Paranapanema) e intenso processo coluvial nos divisores de água (Fúlfaro; Bjornberg, 1993). Transportes a curta distância da carga transportada pelos rios cobrindo encostas acima de depressões formaram depósitos sedimentares semelhantes àqueles das áreas-fontes, porém sempre arenosos. O levantamento regional causado pela inclinação da Serra do Mar para oeste elevou os perfis longitudinais dos rios com rejuvenescimento e interrupções ocasionais dando origem a terraços nos topos dos divisores de águas. A espessura é geralmente de 15 m para as coluviões e 40 m para as aluviões. O referido ciclo de erosão foi por processo de remoção por lavagem e sedimentação, e constituiu-se de um estágio disseminado apresentando processos coluviais característicos com as espessuras referidas. Os depósitos formados são de areias sem estruturas, tendo na base um depósito de cascalho ou uma linha de seixos com pedregulhos de quartzitos e raramente fragmentos de limonita, sobre estágios mais antigos ou diretamente sobre formações antigas. Processos de laterização são frequentes durante o ciclo coluvial, e as camadas de pedregulhos na base podem ter até 3 m de cimento limonítico (Landim et al., 1974).

Figura 7: Esquema paleogeográfico do Grupo Bauru (Landim et al., 1974)

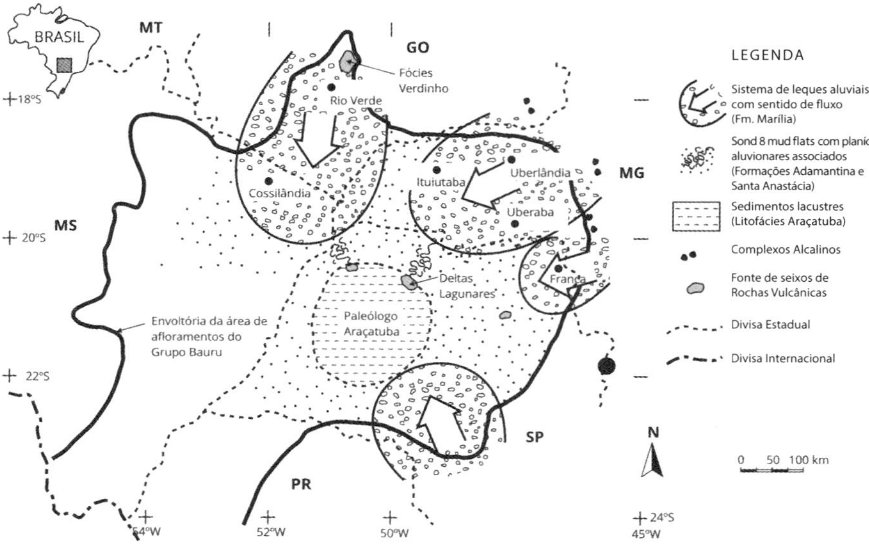

Perinotto et al. (2006) entendem a Formação Rio Claro como depósitos sedimentares cenozoicos preservados na Depressão Periférica Paulista. Têm como características precárias e controvertidas as respectivas interpretações paleoambientais, possíveis idades, gênese, história geológica e contextualização estratigráfica, também como para os demais depósitos sedimentares similares. No caso da Formação Rio Claro os autores (ibid., 2006) a consideram como a ocorrência sedimentar do Cenozoico mais expressiva na Depressão Periférica Paulista, província geomorfológica de origem e desenvolvimento erosivos marcados, o que fez que vários pesquisadores entendessem a sua sedimentação associando-a como forma de relevo: Bjornberg e Landim (1966); Penteado (1976); Landim e Soares (1976); Oka-Fiori (1987); Zaine (1994); Melo (1995). Após análises estratigráficas integradas de afloramentos complementada por resultados de informações da literatura, aqueles autores (op. cit.) concluíram que a sedimentação da unidade se deu de NO para SE, com as maiores espessuras predominando na porção leste da área, tornando-se mais delgada para oeste. Sua espessura varia entre 30 m e 40 m, sendo o contato de sua base com as formações Corumbataí ou Piramboia. No lado ocidental ocorrem as fácies de maior granulometria depositadas por correntes mais fortes, gradando no lado oriental para fácies mais finas, depositadas em contexto fluvial de meandros, com alternâncias marcadas de fácies arenosas com estratificações cruzadas e fácies argilosas, características de planícies de inundação. Há, quase sempre, um capeamento de material arenoso maciço de tonalidade marrom, que alguns autores consideram de origem coluvionar ou elúvio coluvionar: Fúlfaro e Suguio (1968); Landim e Soares (1976); Melo (1995). Observações de campo sugerem que parte significativa desse capeamento representa regolito desenvolvido na própria Formação Rio Claro, gerando solos porosos e colapsíveis (Campos, 1979). Perinotto et al. (2006) registram que, nos arredores de Rio Claro, esse material recobre a Formação Corumbataí incorporando fragmentos desta, podendo então ser considerada como um colúvio autêntico. Portanto, a interpretação de que os sedimentos da Formação Rio Claro sejam remanescentes preservados de terraços de acumulação de antigas planícies aluviais do rio Corumbataí: Bjornberg e Landim (1966); Fúlfaro e Suguio (1968); Pereira e Landim (1975), admitindo-se paleodrenagem NE/SO é passível de reconsideração. Perinotto et al. (2006) afirmam que a sedimentação da Formação Rio Claro ocorreu de NW para SE, sugerindo uma conexão com o desenvolvimento da Serra de Santana-Itaqueri e com a geração da franja pedimentar adjacente, esculpida em arenitos da Formação Piramboia. Assim, a sedimentação da Formação Rio Claro corresponderia a um depósito correlato ao desenvolvimento de superfícies planálticas neogênicas. Perinotto et al. (2006) acreditam que futuros estudos poderão esclarecer dúvidas relativamente ao modelo deposicional da Formação Rio Claro, já que o modelo de geração de pedimentos e pediplanos por recuo lateral de encostas foi desenvolvido em regiões de climas semiáridos (McGee, 1897; Paige, 1912; Bryan, 1935), sendo que Christofoletti (1973) recomendava o termo "pediplano" para superfícies planálticas modeladas em condições climáticas semiáridas. Entretanto, as interpretações paleoambientais sobre a formação referida indicam a sedimentação em clima quente e úmido, como indicadores com o predomínio da caulinita detrítica, bem como a inexistência de esmectitas e minerais pesados instáveis (Melo, 1995). Os fósseis vegetais encontrados na unidade são impressões de folhas e oogênios de carófitas, indicam vegetações de áreas alagadas (Bjornberg et al., 1964a; Zaine, 1994) até cerrados bem desenvolvidos, com umidade menor que a da mata tropical (Duarte; Rezende-Martins, 1985). Quanto à idade da Formação Rio Claro, Perinotto et al. (2006) registram que já se atribuiu a ela desde idade Recente (Bjornberg et al., 1964b; Cavalcante et al., 1979) até Pleistocênica (Penteado, 1976), Miocênica (Martins-Neto, 1989) ou ainda Paleogênica (Freitas et al., 1979). Esses autores utilizaram-se de dados paleontológicos relacionados com superfícies de aplainamento, e inclusive elementos tectônicos e correlações estratigráficas com outros registros cenozoicos do estado de São Paulo, mas, mesmo assim, a idade da formação segue indefinida. É possível apenas considerar que deve ser mais antiga que o Recente, especialmente pela intensidade do desenvolvimento de um manto de regolito e pelos desníveis superiores a 100 m entre o topo da unidade e o talvegue do rio Corumbataí.

Perinotto et al. (2006) acreditam que o modelo de sedimentação proposto para a Formação Corumbataí seria próximo com a proposta de desenvolvimento de peneplanos com rebaixamento generalizado de encostas (*downwearing*) em condições climáticas úmidas (Christofoletti, 1973) baseado nas contribuições de Davis (1899) e King (1956), e esclarecido por Hack (1960) relativamente a um equilíbrio dinâmico na evolução da paisagem. Aqueles autores (ibid., 2006) defendem ainda a possibilidade da aplicação do conceito de etchplanação (Wayland, 1933 apud Valadão, 1998; e Vitte, 2001,

2005), que diz que a evolução das superfícies planálticas pode ter acontecido a partir de frentes de intemperismo, comumente associadas a processos de formação de couraças lateríticas: Thomas (1965) e Adams (1975). Conjunção de processos evolutivos associados a fatores tectônicos, climáticos, biológicos e sedimentares conduzem a uma complexa diversidade de situações e evolução da paisagem, como cita Klein (1985, 1990). Portanto, a gênese e a evolução dessa entidade geomorfológica da Depressão Periférica Paulista e dos depósitos sedimentares cenozoicos lado a lado com ela podem ter sido na forma de depósitos correlativos ao desenvolvimento de superfícies aplainadas, como remanescentes deposicionais.

Etchebehere et al. (2004) realizaram estudos no Planalto Ocidental Paulista acentuando a rápida ocupação territorial a partir de 1920, quando ocorreu desmatamento em grande escala para exploração de madeira e plantações de café, algodão, amendoim, milho e cana-de-açúcar, o que levou a um esgotamento do solo utilizado então para pastagens e pecuária intensiva. Esse tipo de ocupação resultou em graves processos erosivos e assoreamento da drenagem. Atualmente, além das pastagens, observa-se um aumento de plantações de cana-de-açúcar. O interior paulista, e particularmente o Planalto Ocidental, apresentou grande desenvolvimento econômico em função do agronegócio, que levou ao crescimento de grandes cidades como Presidente Prudente, Bauru, Marília, São José do Rio Preto, Araçatuba, além da construção de grandes usinas hidrelétricas, dutovias, malhas rodoferroviárias e a Hidrovia Tietê Paraná. Grande parte desse complexo está sobre as unidades sedimentares pós-basálticas ou de solos derivados. Os autores (ibid., 2004) enfatizam a existência na região de importante reserva de água subterrânea, a qual, ao mesmo tempo que suporta a importância econômica, também preocupa pela forma intensiva e descontrolada de sua exploração e pelos riscos de contaminação de aquíferos por efluentes domésticos e industriais e por componentes deletérios de fertilizantes e pesticidas, também por vezes usados sem controle e regulação. Discorrem sobre a evolução do conhecimento sobre a cobertura sedimentar pós-basáltica, enfatizando a fase pioneira de estudos e o surgir da base cartográfica elaborada a partir dos anos 1970 com a contribuição de inúmeros pesquisadores e instituições, como o Instituto Geológico (IG), o Instituto de Pesquisas Tecnológicas (IPT), o Consórcio Paulipetro, e as universidades estaduais paulistas – Unicamp e Unesp –, que proporcionaram um refinamento do conhecimento estratigráfico regional (Figura 7). Os autores (ibid.) expressam que a cobertura sedimentar pós-basáltica do Planalto Ocidental Paulista contempla três grandes episódios na história geológica, dos quais somente o terceiro deles refere-se aos sedimentos tratados neste trabalho: trata-se da fragmentação da Superfície Sul-Americana (ampla superfície planáltica – peneplano – originada entre o Cretáceo e Paleogeno) resultando em um entalhe que levou à configuração atual do relevo (Landim et al., 1974, Figura 6). Os depósitos sedimentares ligados a tal episódio não estão ainda bem caracterizados, pois os registros devem ter sido afetados por:

- processos neotectônicos e decorrentes da dessecação do relevo;
- falta de mapeamentos sistemáticos de unidades cenozoicas;
- carência de modelos de depósitos sedimentares aplicáveis ao contexto cenozoico do Planalto Ocidental Paulista;
- discordância de discernimentos entre sedimentos cenozoicos e regolitos de alteração de rochas sedimentares do Cretáceo.

Fúlfaro e Bjornberg (1993) afirmam que começam a ser incorporados ao conhecimento mapeamentos e caracterizações de depósitos pleistocênicos de terraços identificados na Bacia do rio do Peixe, cuja origem é atribuída por uma tectônica controladora dos níveis de base, o que explica espessuras de até 40 m desses depósitos em alguns trechos (Figura 7).

Sallun e Suguio (2006) afirmam que os depósitos cenozoicos têm sido praticamente ignorados e, quando estudados, o são do ponto de vista essencialmente geomorfológico. São vagamente referidos como solos ou formações superficiais, com diferentes denominações e interpretações, e os mapeamentos realizados não levaram ao reconhecimento de unidades geológicas, sendo necessários novos estudos sedimentológicos, estratigráficos e paleontológicos mais detalhados a respeito dos mesmos. Os autores (ibid., 2006) explicam que depósitos quaternários são encontrados em diversos locais do estado de São Paulo, associados a distintos contextos geológicos, sendo os estudos de tais depósitos concentrados particularmente na região leste e na Depressão Periférica Paulista, porém os que ocorrem a oeste, no chamado Planalto Ocidental, têm sido esquecidos, principalmente quanto aos aspectos da evolução geológica do Quaternário. Os autores (ibid.) estudaram parte desses depósitos, na área entre Marília e Presidente Prudente

(SP), com detalhes inéditos. Ressaltam que os estudos geológicos até hoje realizados na área em questão visaram quase somente o Grupo Bauru (Suguio, 1973, 1980; Barcelos, 1984; Fernandes, 1998; e Batezelli, 2003). Os depósitos quaternários do Planalto Ocidental situam-se, em sua maior parte, em discordância sobre as rochas sedimentares do Grupo Bauru, formando corpos descontínuos e irregulares.

Sallun e Suguio (2006 apud Suarez, 1976) referem-se a depósitos cenozoicos no extremo oeste do estado de São Paulo, como sendo arenosos argilosos avermelhados, levemente compactados, apresentando estruturas de "dissipação", com frequentes *stonelines* de provável origem fluvial, com concreções ferruginosas denominadas Formação Piquerobi, correlacionada por Suarez (1991) a restos da Superfície Neogênica definida por Ab'Saber (1968, 1969) como sendo do Terciário Superior, mas que nunca foi datada ou proposta formalmente como unidade estratigráfica.

Sallun e Suguio (2006 apud Melo; Ponçano, 1983) indicam os seguintes depósitos cenozoicos na região que estudaram:

- coberturas dos platôs de Marília e Echaporã: depósitos arenosos e arenosos argilosos com cascalhos avermelhados, que foram provisoriamente chamados de Formação Itaqueri (Freitas, 1955);
- *stonelines* associadas aos topos residuais (morros testemunhos), sustentados pela Formação Marília;
- colúvios atuais e subatuais: colúvios arenosos avermelhados e sem coesão, com espessuras de até 30 m, nas partes baixas das escarpas de Marília e Echaporã, com fragmentos de vegetais carbonizados. Provavelmente representaram retrabalhamento dos depósitos superficiais citados por Lepsch (1977). Sallun e Suguio (2006 apud Fúlfaro; Suguio, 1974) descreveram depósitos de areias e coluviões nos atuais divisores de drenagem do Planalto Ocidental Paulista, com níveis de base de cascalhos com seixos de quartzito e calcedônia, ou fragmentos retrabalhados de limonita, dificilmente individualizados quando não há cascalhos na base. Tais depósitos seriam mal estruturados e confundidos com eluviões, pois pouco se diferenciam do material de alteração das rochas originais, o que significa sempre pequeno transporte. Sallun e Suguio (2006 apud Etchebehere et al., 1999; Etchebehere, 2000) citam o mapeamento nos depósitos de

terraços no Vale do rio do Peixe, cinco alomembros que formariam a Aloformação rio do Peixe, de idade neopleistocênica, a qual estaria sobreposta a rochas do Grupo Bauru e Caiuá, com espessura de até 40 m. Estaria associada a outros depósitos cenozoicos, tais como leques aluviais tecnogênicos, colúvios holocênicos, alúvios atuais e mantos regolíticos. Os alomembros estariam associados a fácies similares de corpos arenosos e arenosos cascalhentos maciços ou com estratificações acanaladas, bancos de cascalhos, siltes e argilas ricos em macrorrestos vegetais, cuja idade, calculada pelo método radiocarbono, seria entre 27 mil e 14 mil AP,[2] e depositados em um contexto fluvial entrelaçado, com ocorrência de fácies lacustres. Sallun e Suguio (2006) apontam evidências de neotectonismo na área, visíveis pelas deformações em depósitos da Aloformação rio do Peixe, representadas por estruturas de liquefação e falhas de rejeitos diversificados, além de dobras e fraturas nos depósitos coluviais que cobrem a aloformação citada. Riccomini (1995) aponta evidências diretas de neotectonismo no Platô de Marília, onde *stonelines* superpostas à Formação Adamantina teriam sido seccionadas por falhas normais com rejeito decimétrico, com direção O/NO. Os autores (op. cit.) registram que as amostras de depósitos aluviais e coluviais coletadas foram datadas pelos métodos da termoluminescência (TL) e luminescência opticamente estimulada (LOE). Os locais das datações e os detalhes da experimentação constam do trabalho (ibid.). Os depósitos coluviais aluvionares datados pelos métodos TL e LOE revelaram idade Pleistocênica, de 9.000 ± 1.000 anos a 980.000 ± 100.000 anos. As idades obtidas e a distribuição espacial dos depósitos sugerem que as idades desses depósitos estejam ligadas a níveis topográficos diversos. Assim, os depósitos coluviais superpostos às camadas de ferricretes não devem pertencer a uma única geração, mas a vários ciclos de formações das crostas ferríferas. Entretanto, as semelhanças texturais, como a granulometria, e composicionais, como a química e a mineralogia, apontam uma única fase de for-

2 Idades por radiocarbono bruto, ou seja, não calibrado, são geralmente reportadas em anos de rádio carbono "Antes do Presente" (AP), sendo o "Presente" definido como o ano 1950 d.C. Tais idades brutas podem ser calibradas para gerarem datas de calendário (Google, 2021).

mação, com idade mínima de 402.000 ± 40.000 anos AP. Amostras coletadas em terraços altos (bacias dos rios do Peixe e Paranapanema) revelaram idades mais antigas, de 240.000 ± 30.000 anos, e 70.000 ± 5.000 anos AP, do que as amostras dos terraços mais baixos (bacias dos rios Santo Anastácio e Aguapeí), ou seja, 18.000 ± 1.000 anos AP e 14.000 ± 2.000 anos AP. Portanto, os terraços mais altos são mais antigos que os mais baixos, o que leva à conclusão de que as bacias de drenagem da região estão atuando desde 240.000 anos AP até os dias atuais na evolução do relevo, de forma construtiva (terraços) e destrutiva (dessecação). Os autores (op. cit.) concluem que a posição topográfica dos terraços citados indica que o nível de base regional vem sendo rebaixado desde aquela época, ao longo do tempo. Os autores (ibid., 2006 apud Stevaux, 1991) revelam que as origens da bacia hidrográfica do rio Paraná teriam se iniciado no Quaternário, portanto a idade de 980.000 ± 100.000 anos AP para os depósitos coluviais-aluvionares suprabasálticos da área parecem corroborar a proposta de Stevaux (1991).

Ávila et al. (1981) constataram que há no Planalto Ocidental Paulista depósitos sedimentares continentais pós-cretácicos mais antigos que as aluviões recentes, muitos dos quais com espessuras e extensões notáveis. Esses depósitos apenas recentemente vêm sendo considerados com atenção nos meios técnicos e científicos ligados às geociências. Portanto, estão sendo conhecidos e descritos principalmente os que apresentam representação física bem definida e de ambiente de deposição considerado fluvial bem característico por estruturas sedimentares nítidas. Outros depósitos, em quantidades apreciáveis no Planalto Ocidental Paulista, são mal conhecidos por terem contornos mal determinados, constituídos por materiais pouco consolidados e sem estruturas, apresentando uma evolução pedológica importante. Esses materiais têm sido denominados em geologia de engenharia genericamente como "colúvios", ocorrendo juntamente com outros depósitos em rampas de colúvios e depósitos de talus. Têm grande importância em geologia de engenharia, pois são implantados sobre e com os mesmos grande parte de obras civis de grande porte, como barragens, canais, sítios urbanos e plantas industriais, além de outras atividades econômicas ligadas à agricultura e agroindústrias, que demandam grandes espaços territoriais.

A tendência acentuada à instalação de processos erosivos também chama a atenção para estudos correlatos a tais fenômenos e seus controles, relativamente aos depósitos em questão. Os autores (ibid., 1981) consideram como um dos critérios mais importantes, para o estudo dos depósitos cenozoicos citados, a compartimentação geomorfológica do estado de São Paulo (IPT, 1981 apud Almeida, 1964), na qual consta a Província Planalto Ocidental (V), com as zonas Planalto de Marília, Planalto de Catanduva, Planalto de Monte Alto e Zonas Indivisas, além de outras províncias cuja menção foge ao escopo desta publicação. Argumentam que o estado de São Paulo possui, em cerca de 61% de sua área, o chamado Relevo Colinoso, constituído por relevos suaves, principalmente no domínio das rochas sedimentares (Províncias da Depressão Periférica e do Planalto Ocidental), onde ocorrem os depósitos coluviais referidos. A Província Cuestas Basálticas (VI) (IPT, 1981) (Figura 2) representa 10% da área total do estado, particularmente com relevo acidentado. São encontrados nessa província depósitos de coluviões que recobrem total ou parcialmente as litologias existentes naquela como as rochas do Grupo São Bento, Formação Serra Geral, Botucatu e Piramboia, rochas sedimentares do Grupo Bauru e aluviões. Boçorocas ocorrem em toda a província, com maior ou menor intensidade em função das características locais do solo e de sua utilização. A Província do Planalto Ocidental representa 51% da área total do estado, em um ambiente geomorfológico de relevos colinosos e de morrotes e transição, planícies aluvionares e terraços fluviais, relevos residuais suportados por litologias particulares e morros com encostas suavizadas (Ávila et al., 1981). Os autores argumentam que os depósitos coluviais dessa província estão associados principalmente aos sistemas de relevos colinosos. Recobrem total ou parcialmente as litologias existentes: rochas sedimentares do Grupo Bauru, Formação Caiuá, Grupo São Bento, Formação Serra Geral e sedimentos aluvionares. Refletem em sua granulometria e na composição mineralógica os materiais das áreas-fontes citadas, havendo, então, uma correspondência com os produtos de alteração das litologias predominantes, sendo, portanto, tais depósitos predominantemente arenosos. Sua espessura média, quando recobrem as rochas do Grupo Bauru, é de 8 m, e, quando recobrem a Formação Caiuá, chega a 10 m. Normalmente aparece em sua base uma linha de seixos (*stonelines*) às vezes limonitizados ou com fragmentos de canga, que separa os depósitos das formações subjacentes, sendo também visíveis restos carbonizados.

Esses depósitos coluviais são susceptíveis à erosão acelerada, tipo boçorocas, favorecida pelo desmatamento e à não implantação de medidas corretivas à erosão, seja na utilização do solo em ambiente urbano ou atividade agrícola. A evolução das boçorocas pode atingir as rochas sedimentares subpostas, podendo alcançar profundidades maiores que 30 m.

Oliveira (1990, 1994) afirma ser cada vez mais importante o estudo dos processos atuais em que o homem tem um papel determinante, e define depósitos tecnogênicos como aqueles formados como resultado da atividade humana. Santos Oliveira (ibid.) registra que esses depósitos são formados pela sobreposição plano-paralelas de camadas argilosas e arenosas, semelhantes aos terraços fluviais, colmatando drenagens de primeira ordem com expressões longitudinais de centenas ou mesmo milhares de metros, largura de alguns metros e profundidades de até algumas dezenas de metros. Às vezes apresentam estratificação cruzada, contendo areia e partículas mais grossas, e mesmo restos de artefatos, sobretudo quando associados a ocupações urbanas. Testemunham a forma como as terras foram ocupadas, correspondendo ao estágio de desenvolvimento tecnológico do homem, o mais novo e agressivo agente geológico. O autor (ibid.) registra que nos anos de 1986, 1988 e 1989, o Instituto de Pesquisas Tecnológicas (IPT) realizou com o Departamento de Águas e Energia Elétrica do estado de São Paulo (Daee) um cadastramento de boçorocas rurais e urbanas, nas bacias dos rios Paranapanema, Peixe, Aguapeí, Baixo Tietê, Pardo e Grande, com a abrangência de praticamente todo Planalto Ocidental Paulista. Esse projeto cadastrou mais de mil erosões, revelando também a ocorrência de depósitos sedimentares cujas características indicam que sua origem está correlacionada com as atividades humanas de uso e ocupação do solo, particularmente no que se refere ao seu conteúdo em restos de artefatos. O autor (ibid.) acredita que pesquisas sobre depósitos tecnogênicos poderão auxiliar o aprofundamento quanto às alterações do meio ambiente e quanto aos processos erosivos e assoreamento, os quais fazem parte de um único processo de dinâmica superficial.

Capítulo 2
Solos

Solos

O conceito de solo está intimamente ligado ao emprego que o mesmo terá nas atividades ligadas às ciências da terra. No *Glossário de termos técnicos de geologia de engenharia e ambiental* (ABGE, 2012) são reproduzidos os conceitos de solos de acordo com a geologia, a mecânica dos solos, a pedologia e a geologia de engenharia. Muitos pesquisadores se debruçaram sobre o tema da definição de solos. Apresentaremos somente os conceitos que, pelo conteúdo, serão úteis ao desenvolvimento deste trabalho. A Empresa Brasileira de Pesquisas Agropecuárias (Embrapa) considera que o solo são corpos naturais, constituídos por partes sólidas, líquidas e gasosas, tridimensionais, dinâmicos, formados por materiais minerais e orgânicos que ocupam a maior parte do manto superficial das áreas continentais do nosso planeta (Santos et al., 2006). Contém matéria viva, pode permitir vegetação onde ocorre e, eventualmente, ter sido modificado por interferências antrópicas. Desde a superfície apresenta seções aproximadamente paralelas, organizadas em camadas e/ou horizontes que se distinguem do material de origem, como resultado de adições, perdas, translocações e transformações de energia e matéria, que ocorrem ao longo do tempo e sob a influência dos fatores clima, organismos vivos e relevo. O solo tem como limite superior a atmosfera. Os limites laterais são os contatos com corpos d'água superficiais, rochas, gelo, áreas com coberturas de materiais detríticos não consolidados, aterros, ou com terrenos sob espelhos d'água permanentes. O limite inferior do solo é difícil de ser definido. Em geral, o solo passa gradualmente no seu limite inferior, em profundidade, para rocha dura ou materiais saprolíticos, ou sedimentos que não apresentam sinais da influência de atividade biológica.

O material subjacente (não solo) contrasta com o solo, pelo decréscimo nítido de constituintes orgânicos, diminuição da alteração e decomposição dos constituintes minerais, enfim, pelo predomínio de propriedades mais relacionadas ao substrato rochoso ou ao material de origem não consolidado (Vaz, 1996).

Lozet e Mathieu (1990) afirmam ser o solo produto da alteração, do remanejamento e da reorganização das camadas superiores da crosta terrestre sob a ação da vida, da atmosfera e das trocas de energia que se manifestam. É, portanto, um meio complexo e dinâmico, evoluindo sob a influência de fatores externos (hidrosfera, atmosfera, biosfera), e suas propriedades são adquiridas progressivamente quando:

- a rocha-mãe se altera sob a ação do clima e de uma vegetação pioneira;
- a matéria orgânica se mistura ao solo;
- os minerais da rocha natural se alteram;
- a matéria orgânica se degrada lentamente, inicialmente em húmus novo, e finalmente em ácido carbônico, amoníaco e nitratos;
- finalmente, os elementos minerais e orgânicos podem ser deslocados pela água de chuva que se infiltra, e diferenciar assim o solo em uma sucessão de camadas com textura, estrutura e cores diferentes, chamadas de horizontes.

Os autores (ibid., 1990) registram que o conjunto de horizontes de um solo revela a anisotropia vertical dele, e diferem entre si por seus constituintes, sua organização e seu comportamento; eles são originados pelas transformações às quais são submetidos pelo material depositado após o início de sua evolução. O horizonte é a unidade de base da caracterização local (descrição) da cobertura pedológica. O solo assim definido atinge então um grau de desenvolvimento que varia de acordo com a maneira com que foi submetido à ação dos fatores pedogenéticos e o espaço de tempo durante o qual foi submetido. Em consequência o solo é uma estrutura na qual persistem e transitam:

- os resultados dos produtos da alteração da camada superficial do globo terrestre;
- as matérias orgânicas vivas ou mortas da biomassa associada a essa camada superficial;

- os elementos provenientes da atmosfera, seja de forma acidental ou cíclica.

Toledo et al. (2009) argumentam que os produtos friáveis e removíveis formados na superfície da Terra pela ação do intemperismo, quando não erodidos e transportados, e formados em regiões planas ou de relevos suaves, ou, ainda, quando protegidos por cobertura vegetal, sofrem pouco a ação da erosão física ou mecânica. Nessas condições, o alterito[1] (manto de intemperismo) evolui através de reorganizações estruturais por processos pedogenéticos, dando origem aos solos. Os autores (ibid., 2009) expõem que adições, perdas, translocações e transformações da matéria produzem uma reorganização estrutural do alterito em diferentes camadas ou horizontes, que serão tanto mais diferenciados da rocha quanto mais afastados dela. A sucessão vertical desses horizontes constitui o perfil do solo. Em solos bem desenvolvidos, encontram-se quatro horizontes: três pela ação da Pedogênese (O, A e B) e um que é o alterito (C). Os horizontes mais superficiais apresentam uma tonalidade mais escura, pois possuem maiores quantidades de matéria orgânica; os horizontes inferiores, mais ricos em argilominerais e os óxidos-hidróxidos de Al e Fe são acastanhados em regiões temperadas; e amarelados e avermelhados em regiões tropicais.

Pereira et al. (2019) identificam nos solos oito horizontes e camadas principais, designados por letras maiúsculas **O**, **H**, **A**, **E**, **B**, **C**, **F** e **R**. Destes, três são por definição sempre horizontes e são designados por **A**, **E**, **B**; as designações **O**, **H**, **C**, **F** qualificam as camadas, em função da evolução pedogenética; e **R** identifica exclusivamente a camada. Por conveniência de descrição e de estudo, os horizontes ou camadas recebem denominações e símbolos convencionais com significado genético, cuja explicação os autores expõem na obra citada:

O e **H** – Usados em horizontes ou camadas de constituição orgânica, sendo "**O**" exclusivamente em solos com boa drenagem, e "**H**" em solos

---

1 Alterito: termo genérico usado para grãos alterados e irreconhecíveis de minerais pesados e, de forma geral, para rochas variavelmente alteradas e descaracterizadas com relação à rocha original que foi alterada metamorficamente e/ou metassomaticamente (Sigep, 2021). Disponível em: <https://sigep.eco.br/glossario/>. Acesso em: 24 abr. 2024.

mal drenados, com condições de anaerobiose (lençol freático próximo à superfície).

A – Reservado para horizontes minerais superficiais, caracterizados pelo elevado teor de matéria orgânica se comparado aos horizontes subjacentes. Esse horizonte geralmente tem cor mais escura e estrutura granular. Por vezes, pode ser subdividido em **A** e **AB** em função de características genéticas. Esse horizonte é o mais superficial e com maior atividade biológica que favorece adição de matéria orgânica e cujas características morfológicas estão mais relacionadas a essa atividade. Geralmente apresenta menores valores de densidade do solo e menor teor de argila, com maior desenvolvimento da estrutura granular, estrutura que favorece a circulação de ar, o fluxo de água e a fixação dos vegetais ao solo.

E – Horizonte de translocação de materiais (matéria orgânica, argila entre outros) em função da translocação pode apresentar cores claras e/ou textura arenosa.

B – Horizonte mineral subsuperficial (ou a superfície do terreno, quando o horizonte superficial tiver sido removido por processos erosivos) onde os processos pedogenéticos têm maior expressão e, portanto, tem domínio de características genéticas sobre as herdadas do material de origem (cor, estrutura, evidências de processos eluviais, entre outras.) O horizonte **B** é considerado como base da classificação dos solos, uma vez que neste há menor influência da ação modificadora do homem e dos agentes erosivos.

C – Horizonte mineral, adjacente à rocha matriz ou representando o próprio material de origem do solo (sedimentos), que possui domínio de características herdadas sobre as genéticas. Quando o perfil de solo se desenvolve diretamente a partir do manto de intemperismo de rochas, o horizonte **C** pode apresentar minerais primários facilmente intemperizados, material da rocha inconsolidada com propriedades da rocha matriz (cor variegada; estrutura laminar, orientada etc.) e textura semelhante ao material de origem.

F – Horizonte ou camada formada por consolidação de minerais ricos em ferro (petroplintita), podendo apresentar-se de forma contínua ou praticamente contínua.

R – Este símbolo é usado para designar a camada mineral consolidada e coesa (não pode ser cortada com pá, quando úmida) que representa o substrato rochoso.

Ao conjunto dos horizontes minerais acima do horizonte **C (A + B)** dá-se o nome *solum*. Ainda, dentro de uma variação vertical no perfil, podem-se encontrar camadas ou horizontes sem relação com os adjacentes, indicando uma descontinuidade do material de origem (representada por prefixos numéricos em arábico) antepostos ao símbolo do horizonte.

A diagênese

É o conjunto de transformações às quais os sedimentos são submetidos após a sua deposição. Elas se fazem sem intervenção importante da pressão e da temperatura, mas sim sob a influência de fatores físico-químicos tais como hidratação e desidratação, oxidação ou redução, e recristalização (Lozet; Mathieu, 1990). Trata-se das adaptações e transformações que os depósitos sedimentares sofrem, em resposta às novas condições físicas e químicas, na crosta terrestre. Difere do metamorfismo, pois os materiais originais são exclusivamente sedimentares, e não são incluídas recristalizações no estado sólido, pois as dissoluções, as reprecipitações e os processos de transformação acontecem a partir de soluções aquosas existentes nos poros. São envolvidos agentes químicos, físicos e biológicos. O termo "diagênese" é muito abrangente quanto à natureza dos processos, e quando ela é continuada pode levar à transformação do depósito sedimentar inconsolidado em rocha endurecida (litificação). Inicia-se ao final da deposição e prolonga-se indefinidamente, não importando o grau de consolidação que o depósito tenha atingido. Assim, em tese, a litificação do depósito é um dos aspectos possíveis da diagênese, mas não necessariamente o seu estado último.

De acordo com a ABGE (2012), a diagênese consiste no conjunto de processos superficiais e subsuperficiais que atuam sobre os sedimentos desde a sua deposição até a sua consolidação (litificação). Tais processos são:

- a compactação devida à sobrecarga, que diminui a porosidade e causa deformações dos grãos de minerais maleáveis;
- a precipitação de soluções de sílica, carbonato de cálcio e outras, que causam a cimentação de grãos minerais;
- as reações químicas entre os grãos, originando novas espécies de minerais.

Não são considerados como diagênese os processos conhecidos como metamorfismo, os quais atuam nas transformações das rochas pelas mudanças de temperatura e pressão, em profundidade na crosta, e também as alterações superficiais de intemperismo.

A pedogênese

Lozet e Mathieu (1990) consideram a pedogênese como o conjunto dos fenômenos e dos processos que resultam na formação do solo a partir do depósito sedimentar inicial e da presença de matéria orgânica, bem como o desenvolvimento da diferenciação dos horizontes. Ocorre quando as modificações químicas e mineralógicas do intemperismo originam as modificações estruturais com a reorganização de minerais formadores do solo, principalmente argilominerais e hidróxidos de Fe e Al nos níveis superiores do manto de alteração. A fauna e a flora representam papel importante no processo, pois, devido ao desempenho de suas funções vitais, modificam grandes quantidades de material, mantendo o solo aerado e renovado em sua porção superficial. Atualmente o solo é considerado não apenas como um corpo inerte que reflete a composição da rocha que lhe deu origem, mas sim como um material que evolui com o tempo sob a ação de atores ativos do ciclo supérgeno como o clima, a topografia e a biosfera. Toledo et al. (2009) argumentam que, na porção mais superficial do manto de intemperismo, o alterito sofre profundas modificações, sob a ação de fatores que controlam a alteração intempérica, por:

- perda de matéria por remoção física e química das partículas, por remoção em solução, através da lixiviação;
- adição de matéria, por fontes externas como matéria orgânica de origem animal e vegetal e sais minerais por fluxo ascendente de soluções;
- mobilização pelos fluxos de soluções, verticais e laterais no interior do perfil;
- transformação da matéria em contato com produtos da decomposição de matéria vegetal e animal.

Pereira et al. (2019) registram que a pedologia – do grego *pedon* (solo, terra) – é a ciência da gênese, morfologia e classificação dos solos. Seu objetivo é compreender a interação entre os fatores e processos de formação do solo e sua influência nos atributos morfológicos, físicos, químicos e mineralógicos do solo, além da sua classificação taxonômica. De acordo com os autores (ibid., 2019), os solos começaram a ser estudados do ponto de vista genético na escola russa de Dokuchaev (apud ibid., 2019), o que permitiu a categorização deles em diferentes classes, o desenvolvimento do conceito de horizonte, o entendimento da distribuição dos solos na paisagem, e a formalização do conceito "fator de formação", estabelecendo os fundamentos da pedologia. Os estudos de Dokuchaev forneceram a base para o modelo mais influente de gênese do solo, proposto por Jenny (1941) em seu livro *Factors of Soil Formation*, no qual se propõe a equação de formação do solo:

$$S = f\,(cl, o, r, p, t\ldots)$$

onde: S = função de: solo; cl: clima; o: organismos; r: relevo; p: material parental; t: tempo.

Essa equação possibilita o melhor entendimento da influência de cada fator, permitindo o estudo em quatro fatores isolados, e que se trabalhe com a variabilidade de apenas um, nos chamados estudos em sequência. Por exemplo, em ambientes sob as mesmas condições de clima, vegetação (organismos), material de origem e tempo, o fator relevo será o principal responsável pelos diferentes tipos de solos desse ambiente; há, portanto, um estudo em topossequência; quando esse fator de variação for o material de origem, tem-se um estudo em litossequência e assim por diante, segundo Jenny (1941).

O fator material de origem influencia a formação do solo em diversos atributos, e pode ser dividido em dois grandes grupos: as rochas e os sedimentos. As principais características das rochas que influenciam nos atributos do solo são: a composição química e a mineralogia, a cor e a textura (Brady; Weil, 2013). As rochas classificadas como ácidas são aquelas que apresentam em sua composição mais de 65% de SiO_2, sendo, também, ricas em Al. Minerais com SiO_2 predominante são chamados félsicos (cores claras); entre eles destacam-se o quartzo e os feldspatos (Fontes, 2012), que, por sua vez, originam solos de textura arenosa, com cores amareladas e baixa fertilidade natural.

Por outro lado, rochas básicas são aquelas com menos de 52% de SiO_2, e possuem maior quantidade de minerais com Fe e Mg na sua composição, sendo denominados ferromagnesianos ou máficos (cores escuras), como olivina, piroxênios e biotita, que originam, por sua vez, solos de textura mais argilosa, cores avermelhadas e maior fertilidade natural. Os sedimentos são outro grupo de material que origina o solo. Eles são formados a partir da intemperização das rochas e atuação de processos erosivos, sendo muitas vezes transportados e depositados ao longo da paisagem. Os sedimentos podem ser classificados como coluviais (sedimentos produzidos pela intemperização e erosão nos pontos mais altos da paisagem e depositados ao longo de encostas) e aluviais (sedimentos de natureza diversa depositados por transbordamento dos rios) (Suguio, 2003). Atributos como textura, composição mineralógica, cor e fertilidade natural de solos formados a partir de sedimentos estão diretamente relacionados com a rocha originária e a intensidade de alteração desses sedimentos. Também existem sedimentos de constituição orgânica, possuindo teores de carbono orgânico maiores ou iguais a 80 g kg^{-1}, que podem se acumular em condições de boa drenagem ou de drenagem impedida. O acúmulo desses sedimentos pode levar à formação de uma ordem de solos denominada organossolos.

O relevo é considerado um importante fator na formação do solo, pois é responsável pelo controle de toda a dinâmica dos fluxos de água na paisagem, como lixiviação de solutos, atuação de processos erosivos e condições de drenagem (Pereira et al., 2019). A profundidade do lençol freático e a declividade são as principais características que controlam esses processos. Os pontos mais altos da paisagem possuem boas condições de drenagem, devido à profundidade do lençol freático; ao contrário, quando associados a baixas declividades, favorecem a maior infiltração da água. Por outro lado, locais onde há maiores declives estão sujeitos a boa drenagem, onde se intensifica o escoamento superficial da água em detrimento da infiltração, o que aumenta a taxa de erosão. Nos locais mais baixos da paisagem, apesar da menor declividade, o lençol freático está mais próximo da superfície, os solos são normalmente mal ou muito mal drenados, com condições anaeróbicas na maior parte do ano.

A atuação do clima na pedogênese está associada principalmente à precipitação pluviométrica, às taxas de evaporação e à temperatura, tendo em vista a influência delas no intemperismo e evolução dos solos (Kämpf; Curi,

2012). A água das chuvas tem efeito direto na formação do solo, pois, através das reações de hidrólise, há a alteração do material de origem e a remoção dos solutos originados nas reações. Além disso, a água atua na translocação, adição ou remoção de materiais no interior do perfil do solo. A temperatura tem efeito indireto, influenciando nas velocidades das reações químicas e do intemperismo. Em ambientes de clima tropical com altas taxas de precipitação pluviométrica e altas temperaturas, o intemperismo é intenso (Fontes, 2012), sendo formados solos profundos e de composição química e mineralógica bastante alterada. Em regiões de clima frio e temperado, os solos tendem a ser mais jovens, menos alterados pelo intemperismo e com horizontes superficiais de teores de carbono orgânico mais elevados. Já em áreas em que as taxas de evaporação excedem a precipitação pluviométrica, pode ocorrer a formação de solos salinos e/ou que apresentam elevado conteúdo de sódio.

Também nesse ambiente podem ser verificadas argilas expansivas que propiciam a formação de rachaduras na superfície do terreno e fendas em profundidade.

Os organismos na formação do solo possuem relação íntima com o fator clima, considerando a adaptabilidade da fauna e da flora às condições de umidade e da temperatura de um determinado ambiente. A ação dos organismos no substrato é considerada condicionante para a pedogênese. A matéria orgânica adicionada pelos vegetais ao solo, seja pelos resíduos de folhas ou de raízes, seja pela sua decomposição pela ação da fauna, como formigas, minhocas e microrganismos, participa de diversos processos no solo, e influencia na agregação de partículas, no escurecimento do horizonte superficial e na infiltração da água, minimizando a erosão e na retenção de nutrientes fundamentais ao desenvolvimento das plantas (Pavinato; Rosolem, 2008).

O fator tempo apresenta uma relação não apenas de cronologia, mas também de maturidade e evolução (Kämpf; Curi, 2012). Em ambientes de clima árido e semiárido, com baixa precipitação pluviométrica, mesmo com o material de origem exposto por um longo tempo, a baixa intensidade de intemperismo formará solos jovens, pouco evoluídos. Por outro lado, condições de intenso intemperismo e alteração do material de origem, mesmo com exposição recente deste, formarão solos maduros e evoluídos do ponto de vista da pedogênese.

O intemperismo

É o conjunto de transformações físicas (desagregação, fraturamento) e químicas (dissolução, decomposição) às quais as rochas ou solos são submetidos, quando deslocados do seu ambiente original para um novo ambiente, portanto um processo de adaptação; essas transformações são denominadas agentes do intemperismo. As transformações das rochas, minerais, solos ou sedimentos móveis são parciais ou completas, e seguidas por mudanças na cor, textura, duração e forma. Acontecem, devido a processos geoquímicos e bioquímicos, pela eliminação parcial ou completa de uma parte ou da totalidade dos minerais originais, e por uma possível substituição por materiais secundários, cristalizados ou amorfos, originais ou externos. Os processos responsáveis são: as águas de percolação subterrâneas, o gás carbônico e os diversos íons e coloides dissolvidos ou transportados pelas águas, as redes cristalinas dos minerais primários transformados e os íons liberados por essa rede (Lozet; Mathieu, 1990). Essas transformações são controladas pelo clima, pelo relevo, pela fauna e flora, pelo tipo do material original, rocha ou solo, e pelo tempo de exposição deles aos agentes do intemperismo.

Os tipos de intemperismo

Toledo et al. (2009) registram que, em função do mecanismo predominante de atuação, os processos de intemperismo são classificados como físicos, químicos e físico-geológicos ou químico-biológicos, nesse caso quando há também a ação de organismos vivos ou de matéria orgânica no processo.

O intemperismo atuando sobre as rochas produz uma fase residual que permanece *in situ* conhecido como manto de alteração (alterito), formado por minerais primários inalterados e minerais secundários transformados e os neoformados. As principais associações minerais do manto de alteração são:

- o quartzo;
- as micas parcialmente transformadas;
- os argilominerais do grupo das esmectitas e caulinitas;
- os óxidos e hidróxidos de Fe e Al.

Soluções aquosas ricas nos elementos mais solúveis nas condições da superfície da Terra, como o Na, o Ca, o K e o Mg, e em menor grau o Si, agem simultaneamente, potencializando as alterações.

Mudanças climáticas e fenômenos tectônicos podem instabilizar o manto de alteração dos continentes, removendo a vegetação e tornando-o vulnerável à erosão mecânica que mobiliza os minerais do solo. Assim, os minerais primários e secundários do manto de alteração serão transportados pelas águas e depositados nas bacias de sedimentação. Essa etapa de aplainamento dos continentes, dominada pela remoção mecânica dos materiais do manto de alteração, forma as "superfícies de aplainamento" e relaciona-se com a formação das rochas sedimentares clásticas, como os arenitos, os folhelhos e argilitos.

Portanto, ambientes de intemperismo e de sedimentação podem ser vistos como complementares, sendo que nos primeiros dominam os processos de remoção de materiais e, no segundo, os processos de adição dos materiais (Toledo et al., 2009).

Na distribuição dos principais processos de intemperismo na superfície da Terra, distinguem-se basicamente dois domínios geográficos locais: as regiões sem alterações químicas (14% dos continentes) e as regiões com alterações químicas (86% dos continentes). Nas primeiras, há ausência total de água no estado líquido, sendo:

- em regiões onde as temperaturas reinantes são inferiores a 0 °C, portanto a água ocorre sempre no estado sólido, ou seja, em regiões polares;
- em regiões onde ocorre extrema aridez devida à ausência da chuva ou por forte evaporação: são as regiões desérticas como o Saara, o Atacama e o Gobi.

O intemperismo físico

São todos os processos que desagregam e fragmentam as rochas, transformando-as em alterito. Esses processos são controlados:

- pelas variações da temperatura, diárias ou sazonais, que causam a expansão e a retração das rochas e dos grãos minerais, os quais, pelos diferentes coeficientes de dilatação térmica, se fragmentam;

- pela mudança cíclica da umidade, responsável também pelos efeitos de expansão e retração;
- sob baixas temperaturas, a água congela nas fissuras das rochas, aumentando o volume total, o que origina tensões nas paredes das fissuras, levando à ruptura.

O intemperismo químico

Toledo et al. (2009) afirmam que reações do intemperismo estão sujeitas às leis do equilíbrio químico e às oscilações das condições ambientais. Portanto, se componentes como a própria água são retirados ou adicionados, as reações podem ser aceleradas ou retardadas, formando diferentes minerais secundários e diferentes soluções de lixiviação.

Os tipos de intemperismo químico são: hidrólise; acidólise; dissolução; oxidação:

- a hidrólise acontece quando o ambiente da superfície tem pH entre 5 e 9. Pela hidrólise, os silicatos, principais componentes das rochas, liberam uma solução alcalina. O íon H^+, produto da ionização da água, penetra nas estruturas minerais deslocando principalmente os cátions alcalinos – K^+ e Na^+ – e os alcalinos terrosos – Ca^+ e Mg^+ –, que são liberados para a solução. A estrutura do mineral na interface sólido/solução se rompe, liberando Si e Al em íons isolados ou polimerizados para a fase líquida. Esses elementos podem se recombinar resultando na formação de minerais secundários. Como exemplo, tem-se a alteração de feldspatos em caulinita;
- a acidólise ocorre quando o pH do ambiente da superfície é menor que 5, ou seja, ácido. Nesse caso, em locais de climas frios, a decomposição da matéria orgânica não é total, formando ácidos orgânicos capazes de complexar o Fe e o Al colocando-os em solução. As rochas que sofrem acidólise geram solos podzólicos constituídos praticamente pelos minerais primários mais insolúveis, como o quartzo;
- a dissolução ocorre quando há solubilização total, como no caso da calcita e da halita. Ocorre mais frequentemente em terrenos calcários, formando os relevos cársticos, com cavernas e dolinas;

- a oxidação acontece quando é liberado em solução o Fe^{2+}, encontrado nos minerais ferromagnesianos férricos primários como a biotita, o anfibólio, o piroxênio e a olivina, transforma-se em Fe^{3+} e precipita-se como um novo composto férrico, por exemplo a goethita, que pode se transformar em hematita por hidratação.

Dearman et al. (1989) explicam que o intemperismo nas regiões úmidas é caracterizado por processos químico-biológicos. As águas naturais contêm H, O, íons, dióxido de carbono CO_2 da atmosfera e ácidos orgânicos, formados pela decomposição de plantas, que produz não apenas ácidos orgânicos diretamente, mas também gera dióxido de carbono – CO_2 – adicional, nas águas de percolação subterrâneas. Na fase inicial do intemperismo químico, sais facilmente solúveis são removidos em solução. Ao mesmo tempo, a hidrólise de silicatos e particularmente silicatos de alumínio liberam bases, a sílica é parcialmente dissolvida e removida, e Al, Fe e Ti também se precipitam rapidamente. Geralmente, durante o estágio inicial alcalino do intemperismo químico, as camadas sob intemperismo perdem dióxido de silício SIO_2, K, Ca, Mg, e parcialmente Mn, mas ganham Al e Fe. Na fase tardia, ácida, os materiais formados inicialmente e pouco solúveis são dissolvidos, e o óxido de alumínio Al_2O_3, o óxido de ferro Fe_2O_3, juntamente com o óxido de manganês MnO_2, começam a migrar no perfil de intemperismo. Consequentemente, locais com altas concentrações de Fe podem formar lateritas e bauxita ricas em Al.

Toledo et al. (2009) consideram que são feições marcantes no intemperismo tropical:

- a matéria orgânica é rapidamente degradada e raramente aparece abaixo das finas camadas superficiais;
- o intemperismo se dá principalmente por hidrólise em condições de pH aproximadamente neutras em profundidades muito abaixo da influência dos produtos da decomposição orgânica;
- a alteração é geralmente tão intensa que o solo produzido, do ponto de vista da engenharia, torna-se muito diferente das rochas das quais foi derivado;
- os óxidos de Fe e Al não são completamente dissolvidos como em ambientes de pH ácidos, e por consequência tendem a permanecer *in situ*;

- o óxido de ferro Fe_2O_3 é cristalizado como hematita, quando o solo é sazonalmente dissecado, originando um solo avermelhado, ou como goethita em ambientes sempre úmidos, formando solos de cor ocre ou marrom;
- a gibbsita é o principal óxido de Al formado;
- a sílica é liberada em solução ou combina com outros produtos do intemperismo para formar minerais de silicatos argilosos em camadas (esmectita) ou mais frequentemente minerais 1:1 pobres em sílica (caulinita);
- as bases (K, Na, Ca, Mg) são em geral deixadas em solução ou incorporadas em minerais 2:1, que podem mover-se para baixo como partículas dispersas em suspensão (lessivage ou illuviação) para formar horizontes superiores esvaziados, mas os óxidos minerais 1:1 são menos suscetíveis a esse processo.

As regiões com alteração química são caracterizadas por certa umidade e pela existência de cobertura vegetal mais ou menos desenvolvida. É um domínio heterogêneo, que é subdividido, em função da latitude e das características climáticas, em quatro zonas denominadas:

- *acidólise total*: nas zonas frias (16% da superfície continental) onde a vegetação é composta principalmente por líquens e coníferas que se degradam lentamente, originando complexos orgânicos capazes de fazer o Al migrar por acidólise total. Os solos originados são podzólicos ricos em quartzo e matéria orgânica;
- *alitização*: em zonas de domínio tropical e subtropical (13% da superfície continental), caracterizadas por precipitação anual abundante maior que 1.500 mm, e vegetação exuberante. A associação mineral característica é de óxidos/hidróxidos de Al (gibbsita) e Fe (goethita);
- *monossiatilização*: no domínio tropical subúmido (18% da superfície continental), onde a precipitação anual é maior que 500 mm e a temperatura média anual é superior a 15 °C. Os principais minerais formados são a caulinita e os óxidos/hidróxidos de Fe;
- *bissialitização*: ocorre em zonas temperadas e áridas (39% da superfície continental), onde a alteração é pouco intensa, formando argilominerais ricos em silício (do tipo 2:1). Dessa zona fazem parte o

ambiente hidrolítico de formação de esmectitas ricas em elementos alcalinos e alcalino-terrosos, ou o ambiente da acidólise parcial, com a formação das esmectitas aluminosas.

A Geological Society (1990) afirma que, em regiões tropicais, o intemperismo dos minerais principais das rochas é mais intenso e ocorre a profundidades maiores do que em qualquer outro local na Terra. Na Figura 8, vê-se um esquema com a relação entre fatores climáticos e mantos de intemperismo, proposta por Strakhov (1962).

Figura 8: Relação entre os fatores climáticos e mantos de intemperismo (adap. Strakhov, 1962)

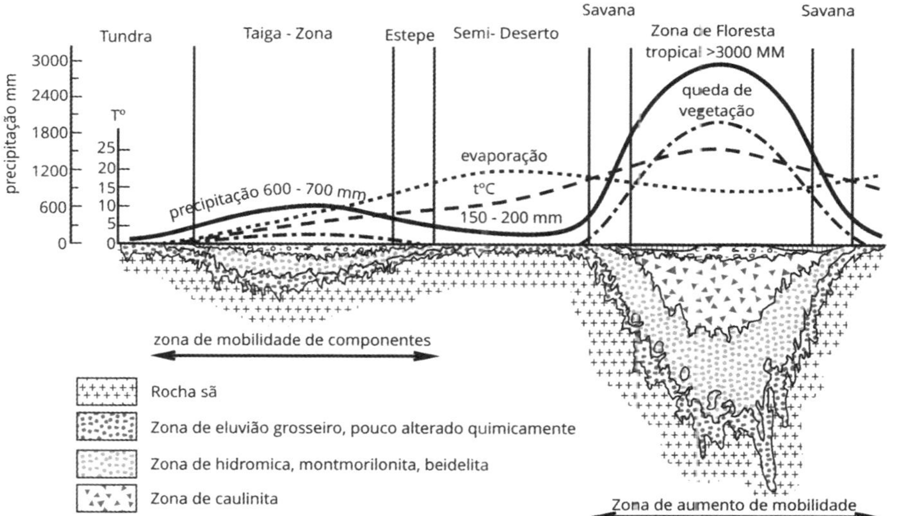

As classificações, as nomenclaturas e os comportamentos dos diferentes tipos de solos

Quando do início das atividades em regiões tropicais, os engenheiros de mecânica dos solos concluíram que as classificações dos solos apresentavam limitações, atribuídas às suas particularidades, das suas composições e estruturas. Foram então propostas classificações alternativas para aqueles materiais, particularmente solos saprolíticos e lateríticos. Várias propostas foram então apresentadas para a classificação de solos tropicais, especialmente os lateríticos e saprolíticos, baseadas principalmente em critérios geológicos e pedológicos, mas que não se adequavam às condições que normalmente são seguidas pelas classificações geotécnicas em geral, mas sim eram específicas ou restritas a um determinado campo da engenharia geotécnica. Apesar disso, tais classificações contribuíram para um melhor entendimento dos solos referidos, mesmo que possam ser definidas mais como identificações genéticas do que classificações de engenharia (Queiroz de Carvalho et al., 1985). Como exemplo, os autores (ibid., 1985) apontam as classificações de Clare (1957); Ruddock (1969); Little (1967, 1969); Gidigasu (1971); Vallerga et al. (1969); Lal e Bindra (1981); Eklu-Natei e Muller (1981); Medina e Preussler (1980, 1982); Vargas (1982).

Os sistemas-padrão de classificação de solos mais difundidos em geotecnia têm como base os ensaios de granulometria, de limites de liquidez e de plasticidade; por exemplo as classificações Highway Research Board (HRB), a Unified Soil Classification System (USCS), que foram desenvolvidas para solos de regiões temperadas, não considerando, portanto, os fatores prevalecentes em ambiente tropical (Burgos; Conciani, 2015), e a Classificação Unificada de Solos (ASTM D 2487-85) (Fernandes, 2014-2016).

Propostas para a classificação dos diferentes tipos de solos no mundo sempre consideram a distribuição deles, correlacionando-a com sua distribuição geográfica.

A Food and Agriculture Organization of the United Nations (FAO, 1974) considera a distribuição dos solos em função da latitude, ou seja, do clima.

Classificações de solos com maior interesse para o engenheiro geólogo ou o engenheiro geotécnico são as que levam em consideração as características geotécnicas e, portanto, seu comportamento em engenharia (Netterberg, 1975; Nogami e Villibor, 1981; Carvalho, 1981; Netterberg e Weinert, 1983; Geological Society Engineering Group Working Party Report: Tropical Residual Soils, 1990). As diferenças mais significativas entre as propriedades das frações finas dos solos de regiões temperadas e as dos lateríticos e saprolíticos são:

- a fração argila dos solos lateríticos normalmente contém óxidos hidratados de Fe e Al, além de argilominerais em pequenas percentagens, o que não ocorre em solos não lateríticos. Essa composição confere àqueles um comportamento específico: não são expansivos, mas podem apresentar altas permeabilidade e capacidade de carga, quando adequadamente compactados;
- na fração silte dos solos lateríticos e saprolíticos, a cimentação das partículas pelos hidróxidos de Fe e Al pode ser eliminada por dispersão. Uma atividade particular físico-química que interfere com o comportamento do solo, principalmente pelo aumento da plasticidade, pode surgir quando macrocristais ocorrem na fração siltosa. Apesar disso, há solos lateríticos e saprolíticos que são essencialmente compostos por quartzo e/ou magnetita ou limonita que conferem ao solo um comportamento de solos arenosos finos comuns;
- a fração arenosa fina dos solos tropicais lateríticos e saprolíticos pode conter alta percentagem de concreções com resistência inferior à dos arenosos comuns, bem como uma alta absorção de água e alta densidade.

Em função do exposto, conclui-se que o comportamento de solos lateríticos e saprolíticos é normalmente associado às características intrínsecas de suas frações argilosas, siltosas e arenosas, o que não ocorre necessariamente com solos não lateríticos.

As classificações baseadas em critérios químicos, pedológicos e morfológicos

Desde a divulgação da classificação de solos por Casagrande (1948), surgiram questões sobre a necessidade de se considerar a natureza mineralógica da fração argila, levando à necessidade de se acrescentar subdivisões, mais ou menos arbitrárias, de maneira que os solos pudessem ser mais bem conhecidos, como suscitaram as discussões sobre a proposta daquele autor (ibid.). Na oportunidade parecia claro que as argilas cauliníticas, que ocorrem frequentemente no Brasil, não poderiam ser classificadas no sistema de Casagrande. Elas não poderiam ser distinguidas dos siltes e siltes argilosos dos grupos ML e MH se fossem apenas consideradas por suas posições na carta de plasticidade. Foi proposto então subdividir os grupos silte e argila de acordo com a sua composição mineralógica, denominando as argilas cauliníticas por KL e KH.

Após o sistema de Casagrande referido, muitos sistemas classificatórios surgiram, mas foram incapazes de classificar solos tropicais, pois eram sistematicamente equivocados, por confundirem propriedades índices, que são relacionadas à natureza dos solos, com propriedades mecânicas, as quais se relacionam ao estado que o solo apresenta, dependendo de como ele se encontra no campo. Vargas (1973, 1974, 1985, 1988) afirma que, para a compreensão do comportamento dos solos tropicais, além da sua granulometria, plasticidade e porosidade, é necessário também conhecer algum índice que se relacione à natureza dos argilominerais existentes. O índice de atividade de Skempton (1953) no gráfico de plasticidade permite inferir quanto à atividade da fração argilosa e classificar o solo da maneira mais correta. Características de altas plasticidade e expansão são devidas à montmorilonita, ao passo que baixas plasticidade e expansão são explicadas pela presença de caulinita. Relativamente à colapsibilidade, Vargas (ibid.) esclarece que, para solos de origem laterítica, ela deve ser considerada como uma propriedade de estado, pois eles a perdem quando compactados em uma condição densa.

Vaz (1996) apresenta um trabalho no qual discute um perfil de intemperismo para regiões tropicais, propõe horizontes de solo e rocha definidos a partir dos métodos de escavação e perfuração (Figura 9). Apresenta também uma classificação geológica de solos transportados, considerando que, apesar de os processos de formação deles serem bem conhecidos, ainda falta a sistematização de tipos e formas de ocorrência, para finalidades em engenharia civil. Para coluviões de grande extensão, o autor sugere um processo de formação, baseado no recuo de encostas. Elabora uma breve revisão das classificações genéticas de solos tropicais brasileiros, citando autores como: Vargas (1953, 1971, 1974, 1981, 1985); Vaz (1969); Deere e Patton (1971); De Mello (1972); Nogami et al. (1985); Bordeaux et al. (1983); Barata (1969); Santos (1972); Barros (1981); Ladeira (1981); Marques Filho et al. (1981); Bordeaux et al. (1983); Mori (1983); Massad (1984); Cunha (1984).

Vaz (1996) observa que a maioria das classificações elaboradas pelos autores relacionados restringe-se aos solos residuais, estando ausentes os solos transportados, que não foram objeto de alguma sistematização, apesar

Figura 9: Perfil de intemperismo para regiões tropicais (adaptado de Vaz, 1996)

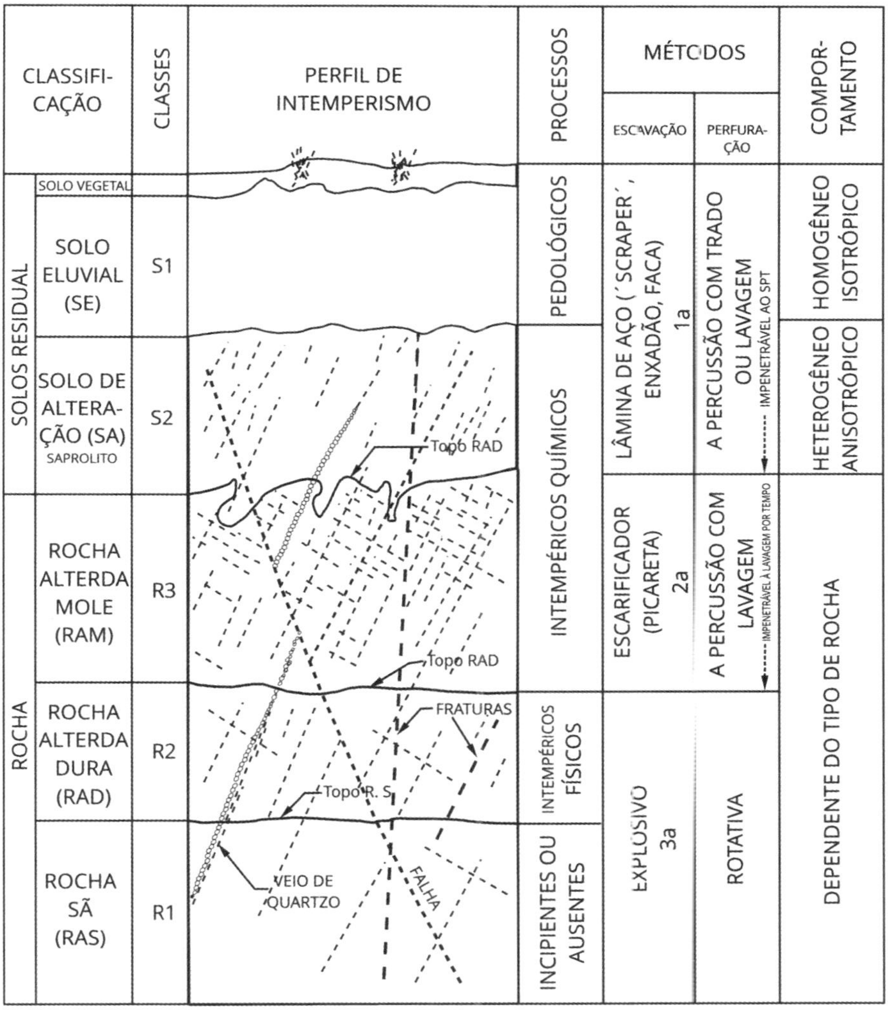

de sua extensa ocorrência no Brasil. Ainda no trabalho ora analisado, o autor (ibid.) afirma que a maioria dos perfis de intemperismo na bibliografia são definidos através dos processos pedogenéticos ou intempéricos nos horizontes de solo, dos graus de alteração mineralógica nos horizontes de rocha e das porcentagens relativas de solo e rocha, nos horizontes de transição. Tais critérios tornam subjetiva a identificação dos horizontes, pois a elaboração de subdivisões dificulta a reprodução e a rastreabilidade dos dados obtidos nas descrições. Essas razões levaram o autor (ibid.) à preparação de um perfil de intemperismo padrão, cujos horizontes principais são definidos em função dos processos de escavação e perfuração. Para a subdivisão desses horizontes associam-se critérios de evolução pedogenética para os solos, e o grau de alteração mineralógica para as rochas. O perfil em questão foi inicialmente utilizado para investigações de eixos de barragens no Sistema Alto Tietê, no estado de São Paulo, onde predominam rochas gnáissicas do Pré-Cambriano paulista (Vaz, 1969), mas logo adotado também para regiões basálticas e sedimentares da Bacia do Paraná, e posteriormente para outros tipos de rochas e climas. Maiores elementos de análises para o cálculo da composição mineralógica dos argilominerais podem ser avaliados se os seus constituintes tiverem sido identificados e sua composição química individual for conhecida com precisão satisfatória. Por exemplo, a composição quantitativa de minerais de argila pode ser calculada pelos resultados semiquantitativos de difração de raios X. Outros elementos da composição podem ser mais esclarecedores quanto à composição mineralógica, caso estejam presentes constituintes fracamente cristalinos ou amorfos, que não possam ser identificados pela difração de raios X.

De Mello (1972) propôs uma classificação considerada pragmática, com uma subdivisão de um perfil de intemperismo em apenas três horizontes, em função de seu comportamento geotécnico:

- um horizonte superficial de solo maduro, para o qual são perfeitamente aplicáveis os conceitos convencionais da mecânica dos solos;
- um horizonte intermediário, constituído de solos saprolíticos e saprólitos, considerado essencialmente como solo, se bem que aparecem na massa heterogeneidades e descontinuidades remanescentes da rocha original;
- um horizonte inferior de rocha, parte da qual decomposta e se comporta essencialmente como rocha branda, à qual deverão ser aplicados os conceitos da mecânica das rochas.

Wolle (1985) explica que, em várias classificações propostas, não são seguidos rigidamente esses conceitos, mas, de modo geral, correspondem às características gerais da classificação proposta por De Mello (1972):

- solo residual jovem ou solo saprolítico: essencialmente material terroso, com estruturas remanescentes da rocha original. Seu comportamento é condicionado pelas citadas estruturas (fissuras, juntas, falhas) e macroestruturas heterogêneas, normalmente um padrão de núcleos rígidos, preenchidos por solo mole, compressível e menos resistente, às vezes atuando como matriz;
- saprólito, também chamado de saprólito grosseiro: horizonte de transição entre solo e rocha, com a ocorrência de matacões e grandes fragmentos de rocha alterada a sã, juntamente com massa de material terroso, ou imerso em matriz terrosa;
- rocha decomposta ou alterada: material rochoso alterado, juntas frequentemente preenchidas por solo, mesmo que o "*fabric*" da rocha original seja preservado;
- rocha sã: rocha não alterada, ou com alteração incipiente.

Tendo-se a análise total de solos ricos em argila, que possuem o Al_2O_3 na maioria dos argilominerais, costuma-se expressar as somas dos elementos principais da composição mineralógica relativamente ao total de Al_2O_3. Supõe-se que a composição mineralógica da fração argilosa possa ser obtida sem a sua separação (Geological Society, 1990). Sobre esse assunto, Queiroz de Carvalho et al. (1985) mencionam: Arulanandan (1969); Queiroz de Carvalho (1981); Lohnes e Demirel (1973); Tuncer (1976); Nogami e Villibor (1981).

A Embrapa tem sido protagonista e contribuidora para a evolução do conhecimento dos solos no Brasil desde o momento em que conceitos centrais do antigo sistema americano de classificação formaram a base da atual classificação brasileira.

Alguns conceitos se desenvolveram nos anos 1950 em paralelismo com o novo sistema americano de classificação de solos que se desenvolvia nos Estados Unidos em 1960, o qual deu origem à Soil Taxonomy, classificação oficial atualmente em vigor naquele país. Muitas concepções surgidas com esse novo sistema foram absorvidas na classificação em uso no Brasil. Igualmente, alguns conceitos e critérios firmados no esquema referencial do mapa mundial de solos (FAO, 1974) foram também assimilados no desenvolvimento da classificação nacional. No levantamento pedológico do estado de São Paulo (Brasil, 1960) considerou-se que horizontes pedogenéticos distintivos, próprios de determinados solos, são legítimos como critério diagnóstico para estabelecimento e definição de classes de solos em se tratando de sistema natural de classificação. Assim, foram empregados pela primeira vez, no Brasil, conceitos de horizonte B latossólico e horizonte B textural. Como contribuições adicionais das pesquisas básicas inerentes ao levantamento de solos daquele trabalho para a classificação pedológica brasileira, contam-se a conceituação de latossolos; a subdivisão tentativa de classes dos latossolos em decorrência das variações encontradas – latossolo roxo, latossolo vermelho-escuro, latossolo vermelho-amarelo, latossolo vermelho-amarelo húmico; a criação da classe terra roxa estruturada; e a subdivisão dos solos podzólicos. Daí por diante, os levantamentos pedológicos, que vinham sendo executados pela Comissão de Solos e instituições sucessoras, exigiram adequação aos solos que foram sendo identificados, especialmente no que diz respeito à diversidade de atributos, variabilidade morfológica e de constituição. A coleção de critérios veio abranger variados atributos diagnósticos, como de diversos tipos de horizontes A, de horizontes B e de outros horizontes diagnósticos de posição variável nos perfis de solo, os quais foram assimilados com a evolução do desenvolvimento do novo sistema americano de classificação pedológica. Posteriormente, foram acrescidas outras classes à distinção das classes latossolo roxo, latossolo vermelho-escuro, latossolo vermelho-amarelo, cogitadas igualmente no referido levantamento do estado de São Paulo. A propósito da distinção de latossolos, Camargo et al. (1984) prestam conta da classificação desses solos no país. Solos de identificação problemática, visualizados como similares de terra roxa estruturada – contudo diferenciados pela cor relacionada aos constituintes de óxidos –, têm sido encontrados na região Sul e sua discriminação vem sendo contemplada com a formulação da classe Terra Bruna Estruturada (Embrapa, 1979). O último acréscimo importante no sistema referencial foi a classe podzólico vermelho-escuro (Camargo et al., 1984), constituindo então grupo à parte de solos distintos da tradicional classe podzólico vermelho-amarelo. O posicionamento dessa nova classe é homólogo ao dos demais solos podzólicos e se coloca em contraposição à do latossolo vermelho-escuro. A classe estabelecida inclui parte desmembrada de podzólico vermelho-amarelo e engloba a totalidade da extinta terra roxa estruturada similar (Embrapa, 2006). A classificação da Embrapa está reproduzida na Tabela 1 (ibid., 2006).

Tabela 1: Classificação de solos pela Embrapa

Tipos de solos	Percentagem total da área	Características
Argissolos	20	Solo bem evoluído, argiloso, apresentando mobilização de argila da parte superficial
Cambissolos	3	Solo pouco desenvolvido, com horizonte B deficiente
Chernossolos	<1	Solo com desenvolvimento médio; atuação dos processos de bissialitização, podendo ou não apresentar acumulação de carbonato de cálcio
Espodossolos	2	Solo evidenciando a atuação do processo de podzolização; forte eluviação de compostos aluminosos, com ou sem ferro; presença de húmus ácido
Gleissolos	3	Solo hidromórfico (saturado em água), rico em matéria orgânica, apresentando intensa redução dos compostos de ferro
Latossolos	39	Solo altamente evoluído, laterizado, rico em argilominerais 1:1 e óxi-hidróxidos de ferro e alumínio
Luvissolos	3	Solo com horizonte B de acumulação (B textural), formado por argila de alta atividade (bissialitização); horizonte superior lixiviado
Neossolos	14	Solo pouco evoluído, com ausência do horizonte B; predominam as características herdadas do material original
Nitossolos	2	Solo bem evoluído (argila caulinítica óxi-hidróxidos) fortemente estruturado (estrutura em blocos), apresentando superfícies brilhantes (cerosidade)
Organossolos	<1	Solo essencialmente orgânico; material original constitui o próprio solo
Planossolos	3	Solo com forte perda de argila na parte superficial e concentração intensa de argila no horizonte subsuperficial
Plintossolos	6	Solo com excessiva plintitização (segregação e concentração localizada de ferro)
Vertissolos	2	Solo com desenvolvimento restrito; apresenta expansão e contração pela presença de argilas 2:1 expansivas

De acordo com o Geological Society (1990), as classificações de solos tropicais disponíveis, em sua maioria, são divididas em quatro grupos:

- as que dependem de critérios ambientais, e por essa razão são úteis de um ponto de vista geográfico de distribuição, especialmente para sistemas de mapeamentos terrestres;
- as que consideram critérios estritamente pedológicos, como a relação sílica-sesquióxidos;

- as que desenvolvem um parâmetro especial de particular importância para um uso específico de solos tropicais como um material de engenharia;
- aquelas que são extensões das classificações geotécnicas padrões, como as da Unified Soil Classification System (USCS), ou a Highway Bureau Classification (HBR), e portanto não consideram os solos tropicais como uma categoria especial.

Nenhuma delas oferece uma cobertura satisfatória para toda a variedade de solos existentes. Muitos elementos de análise de certos tipos de solos tropicais, especialmente ferralíticos (Gidigasu, 1976), são abundantes na literatura, e alguns foram desenvolvidos com propósitos econômicos, por exemplo para a avaliação da bauxita.

A relação sílica-sesquióxidos é comumente usada para indicar a medida de intemperismo para diferentes tipos de solos. Ela é determinada pela expressão:

$$K_r = \frac{\%\,SiO_2/60}{(\%\,Al_2O_3/102)+(\%\,Fe_2O_3/160)}$$

Valores de $K_r < 2,0$ são típicos de solos ferralíticos ricos em óxidos, ferrisóis e alguns solos ferruginosos, enquanto alguns solos fersialíticos e ferruginosos apresentam valores de $K_r > 2,0$; ferrites, ferralites, alites, a maior parte dos solos ferralíticos endurecidos apresentam valores $K_r < 1,33$. Entretanto, há muita dependência da composição do material original e da concentração de sílica ou sesquióxidos por outros processos que não sejam por intemperismo (por exemplo, acumulação de Fe_2O_3 por podzolização ou segregação hidromórfica). Portanto, a relação apresentada não classifica corretamente todos os solos tropicais na classificação francesa (Duchaufour, 1982), ou qualquer outro sistema de classificação.

Há vários sistemas de classificação disponíveis para o estudo de solos tropicais. A Geological Society (1990) adota as propostas de Duchaufour (1982) (Quadro 1), que se baseiam no intemperismo e outros processos de pedogênese determinados por trabalhos analíticos e experimentais detalhados.

Perfis de intemperismo tropical têm sido representados em engenharia por uma série gradual de zonas de intemperismo (Vaz, 1996; Vargas, 1985;

Quadro 1: Guia para características geotécnicas dos solos tropicais residuais

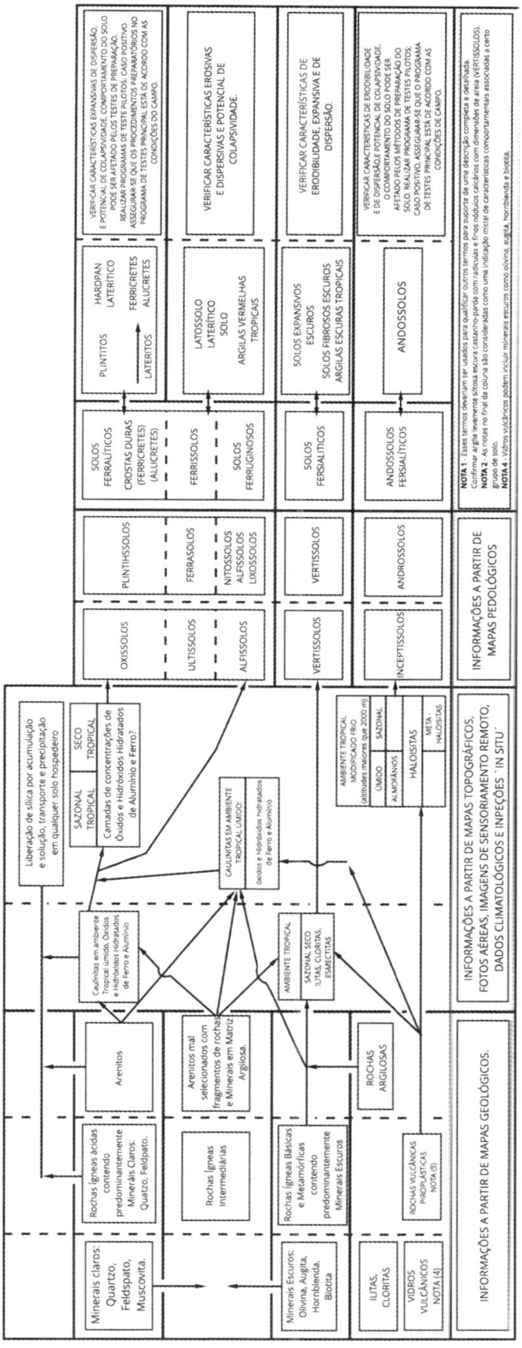

Geological Society, 1990). No Quadro 2, veem-se desde rochas sãs em profundidade até o material intensamente alterado em superfície (Lumb, 1962). Nos perfis, algumas divisões gerais foram feitas, acima das rochas e em direção à superfície:

Quadro 2: Termos geralmente utilizados e classificação pedológica adotada

<table>
<tr><th>Graus de alteração em engenharia</th><th>Termos explicativos</th><th>Terminologia adaptada</th></tr>
<tr><td>VI – Solo residual</td><td>"Solum"</td><td rowspan="3">Solos residuais tropicais</td></tr>
<tr><td>V – Completamente alterado</td><td rowspan="2">Saprólito</td></tr>
<tr><td>IV – Muito alterado</td></tr>
<tr><td>III – Moderadamente alterado</td><td rowspan="2">Rocha alterada</td><td rowspan="3"></td></tr>
<tr><td>II – Pouco alterado</td></tr>
<tr><td>I – Rocha sã</td><td>Manto rochoso</td></tr>
</table>

Intemperismo enérgico nas zonas IV, V e VI causa trocas mineralógicas importantes associadas com processos de solução, transporte em solução e precipitação (transformações pedogenéticas).

- grau I, zona de rochas sãs;
- graus II e III, materiais leve ou moderadamente alterados, em engenharia conhecidos genericamente como "rochas", e definidos como "embasamento rochoso alterado";
- grau IV, zona de forte alteração e acima, o material recebe em engenharia o nome genérico de solo. Os graus III e IV representam uma zona de importante transição relativamente ao comportamento em engenharia: a mudança para rocha, sendo o controle dela, de modo geral, determinado pelos movimentos e pelas descontinuidades; e para o solo, que pode ser controlado pela deformação da massa. Nas regiões tropicais, o desempenho das descontinuidades é particularmente influenciado pela presença de material alterado. O manto alterado, tendo o solo como designado em engenharia, é chamado de saprólito; mostra feições estruturais e texturais da rocha original, aplicando-se para esses horizontes os graus IV e V. No grau VI, toda estrutura e textura original não existem mais; esse grau inclui os horizontes pedológicos A e B. A Geological Society (1990) enfatiza que esse perfil apresentado é idealizado e não deve ser adotado sem restrições, pois, nos trópicos, as temperaturas extremas, as chuvas

abundantes e os movimentos dos solos por colapso e transporte pela água são generalizados. Portanto, um perfil de solo residual pode formar-se sobre qualquer material original, incluindo aquele formado completamente *in situ*, desenvolvidos em um material original transportado, por exemplo, um terraço fluvial. Então é possível encontrar um perfil de alteração em evolução em um solo transportado, o qual, por sua vez, representa um horizonte de uma superfície de erosão pretérita, dentro de um segundo perfil de alteração. No Quadro 2 veem-se os equivalentes aproximados em outras comunidades científicas e sistemas; no Quadro 3, veem-se os termos geralmente utilizados; e, no Quadro 4, a classificação pedológica adotada (Duchaufour, 1982). Esse sistema baseia-se na compreensão dos processos pedogenéticos, realçando as características composicionais dos solos que influenciam o seu comportamento em engenharia. Dessa maneira, são mais relevantes para a geologia de engenharia do que outros critérios, válidos para a agricultura.

Quadro 3: Equivalentes aproximados de várias classes principais de solos residuais tropicais

Duchaufour (1982)	FAO-UNESCO (FAO, 1985)	USA (Soil Survey Staff, 1975
ferrralitic soils	cambisols, calcisols, luvisols, alisols	alfisols, inceptisols
andosols	andosols	inceptisols
ferruginous soils	luvisols, alisols, lixisols, plintosols	alfisols, ultisols
ferrisols	nitosols, acrisols, lixisols, luvisols, plinthosols	ultisols, oxisols
ferralitic soils	ferrasols, plinthosols	oxisols
vertisols	vertisols	vertisols
podzols	podzols	spodosols

Quadro 4: Classificação pedológica adotada

	Aumento da intensidade do intemperismo
Fersialitc Soils Ferruginous Soils Ferrisols (Transitional) Ferrallitic Soils	↓

Duchaufour (1982) distingue três fases no desenvolvimento dos solos residuais em áreas tropicais:

- pelo aumento do intemperismo dos materiais primários;
- pela perda de sílica;
- pela predominância de argilominerais de neoformação a partir dos minerais dissolvidos.

A fase representada pelo perfil do solo num local particular é determinada:

- pela idade da formação do solo;
- pelo clima (temperatura, umidade e dessecação sazonal) durante esse período;
- pela composição dos materiais originais: quantidade de minerais ricos em bases e Fe, do total de sílica, e alumina;
- pela topografia: controle lateral do transporte das bases, sílica e ferro em solução, e rejuvenescimento dos perfis por erosão nos taludes mais íngremes.

A base da classificação genética da Geological Society (1990) é puramente pedogenética, na qual o intemperismo dos materiais iniciais, sejam primários ou sedimentares, ocupa lugar em um ambiente tropical complexo. Para a sua adoção, entretanto, é apenas necessário o conhecimento do conjunto dos grupos climáticos tropicais úmidos e secos sazonais, e climas frios modificados pela altitude, assim como o conhecimento da drenagem, se livre ou impedida. Cada grupo de solo pode ser subdividido em unidades muito pequenas (Quadro 1). Uma indicação das muitas divisões que podem ser adotadas é fornecida pelas classificações baseadas nas tabelas de Summerfield (1983); Goudie e Pye (1983); Valeton (1983); e Duchaufour (1982). Essas divisões foram modificadas pelo Grupo de Trabalho (Geological Society Engineering Group Working Party Report: Tropical Residual Soils, op. cit.) para maior consistência nas avaliações. Considera-se, entretanto, que desacordos possíveis no assunto são relativamente sem importância, pois, para propósitos de engenharia, distinções refinadas frequentemente não fazem sentido. A filosofia da classificação de solos maduros é resumida no relatório do Grupo de Trabalho (op. cit.) que cita Duchaufour (1982), o qual considera quatro tipos de intemperismo tropical:

a) fersialitização: argilas 2:1 predominantes;
b) ferruginação: predominam argilas 2:1 e caulinitas;
c) ferralitização: caulinitas e gibbsitas;
d) ferralitização.

Em climas subtropicais com uma estação seca marcada, o estágio "a" raramente é ultrapassado; nos climas tropicais secos, o desenvolvimento é interrompido no estágio "b"; apenas em regiões de climas equatoriais úmidos, o estágio "c" é atingido. Por não pertencer a diferentes ciclos, mas às três fases do mesmo ciclo, o estágio final é a ferralitização. O aumento da velocidade da pedogênese, por um aumento da temperatura ou pelo aumento das precipitações, é fundamental para que o estágio final de equilíbrio seja alcançado (Quadro 4).

A classificação formal é então dividida em duas divisões básicas: *duricrusts* e solos maduros. As descrições são válidas supondo-se que os solos sejam bem desenvolvidos em estágio de estabilização biológica, ou seja, totalmente em balanço com as suas condições de formação, e que possam ser considerados como estáveis em termos de suas principais características diagnósticas. Obviamente, haverá muitas variações dependendo da idade, posição topográfica e outros fatores; e os solos *in situ* podem ser menos ou mais maduros, erodidos, parcialmente formados ou depositados novamente. Podem ter sido sujeitos a variações ambientais e estarem no curso de uma modificação própria, e podem também ser inteiramente remanescentes de processos anteriores. No Quadro 1 estão propostas as definições que se seguem, sendo que estas cinco primeiras estão fora do contexto deste trabalho: *duricrust*, silcrete, calcrete, gypcrete e alucrete. Abordaremos então: os ferricretes, os vertisols, os andosols fersialíticos, os solos fersialíticos (*sensu stricto*), os solos ferruginosos (*sensu stricto*) e os solos ferralíticos (*sensu stricto*).

- *ferricretes* – depósitos endurecidos principalmente pela acumulação de sesquióxidos de Fe, com um ou vários horizontes ferralíticos ou ferruginosos. Podem ser formados por solução com movimento lateral ou vertical, ou como um resíduo após remoção da sílica e dos álcalis. O termo "carapaça" é usado às vezes para couraças moderadamente ou altamente endurecidas. Podem ser pedogenéticos pela retenção ou acumulação de minerais, ou por segregação em horizontes vadosos (ocorrências de bancos de areia);

- *vertisols* – solos maduros coloridos escuros, ricos em argilas expansivas ligadas fortemente aos compostos húmicos. Apresentam profundas misturas por movimentos verticais devido às mudanças de volume de argila, e grandes fissuras de contração e *slickensides*. São chamados também de "solos algodão escuros";
- *andosols fersialíticos* – principalmente argilas derivadas parcial ou totalmente de depósitos vulcânicos; são frequentemente complexos amorfos alofânio-húmus. Possuem enorme capacidade de retenção de água que excede 100%, podendo chegar a 200% em andosols tropicais hidromórficos; porém dessecações prolongadas podem neutralizar tal capacidade, às vezes de forma irreversível, endurecendo por secagem; possuem alta capacidade de troca catiônica e são ricos em ferro e argila;
- *fersialíticos* (*sensu scricto*) – solos com alguma argila 2:1 que se tornam avermelhados e dominantes por transformações e neoformações; sua capacidade de troca catiônica é >25 mEq/100 g. Quando o desenvolvimento vertical é incompleto formam solos fersialíticos castanhos; quando completo, ou seja, complexos quase saturados, formam solos fersialíticos vermelhos; e quando complexos, não saturados e degradados, formam solos fersialíticos ácidos;
- *ferruginosos* (*sensu stricto*) – solos intermediários entre os formados por fersialitização e ferralitização. O intemperismo dos minerais primários é mais forte que nos solos fersialíticos, mas não tão acentuado como nos solos ferralíticos. Há alguma remoção da sílica por drenagem. Argilas neoformadas são usualmente as caulinitas, mas persistem algumas argilas 2:1. Gibsitas lessivadas estão ausentes. Horizontes são em geral cauliníticos saprolíticos, e o desenvolvimento é fortemente influenciado pela idade;
- *ferralíticos* (*sensu stricto*) – fase final do desenvolvimento de perfis de solos espessos em climas quentes e úmidos, nos quais é afetada pela hidrólise a maioria dos minerais primários, inclusive o quartzo. São liberados óxidos de Fe e Al, sílica e bases, mas aqueles são retidos nos perfis, enquanto as bases e alguma sílica são removidas em solução; caulinitas neoformadas são pobres em sílica. Características principais são a presença de: quartzo, caulinita, gibbsita, hematita e goethita. Horizontes argílicos são ausentes.

Classificação e comportamento em engenharia

Cada um dos principais grupos de solos descritos no Quadro 1 apresenta certas características de comportamento que são escolhidas para demonstrar a utilidade da classificação proposta. No grupo dos vertissolos, o comportamento é dominado pelas trocas de volume pelo argilomineral esmectita, quando submetido às mudanças do teor de umidade natural. Nos grupos dos solos ferruginosos, ferrissolos e ferralíticos, teores de sesquióxidos afetam os resultados dos testes de laboratório de diversas maneiras:

- *Agregação de partículas argilosas*

Os sesquióxidos no interior da fração fina de solos tropicais cobrem a superfície das partículas individuais em virtude da ligação elétrica entre as caulinitas com carga elétrica negativa e os óxidos hidratados carregados positivamente. Essa cobertura é responsável por:

- reduzir a capacidade de absorção de água pelos minerais argilosos;
- cimentar fisicamente grãos adjacentes originando agregações de maiores dimensões.

Esses fatores reduzem a plasticidade, mas a intensa remoldagem devida ao colapso dos agregados de solo e da cobertura de sesquióxidos leva a um aumento da plasticidade. Isto é importante quando se relacionam os procedimentos dos testes em laboratório com as operações construtivas. As escavações, transporte e a deposição muito provavelmente não colapsam os agregados finos de solos a ponto de a plasticidade ser afetada. O grau de preparo exigido para os testes de laboratório para os limites de Atterberg será, por comparação, muito maior. A plasticidade do solo pode ser menor do que mostram os testes *standards* de Atterberg ou outros testes de laboratório com amostras remoldadas.

- *Mudanças irreversíveis na plasticidade sob secagem*

A água de hidratação dos sesquióxidos de ferro e alumínio deve ser secada em estufa a 105 °C, a temperatura-padrão para solos de regiões temperadas. Essa água normalmente não influencia no comportamento de engenharia dos solos, mas reflete-se nos resultados de ensaios para temperatura-padrão em altos teores de umidade.

- *Características de colapso ou diminuição de volume com a adição de água com ou sem adição de carga*

– solos suscetíveis ao colapso têm valor alto do volume de vazios, mas relativamente baixo teor de umidade, podendo ser identificados determinando-se se o volume de vazios natural for maior que o volume de vazios no limite de liquidez. Isto indica um solo suscetível a alterações na estrutura com a saturação. Um outro método (Jennings; Knight, 1957a) utiliza o teste de adensamento. Os andosols fersialíticos contêm alofânios juntamente com haloisitas e meta-haloisitas do grupo do caulim, os quais também influenciam no comportamento de engenharia;
– solos que contêm meta-haloisitas possuem agregação de partículas de argila que podem ser dispersadas por manipulação durante ensaios. Agregados podem ser alterados, a não ser que o solo seja aquecido em estufa a 105 °C, o que remove toda a água intersticial e provoca o colapso da estrutura;
– solos contendo haloisita hidratada perdem água de hidratação durante a secagem, o que ocorre quando a umidade relativa desce abaixo de 50%, ou a temperatura sobe acima de 50 °C. A perda de água de hidratação em uma haloisita pura é igual a 14% do peso do solo seco. A secagem leva à formação de agregados e o solo então comporta-se como a meta-haloisita descrita anteriormente.

Solos contendo alofânio amorfo formam agregados na secagem, que é um processo irreversível causado pela perda de água intersticial e água do mineral amorfo, sendo acompanhado por grande redução da porosidade.

Reconhecimento das características geotécnicas

No Quadro 1 elaborado pela Geological Society (1990), observa-se que as características geotécnicas podem ser previstas acessando-se fontes de informações existentes. Os autores (ibid.) propuseram um guia geral para os grupos de solos mais provavelmente encontrados sob quaisquer combinações particulares de materiais iniciais e de condições ambientais.

Essas fontes de informação seriam a partir de:

- *Condições ambientais*

Mapas topográficos, fotos aéreas e imagens de sensoriamento remoto que fornecem dados sobre ângulos e alturas atuais de taludes, condições da drenagem e história morfológica. Um reconhecimento local é particularmente recomendado se um local foi afetado pela erosão, resultando perfis de intemperismo com espessura limitada. Da mesma maneira, um local menos sujeito à erosão apresentará perfis mais espessos.

- *Dados climatológicos*

Informações sobre a pluviosidade anual, variações da temperatura anuais e duração da estação seca são também importantes. A área deverá ser descrita em termos dos três grupos climáticos fundamentais: tropical úmido, tropical seco e tropical frio de altitude. Locais onde a drenagem é impedida em perfis, condições redutoras predominam, apresentam produtos de intemperismo inicial nos perfis verticais como as esmectitas e cloritas. Onde condições oxidantes prevalecem, geralmente em taludes entre 10° e 30°, e acontece o fluxo vertical de água, esmectitas originadas de rochas básicas transformam-se em minerais do grupo das caulinitas e são liberados óxidos hidratados de Fe e Al. Esses minerais dominam os perfis de solos ferruginosos, que evoluem, sob condições de forte intemperismo, para ferrisols e finalmente solos ferralíticos. Intemperismo progressivamente mais forte resulta em um aumento de óxidos hidratados de Fe e Al. Esse processo é favorecido em áreas de chuvas intensas, que causam forte lixiviação. Quando períodos de fortes chuvas são separados por uma estação seca, a concentração de óxidos hidratados desenvolve nos perfis camadas de solos ferralíticos.

- *Informações pedogênicas*

Quando existirem, deverão ser mencionadas. O sistema de Duchaufour (1982) limita-se à cobertura geográfica nas áreas no mundo que se desenvolveram historicamente sob a influência francesa. Pelo menos duas outras classificações são usadas universalmente, a do Unified Soil Classification System (USCS) e o sistema FAO-Unesco, cuja terminologia é reproduzida no Quadro 1.

- *Terminologia de engenharia*

Em engenharia, normalmente descrevem-se solos tropicais em duas categorias gerais: solos tropicais escuros e vermelhos. Mesmo sendo tais descrições usadas em primeira aproximação, podem causar alguma confusão por sobreposição de termos; portanto, recomenda-se a utilização do Quadro 1.

Ocorrências mundiais dos principais tipos de solos

Toledo et al. (2009) revelam que nas regiões frias do globo, onde a temperatura mais quente é em geral inferior a 10 °C e a vegetação é do tipo tundra (líquens, musgos e pequenos arbustos), ocorrem os chamados criossolos. São pouco desenvolvidos, e durante grande parte do ano apresentam-se congelados (permafrost). Ocorrem em latitudes próximas ao Oceano Ártico, na Antártida, e regiões elevadas da América do Sul meridional.

Em regiões de climas temperados úmidos ocorrem os solos podzólicos diferenciados, ricos em húmus ácidos, havendo uma translocação de componentes de ferro e alumínio.

Em regiões áridas e semiáridas como África, Austrália, China, oeste dos Estados Unidos e Nordeste brasileiro, ocorrem os solos cuja formação é condicionada por regime hídrico em que a evaporação supera muito a precipitação. Aparecem horizontes com acumulação de sais pouco solúveis (gipsita e calcita). A Food and Agriculture Organizations of the United Nations (FAO, 1974) registra horizontes com acumulação de sais pouco solúveis, que denomina *solonchakssolonetz*, gipsissolos ou calcissolos.

Nas regiões de clima mais úmido, entre as regiões desérticas e úmidas, há os solos que dependem sobretudo das vegetações: estepes, pradarias e florestas. São extremamente ricos em nutrientes e ocorrem nos Estados Unidos, Rússia e Canadá. A FAO os denomina *chernossolos*, *kastanozens* e *faenozens*.

Nas áreas temperadas e úmidas ocorrem solos bastante heterogêneos em suas características físicas e químicas, desde os solos brunos até os diferentes tipos de lixiviados. Podem ser muito adequados para a agricultura, pois são ricos em argilominerais capazes de reter os elementos químicos necessários ao metabolismo vegetal, ou apresentar sérias restrições a ela, como os planossolos brasileiros, com horizontes compactados e ricos em sódio. São os solos brunos ou diferentes de solos lixiviados, como os luvissolos, os planossolos e os solos podzolizados, os albissolos e os umbrissolos.

Nas regiões tropicais úmidas ocorrem solos de composição mineralógica simples como quartzo, caulinita e óxidos e hidróxidos de Fe e Al com grande espessura e horizontes com cores predominantemente amarela ou vermelha. Devido aos processos genéticos e à longa duração para a sua formação, são em geral solos desprovidos dos minerais mais solúveis, portanto empobrecidos quimicamente, de baixa fertilidade quando comparados com os de climas temperados. Nessa categoria estão os ferrasolos, alissolos e plintossolos, na classificação da FAO (1974). Esses solos constituem ecossistemas frágeis, muito vulneráveis às condições antrópicas, sofrendo acentuadamente os efeitos de manejos não adequados.

O Brasil encontra-se quase totalmente no domínio do clima subtropical úmido, com exceção da região Sul e do semiárido desértico. Esse fato, aliado à estabilidade estrutural do seu embasamento, que desde o final do Cretáceo não sofreu movimentações de grande porte, levou à existência de uma cobertura pedológica que reflete o fator climático como dominante na sua formação.

Chatelin (1966) registra que os solos de origem laterítica são largamente distribuídos no mundo, particularmente nas regiões intertropicais da Índia, Austrália, África, Sudeste Asiático e América do Sul. Entretanto, essa distribuição não corresponde, necessariamente, às condições genéticas atuais, pois a maioria dos depósitos são subatuais ou fósseis, mesmo em regiões intertropicais. É possível concluir que, devido à extensão das ocorrências, as condições de sua formação puderam estar reunidas, mesmo que não necessariamente ao mesmo tempo, em todo o planeta. O autor (ibid., 1966) refere-se, por exemplo, às formações sedimentares vermelhas muito antigas (Permo Carbonífero), as quais imaginava-se de origem tropical, e materiais mais recentes que apresentam características lateríticas; os latossolos da Alemanha meridional, os solos podzólicos amarelos dos Estados Unidos, que podem ser admitidos como oxisols, e alguns solos enterrados sob as lamas de Condroz, na Bélgica, que possuem todas as características de solos ferruginosos, com concreções.

Há unanimidade de que os solos lateríticos não puderam se formar a não ser em períodos longos, de dezenas ou mesmo de centenas de milhares de anos. Muitos estudos mostram que o Terciário apresentou condições muito favoráveis à laterização em todo o mundo, tão bem como nos trópicos. Pergunta-se quais as razões pelas quais tais formações sejam tão abundantes nos trópicos. É provável que essa diferença seja resultado da ação dos glaciares quaternários, os quais, nas regiões boreais, teriam arrasado as crostas de alteração, disfarçando as influências antigas. Como tais glaciações não atingiram as regiões intertropicais, as formações lateríticas terciárias vieram se juntar às quaternárias. Chatelin (1966) afirma que os lateritos são amplamente distribuídos em regiões intertropicais semiúmidas e úmidas do globo terrestre. No estado fóssil, aparecem em regiões de climas mais secos, às vezes até em climas temperados. Nas formas endurecidas ocorrem sob climas tropicais subúmidos, e até em regiões desérticas, como nos desertos africanos e australianos, as quais refletem influências passadas mais úmidas.

Solos lateríticos, ferralíticos e ferruginosos

Algumas publicações são marcantes, entre as muitas existentes, para a divulgação do conhecimento do tema solos lateríticos. Uma delas, *Compte rendu de recherches sur les latérites*, cujo autor, R. Maignien, do Office de la Recherche Scientifique et Technique Outre Mer (Orstom) – e publicada pela Unesco, em 1966 –, nos revela que, no início, uma parte do Comitê Científico da Unesco preveniu sobre certos problemas relativos ao meio natural e aos recursos naturais. Uma das primeiras medidas então tomadas foi a criação de dois Comitês Consultivos, um sobre pesquisas em zonas áridas e outro, internacional, de pesquisas sobre zonas tropicais úmidas, que originaram a realização de numerosos encontros e publicações pela Unesco. Aos poucos se notou que certas atividades desenvolvidas pelos programas citados compreendiam, às vezes, continentes inteiros e mesmo o mundo inteiro, e que, portanto, seria necessário empreender trabalhos que não eram previstos por alguns dos programas criados. Portanto, todas as atividades dessa natureza foram reagrupadas e confiadas a uma Divisão de Estudos e Pesquisas dos Recursos Naturais. Além disso, criou-se uma coleção denominada "Pesquisas sobre os Recursos Naturais", consistindo de três volumes dedicados ao continente africano, e outras que se seguiriam relativas aos recursos da América Latina e outros diversos domínios de ação. Como resultado das recomendações do Comitê Consultivo Internacional sobre Pesquisas em Regiões Tropicais Úmidas, a Unesco organizou um colóquio sobre lateritos em Tanavarive (atual Antananarivo), Madagascar, na última semana de setembro de 1964. Antes, Maignien escreveu, a pedido da Unesco, os anais das pesquisas sobre lateritos, que balizaram as discussões havidas no colóquio em Tanavarive, e que foram publicados como o volume IV da coleção "Pesquisas sobre os Recursos Naturais".

Em outra publicação: "Les Sols ferralitiques: historique, développement des connaissance et formation des concepts actuels", cujo autor é Y. Chatelin e publicada em *Cahiers de Orstom*, Centre de Bangui, em 1969, destaca-se a importância da contribuição, para o conhecimento dos lateritos, de pesquisadores, seja em atividades científicas ou mesmo atendendo a interesses econômicos em países africanos, para o aprimoramento do conhecimento da bauxita, em países como Camarões, Senegal, Sudão Francês, Madagascar, Gabão, Congo Belga, Guiné Francesa, Nigéria, Costa do Marfim, Angola, Ilhas Seychelles e África do Sul, bem como na Ásia, como Índia, Indochina Francesa e Singapura, além da América do Sul, como as Guianas Francesa e Inglesa, Caribe e Brasil. Debruçaram-se sobre o tema, em épocas pretéritas, geógrafos, geólogos e pedólogos franceses, belgas, ingleses e portugueses, dentre outros, preocupados com a gênese, a idade, a morfologia e a adequada terminologia dos materiais de origem tropical, citados por Chatelin (1969).

As publicações: *Laterite Soil Engineering: Pedogenesis and Engineering Principles*, n.9 da série "Developments in Geotechnical Engineering", de autoria de M. D. Gidigasu, publicado em 1976, pela Elsevier Scientific Publishing Company; e, mais recentemente, o *Handbook of Tropical Residual Soils Engineering*, cujos editores são Bujang B. K. Huat, David G. Toll e Arun Prasad, publicado em 2013 pela CRC Press, embora tenham como principal objetivo o comportamento de solos lateríticos em engenharia, apresentam significativa contribuição quanto à morfogênese, microestrutura, mineralogia e outros aspectos importantes dos solos em questão.

O *Quarterly Journal of Engineering Geology and Hydrogeology*, da Geological Society (1990), publicou o trabalho "Engineering Group Working Party Report: Tropical Residual Soils", contribuição que estabelece um guia compreensível para a classificação de solos residuais tropicais, estabelecida cientificamente, para utilização em engenharia (Quadro 1). Embora os materiais estudados sejam particularmente solos residuais, os solos transportados e os depósitos coluviais merecem significativa atenção no trabalho citado.

Cumpre lembrar que, no Brasil, dois importantes eventos sobre o tema ocorreram no ano de 1985 patrocinados pela International Society of Soil Mechanics and Foundation Engineering (ISSMFE), Committee on Tropical Soils e Associação Brasileira de Mecânica dos Solos (ABMS), dos quais resultaram as publicações *Peculiarities of Geotechnical Behaviour of Tropical Lateritic and SaproliticSoils: Progress Report* e *The First International Conference on Geomechanics in Tropical Lateritic and Saprolitic Soils*, sem dúvida um referencial sobre solos lateríticos no Brasil.

Registre-se ainda o evento Seminário em Geotecnia de Solos Tropicais, realizado em Brasília, 1987, patrocinado pela Associação Brasileira de Mecânica dos Solos (ABMS), conjuntamente com a Universidade de Brasília com a Themag Engenharia, e patrocinado pelo Conselho Nacional de Desenvolvimento Científico e Tecnológico (CNPq) e o Serviço Nacional de Aprendizagem Industrial (Senai) do Distrito Federal, que resultou em publicação com o mesmo nome.

Discussão quanto à origem dos solos originados em ambiente tropical

Nos trópicos, mantos de saprólitos são geralmente cobertos por sedimentos transportados, originados por movimentos vários como corridas de lama, escorregamentos ou atividades eólica ou fluvial, particularmente onde há rápida infiltração favorecida pelo acúmulo de materiais grosseiros. Esses depósitos, chamados coluviões, podem estender-se por 1 ou 2 km das bases dos piemontes, acumulando-se sobre as rochas alteradas em espessuras de mais de 10 m. Em sua base, pode haver linhas de seixos, usualmente de quartzo, com espessuras de até 2 m, cuja origem controvertida pode ser atribuída à ação das termitas ou à formação de um revestimento de cascalho, quando componentes finos são removidos para baixo por fortes lavagens desde a superfície. Em regiões semiáridas, esses revestimentos podem ocorrer em superfície; nas regiões úmidas, o soterramento deles por coluviões finas pode indicar uma mudança climática. As feições diagnósticas desses horizontes incluem:

- ausência de estruturas;
- seleção granulométrica pelo transporte;
- fraca estratificação;
- ausência ou fraco desenvolvimento de estruturas de solo.

O contato com o solo residual subjacente é comumente marcado, além da linha de seixos, por mudanças na distribuição de partículas, cores ou da composição química. Solos soterrados no meio dos depósitos indicam dois ou mais episódios de deposição, com períodos intercalados de estabilidade, resultantes possivelmente de alterações climáticas no Quaternário.

Chatelin (1969) analisa cronologicamente os conflitos e incongruências dos conceitos e das ideias, naturais e inerentes ao processo histórico da evolução científica, mas absolutamente necessários ao estabelecimento da convergência sobre determinados temas. Na segunda metade do século XIX, foram observados na costa brasileira espessos mantos de decomposição, interpretados como produtos de uma hidratação antiga em condições submarinas. Da mesma forma, essa intepretação também foi corroborada por geólogos que trabalharam na Índia, os quais tiveram a possibilidade de defrontar-se com os materiais que seriam chamados de "lateritos" no futuro. Se os geólogos e geógrafos iniciaram os estudos dos solos tropicais, terá sido bem antes da viagem de Darwin. A ciência dos solos tropicais nasceu com a publicação do relatório de viagem à Índia, realizada por um geógrafo, Buchanan (1807), que considerava os lateritos muito mais uma rocha do que solo.

A primeira definição de "solos lateríticos" ou "solos ferralíticos" é atribuída a Albert (1954): "O processo de laterização ou ferritização é constituído por um conjunto de fenômenos que levam à alteração extremamente forte da rocha original e à individualização de elementos como a sílica e os óxidos e hidróxidos e hidratos metálicos, em particular o Fe, o Al, o Mn e o Ti; em particular esses últimos se mantêm ou se acumulam em um horizonte superficial ou de pouca profundidade, e a sílica, em particular sendo conduzida, ao menos em parte, para a base ou fora do perfil". Esse processo pode ser seguido ou acompanhado de outro processo pedogenético, de tal maneira que os hidróxidos são levados a um nível de profundidade intermediária;

os hidróxidos metálicos individualizados são endurecidos em carapaças, concreções ou couraças, e às vezes acumulados; há a segregação dos elementos de um horizonte por hidrólise. Esses diversos fenômenos podem ser considerados como resultantes diretamente da laterização, que provoca a individualização dos elementos suscetíveis de serem transportados ou endurecidos, ou por uma diferenciação de horizontes, dos quais aqueles mais profundos e mais compactos favorecerão mais facilmente ações hidrolisáveis.

Albert (1954) e Duchaufour (1956) apresentaram uma classificação geral na qual os solos ferralíticos pertencem a um perfil ferralítico com individualização do ferro e do alumínio, sendo subdivididos de acordo com os valores da relação sílica/alumina igual a 2 no máximo; o valor da matéria orgânica pode ultrapassar 5%, sendo nesse caso denominados "humíferos". Aubert (1962) definiu uma classe de solos com sesquióxidos fortemente individualizados e com rápida decomposição da matéria orgânica. Essa classe engloba os solos mediterrâneos, ferruginosos tropicais e ferralíticos, que se diferenciam seja pela intensidade de alteração, seja pelos tipos de ligações com os sesquióxidos livres com outros elementos do solo.

Aubert (1965) aprimora a definição dos solos ferralíticos, caracterizando-os como solos muito profundos, onde a matéria orgânica é rapidamente alterada; há uma forte decomposição dos minerais, mesmo do quartzo, e um teor muito elevado dos sesquióxidos de Fe e de Al. O argilomineral presente é apenas a caulinita. A relação sílica/alumina é ≤ 2, o complexo de adsorção é pouco saturado, a capacidade de troca catiônica é baixa. A estrutura dos elementos francamente individualizados, em geral muito finos, de forma poliédrica ou nuciforme, às vezes granulada, proporciona ao horizonte B uma grande friabilidade, já que não são endurecidos como carapaças ou couraças. Aubert e Segalen (1966) aperfeiçoam mais a definição anterior, definindo-os como solos pertencentes aos perfis A(B)-C ou A-B-C, frequentemente muito espessos, com forte decomposição da matéria orgânica ligada à matéria mineral, e uma forte alteração dos minerais resultantes de uma liberação importante dos sesquióxidos de Fe, de Mn, e muito frequentemente de Al; eliminação importante da sílica, resultando a relação sílica/alumina ≤ 2; argilominerais constituídos em grande parte por sesquióxidos de Fe, de Al, de caulinita, e às vezes traços de ilita; possível presença de minerais originais; materiais originais (horizonte C) formados de minerais muito alterados, facilmente trituráveis; fraca capacidade de troca catiônica;

grau de saturação mais frequentemente fraco ou médio, raramente elevado em B ou (B); estrutura variável em B às vezes pouco visível, mas friabilidade elevada. Chatelin (1969) registra que, das definições apresentadas, as diferenças são, basicamente, na intensidade da alteração. Os processos de laterização ou ferrilitização são apresentados, de maneira geral, como um conjunto de mecanismos de alteração envolvendo a destruição dos minerais primários, a divisão dos elementos transportados ou mantidos, e a natureza dos produtos neoformados. Essa alteração ferralítica precede a remoção da totalidade ou de grande parte da sílica e das bases dos silicatos primários, sendo acompanhada da permanência dos sesquióxidos metálicos que dão ao solo colorações vivas. O único silicato que pode se formar é a caulinita, e esta e a gibbsita podem se apresentar misturadas em todas as proporções possíveis, sendo a relação sílica/alumina ≤ 2. Entretanto, o valor exato dessa relação perdeu o significado atribuído anteriormente, pois a gibbsita pode ser silicificada e transformada em caulinita, sendo esses dois minerais considerados por Aubert e Segalen (1966) como geneticamente iguais; portanto, a predominância de um quanto ao outro pode não representar a intensidade de alteração. A perenidade desses conceitos é validada pela sua permanência até a atualidade, o que é considerado como uma garantia de validade. Entretanto, o tipo de alteração descrito não é exclusividade dos solos ferralíticos. Há, nos países mediterrâneos e temperados, solos comparáveis aos lateritos. Descobriu-se que esses materiais se relacionavam a formações antigas que teriam sido influenciados por um paleoclima tipo tropical. Mas descobriu-se posteriormente que, nesses mesmos países, alterações de rochas sob determinadas condições liberam atualmente não apenas a caulinita, mas muito frequentemente Al livre. Atualmente, muitas publicações confirmam essas afirmações. Na França, Dejou et al. (1967, 1968) mostraram que existem areias graníticas nas quais argilas em processo de formação contêm géis alumino-silicatos de baixa relação sílica/alumina, e com gibbsita nos teores 40% a 50%. Tardy (1969) confirma que a individualização do Al e do Fe não são específicos dos solos lateríticos. Chatelin (1964, 1966) afirma que existem em regiões equatoriais úmidas e em condições topográficas de drenagem normal, solos nos quais argilas micáceas como ilitase e micas hidratadas são francamente dominantes, e que têm relações sílica/alumina maiores que 2, às vezes até 3. São solos bem desenvolvidos, com horizonte B profundos, de até vários metros, com outras características de solos ferralíticos de florestas úmidas, particularmente no que se refere à matéria orgânica e à diminuição avançada da saturação do complexo de troca catiônica. Ocorre nos mesmos uma alteração do tipo ferralítico: formam-se a gibbsita e a caulinita, porém em quantidades bem menores relativamente às argilas micáceas originais, derivadas da rocha-mãe. Pode-se concluir que, evolutivamente, tais solos estão em vias de ferrilitização, mas sua composição mineralógica de momento afasta-se muito dos solos ferralíticos padrões.. São classificados como ferralíticos em função de sua tendência evolutiva, de sua matéria orgânica e da diminuição da saturação, e devido ao fato de que, na classificação, não há nenhum outro local possível para eles. São solos com um bom desenvolvimento morfológico, porém entre aqueles que podem ser chamados de "pene-evoluídos" (de evolução avançada) há também os que apresentam um desenvolvimento morfológico menos evoluído, com silicatos com caracteres originais, responsáveis pela elevada relação sílica/alumina. Portanto, é forçoso admitir a ocorrência, entre os solos ferralíticos, daquele de composição mineralógica bem diferente do que a descrita no conceito original.

Ao contrário dos solos onde a dinâmica atual é sem dúvida ferralítica, existem aqueles tipicamente ferralíticos, mas cuja evolução não apresenta feições ferralíticas. São solos que ocorrem em latitudes muito elevadas, formados em períodos do Quaternário antigo ou do Terciário, que conservam as principais características morfológicas e mineralógicas dos solos ferralíticos, mas o seu complexo de troca catiônica pouco saturado e sua matéria orgânica estão em equilíbrio com as condições ecológicas atuais. Sua alteração, ainda que haja minerais a serem alterados, não é do tipo ferralítico. Alguns autores como Maignien (1968) os consideram como solos ferruginosos tropicais, que se desenvolvem sobre antigos solos ferralíticos. Existem solos formados sobre materiais detríticos muito quartzosos, nos quais os poucos silicatos (caulinita) e sesquióxidos que contêm são resultado de uma pedogênese anterior à sua deposição, não havendo evolução dos minerais do tipo ferralítico. São considerados como solos ferralíticos por De Boissezon (1965), sendo algumas vezes considerados como psammo-ferralíticos por Chatelin (1966).[2]

Pelo exposto, são considerados solos ferralíticos aqueles que não têm a composição química dos mesmos, mas cuja evolução se processa para a

2 O termo "psammo" refere-se a material arenoso.

ferralitização. Outros solos que têm composição similar são descartados do grupo, pois as alterações climáticas induzem a um outro tipo de alteração. Os limites a partir dos quais os solos paleoferralíticos são separados do grupo de ferralíticos são difíceis de estabelecer, principalmente pelo aparecimento de um clima semiárido. Por outro lado, alguns solos psamíticos que poderiam ser considerados como paleoferralíticos são classificados como ferralíticos em regiões úmidas. A busca das explicações genéticas levou a se considerar a tendência evolutiva, ou os processos evolutivos, ou a composição do material. Provavelmente certos solos sejam classificados como ferralíticos, pelo processo evolutivo ou pela sua composição.

Nogami e Villibor (1985) afirmam que há alguma confusão com relação aos termos a serem utilizados para os chamados solos tropicais "vermelhos". Para que apareça a coloração avermelhada, não é necessária mais que uma pequena quantidade de sesquióxidos; assim, qualquer solo nessas condições pode ser chamado de "laterito". Torna-se particularmente importante reconhecer diferentes tipos de solos vermelhos, porque quantidades diversas de ferro e alumínio neles contidos conferem propriedades geotécnicas diferentes. O autor em questão (ibid., 1985) preferiu denominar o grupo de "solos tropicais vermelhos indiferenciados" como solos de origem laterítica em vez de lateritos, e sugeriu que esse termo deveria ser aplicado exclusivamente aos solos que possam ser identificados em ensaios de laboratório. Sabe-se que, na medida em que os sesquióxidos hidratados se tornam mais concentrados, afetam de maneira crescente as propriedades de engenharia. Quando tal concentração se faz na forma de camadas, são originados os plintitos, os quais, provavelmente, coincidem com a laterita original causadas por longas mudanças no clima. Buchanan (1807) os identifica como sendo solos tropicais vermelhos que endurecem quanto expostos ao ar. Sob certas condições topográficas, tais horizontes podem endurecer ainda mais, transformando-se em crostas de ferricretes ou alucretes (Geological Society, 1990).

Nogami e Villibor (1985) registram que um solo pode ser considerado laterítico se:

- pertencer aos horizontes A e B de perfis bem drenados, desenvolvidos sob condições de climas tropicais úmidos;
- a fração argilosa deles for constituída de minerais do grupo das caulinitas e de óxidos hidratados de Fe e Al, sendo esses componentes

agregados em estruturas "porosas" altamente instáveis. A terminologia proposta é baseada essencialmente em conceitos elementares tradicionais. É consenso que, para aplicação em geotecnia, faz-se necessário desenvolver-se critérios simples que possibilitariam distinguir facilmente solos com comportamento laterítico ou saprolítico, o que foi estabelecido por Nogami e Villibor (1981), mas tal critério considera apenas um limitado número de tipos de solos tropicais, e também se restringe a utilizações em obras rodoviárias. Portanto, como a terminologia proposta pelos autores (ibid., 1981) apresenta limitações, são necessárias algumas considerações importantes:

- o fato de os solos lateríticos pertencerem aos horizontes A ou B de perfis de solos bem drenados significa que tais solos fazem parte do *solum* de acordo com a tradicional terminologia pedológica americana (Soil Survey Staff, 1951). Sem dúvida, a delimitação exata de cada um dos horizontes A e B pode apresentar dificuldades em muitos perfis de solos lateríticos, mas tal identificação não é necessária para propósitos de identificação do *solum*;
- na terminologia proposta, os componentes essenciais da fração argilosa dos solos lateríticos, caracterizados pela presença do grupo das caulinitas e também dos óxidos hidratados de Fe e Al, são fatos tradicionalmente consagrados em pedologia. Também as relações entre esses componentes e as particularidades desses solos já são tradicionalmente consagradas e reconhecidas. A terminologia proposta tornar-se-á completa se também for considerada como condição suplementar a ausência de argilas expansivas, inexistentes nos solos lateríticos;
- reconhece-se que o termo "altamente instáveis" não é uma qualificação satisfatória para a resistência dos agregados de solos lateríticos, mas não se dispõe de um critério melhor. A estabilidade dos agregados pode ser quantificada, mas a utilidade dessa quantificação é duvidosa, pois não há uma relação clara entre tal estabilidade com as propriedades mecânicas e hidráulicas dos solos lateríticos. Além do mais, acredita-se que, se um solo possui agregados instáveis, pode não apresentar um comportamento claramente laterítico, do ponto de vista geomecânico.

Nas regiões tropicais ocorrem solos com variedades de cores que vão do vermelho ao amarelo, quando a goethita é abundante, e vermelhos quando o predomínio é da hematita. Cores intermediárias aparecem em função das diferentes percentagens dos minerais citados. É evidente que, para a sua completa caracterização, é necessário saber-se não apenas o grau, mas também o tipo de alteração. O tipo de alteração é definido em bases globais, quando se refere aos processos geoquímicos que caracterizam a evolução dos minerais primários das rochas. Os resultados gerais são obtidos a partir de trabalhos de campo ou pesquisas experimentais (Pedro; Melfi, 1983), de onde se pode concluir que o intemperismo em condições tropicais denominado ferralitização pode ser definido pelas seguintes características:

- a alteração dos minerais primários apresenta uma total desalcalinização ao longo do processo evolutivo, com completa acumulação de ferro *in situ* e alumínio (acumulação relativa);
- o Fe liberado é separado e individualizado independentemente dos constituintes argilosos (caulinita).

Portanto, a evolução superficial em regiões tropicais úmidas conduz a dois tipos de paragênese:

- a paragênese dos hidróxidos de Fe e Al hidratados, o que corresponde ao que pode ser chamado laterização ou ultraferralitização;
- a paragênese da caulinita hidratada, característica da laterização em sentido amplo, ou a ferrilitização caulinítica.

Resultam então materiais superficiais sem minerais primários (exceção do quartzo) e formados essencialmente de caulinita e óxidos e hidróxidos de Al e Fe (Melfi, 1994).

O termo "laterito" reúne todas as coberturas pedológicas de alteração geoquímica muito forte que recobrem o substrato rochoso em zonas intertropicais e tropicais, que compreendem as formações ferralíticas moles até as couraças ferruginosas (Lozet; Mathieu, 1990). Dias (1989), em abordagem relativa a solos não saturados, refere-se a ocorrências deles em toda a Bacia do Paraná, desde o Rio Grande do Sul, Paraná, São Paulo e outros estados brasileiros, e também no Paraguai e Argentina. A autora (ibid., 1985) cita que tais solos apresentam um comportamento especial devido à gênese, que condiciona horizontes com propriedades mecânicas e hidráulicas próprias. Acrescenta que a pedologia classifica os solos pelo grau de evolução do horizonte B. Esse horizonte, quando não saturado, favorece o desenvolvimento dos latossolos, os mais evoluídos pelos processos pedogenéticos; e também os podzólicos vermelho-amarelos, os podzólicos amarelos, os podzólicos vermelho-escuros e a terra roxa estruturada, com horizonte B de espessuras em geral de 1 m a 20 m. A autora (ibid.) sugere que os estudos de solos brasileiros não saturados devem considerar a gênese de sua formação, separando-os de forma a facilitar o entendimento dos mecanismos de seu comportamento.

Schellmann (1981) nos diz que solos lateríticos são produtos de intenso intemperismo nas rochas, quando o teor de ferro e/ou alumínio é maior que o de rochas apenas caulinizadas. Os produtos do intemperismo são predominantemente a caulinita, a goethita, a hematita, a gibbsita e o quartzo. Para a completa caracterização é necessário saber não apenas o grau, mas também o tipo de alteração. O tipo de alteração é definido com referência aos processos geoquímicos que caracterizam a evolução dos minerais primários das rochas. O autor (ibid., 1981) discorre sobre a cronologia da evolução do termo laterita, afirmando haver, desde Buchanan (1807), uma significativa controvérsia quanto à definição do fenômeno da laterização, particularmente em função dos diversos interesses que abrangem a questão, envolvendo objetivos da geologia, pedologia e engenharia. Assim, muitas inconsistências e confusão na literatura sobre lateritas e laterização foram induzidas pela incompreensão do termo. Esse autor (ibid., 1981) considera laterita como um termo petrográfico, e o intemperismo laterítico um fenômeno geológico; portanto, a terminologia sobre esse assunto é de relevância primária. Schellmann (1981) atribui a Buchanan (1807) a fase inicial do interesse pelo assunto, a partir de seus trabalhos na Índia, quando descreveu "massas de argilas endurecidas, não estratificadas, sobrepostas a um granito, com cavidades e poros e grande quantidade de Fe, na forma pastosa vermelha e amarela, tão suave quando exposta ao ar, mas que logo tornava-se dura como um tijolo, resistindo ao ar e à água muito mais do que tijolos comuns, portanto recomendável como materiais de construção". O autor (ibid., 1981) afirma que Buchanan (1807) inicialmente estendeu o termo "laterita" para materiais similares endurecidos na natureza (crostas), mas, finalmente, restringiu a definição ao seu significado original, supramencionado.

Schellmann (1981) registra que um segundo período nas pesquisas de lateritas iniciou-se nas primeiras décadas do século XX, quando a natureza química desses materiais se destacou como uma tendência. Foram então consideradas as relações do Fe + Al + Ti + Mn e introduzidas as percentagens totais dos sesquióxidos como um indicador. Dessa maneira, materiais com > 90% deles eram considerados lateritas verdadeiras, entre 90% e 50% seriam silicatos lateríticos, e entre 10% e 50% como argilas lateríticas. O Fe_2O_3 livre foi adotado para a definição das lateritas. Assim, foi utilizada relação atômica $SiO_2:Al_2O_3$ como graus de laterização: relações < 1,33 eram consideradas lateritas verdadeiras, entre 1,33 e 2 seriam solos lateríticos e > 2 seriam solos vermelhos não lateríticos. De acordo com o autor (ibid.), um terceiro período revelou o interesse de cientistas dos solos pelas características morfológicas, além das propriedades de endurecimento das lateritas. Assim, uma definição surge, baseada nos critérios apresentados anteriormente: Laterita é um material altamente intemperizado, rico em óxidos secundários de Fe, Al ou ambos. Bases e silicatos são quase inexistentes, mas podem conter altas percentagens de quartzo e caulinita. É ao mesmo tempo endurecido, ou capaz de tornar-se duro, após exposto à umidificação e à secagem. Sugere então um termo, "intemperismo laterítico", processo atuante em regiões tropicais sobre diversas rochas originais, resultando em vários tipos de materiais diferentes. As pesquisas recentes revelaram muitos tipos de lateritas diversos daqueles definidos no passado, e que diferem nas suas propriedades, como cores, *fabric* e consistência, mas todos são formados por intemperismo tropical intenso sobre vários tipos de rochas. Portanto, as lateritas descritas por Buchanan (1807) são membras de uma família de lateritas que têm propriedades diferentes, mas uma gênese similar. O autor (ibid.) ressalta que muitos especialistas em lateritas concordam que o processo fundamental na formação desses materiais é a concentração relativa (residual) de constituintes menos solúveis, principalmente Fe e Al. A concentração absoluta ou a imigração dos constituintes dissolvidos pode dominar localmente, mas em geral é secundária à concentração relativa. Ressalta os seguintes resultados de suas pesquisas sobre lateritas, com vários tipos de rochas diferentes:

- as várias lateritas consistem principalmente de SiO_2, Al_2O_3, Fe_2O_3 e H_2O. Pode existir uma pequena porcentagem de TiO_2 e, no intemperismo de rochas ultrabásicas, está presente o Cr_2O_3. Consequentemente, as lateritas podem ser caracterizadas em um diagrama triangular com SiO_2, Al_2O_3 e Fe_2O_3;

- a composição mineralógica é também muito uniforme. Minerais predominantes são do grupo da caulinita, a gibbsita, a hematita, a goethita, o quartzo e o anatásio, além de constituintes amorfos. Em alguns casos ocorrem boemita, magnetita, rutilo e cromita;
- nas fases iniciais do intemperismo, minerais primários são caulinizados e a maior parte dos alcalinos e alcalinos terrosos são removidos. Sob condições muito favoráveis de drenagem, silicatos primários podem ser transformados diretamente em hidróxido de alumínio.

Os estágios tardios do intemperismo intenso são caracterizados por:

- dissolução anormal da caulinita com a formação de gibbsita; concentração de Al_2O_3 e Fe_2O_3, devido à remoção da SiO_2;
- dissolução anormal de caulinita, proporcionando simultaneamente a remoção de Al_2O_3 e Fe_2O_3, de uma forma ainda não conhecida; somente o Fe_2O_3 é acumulado;
- dissolução do quartzo; concentração de Al_2O_3 e Fe_2O_3;
- há grandes diferenças entre a laterização de rochas distintas. Dissolução anormal da caulinita predomina em rochas básicas e alcalinas, enquanto dissolução normal da caulinita e quartzo com menor formação de gibbsita é mais presente em rochas ácidas, como granitos, granito gnaisse, argilas, ardósia;
- os produtos do intemperismo laterítico sobre rochas básicas revelam maior tendência ao endurecimento e formação de crostas, uma vez que o seu conteúdo em ferro é maior. Os lateritos ferruginosos limoníticos sobre rochas ultrabásicas são bastante plásticos; apenas em superfície há, às vezes, a formação de crostas, a partir da laterita plástica;
- o endurecimento de lateritas sobre rochas ácidas é mais pronunciado, assim como um zoneamento. O endurecimento é maior quanto maior o conteúdo de Fe. A laterita nas zonas mosqueadas mostra alguma resistência quando seca, enquanto a crosta mais ferruginosa acima da zona mosqueada é dura, às vezes úmida.

Entretanto, uma limitação baseada nessas propriedades secundárias, como o endurecimento, não se sustenta, pois as verdadeiras lateritas de mesma composição química e origem podem ser moles ou duras.

Há consenso de que as lateritas são formadas por intenso intemperismo subaéreo das rochas. Adicionalmente, constata-se que todas as lateritas que têm sido analisadas consistem essencialmente de caulinita, goethita, hematita, gibbsita e quartzo. Porém essas características isoladas não conduzem à exclusão dos materiais tropicais fracamente intemperizados, como as rochas brandas de composição primordialmente cauliníticas (saprólitos), que podem ser coloridas em vermelho por pouca hematita. Portanto, a expressão "intenso intemperismo subaéreo de rochas" deve ser quantificada de maneira tal que as condições-limite fiquem claras na definição.

Schellmann (op. cit.) afirma que a primeira feição das lateritas é a composição química. Portanto, elas poderiam ser definidas pelo seu teor em Fe_2O_3 e Al_2O_3, mas isto não é praticável devido à sua grande variedade, formadas a partir de diferentes rochas de origem. Uma diferenciação genética satisfatória entre lateritas e materiais não lateríticos inalterados pode ser a caulinização, se o estágio inicial da laterização for admitido como não laterítico, principalmente quanto às dissoluções normal e anormal de caulinita e a dissolução do quarto. Essa diferenciação justifica-se, pois, em climas temperados, onde também ocorre a caulinização. Portanto, pode-se postular que as lateritas reais sofreram uma forte transformação, diferentemente daquela que ocorre nas rochas caulinizadas.

A caulinização dos silicatos primários de alumínio também remove a SiO_2 e concentra Fe_2O_3 e Al_2O_3. Consequentemente, a acumulação de Fe e Al e a diminuição de sílica nas lateritas será mais forte do que meramente nos produtos somente laterizados. Isto possibilita uma definição de laterita, que inclui todos os produtos fortemente laterizados, considerando suas diferentes rochas de origem e suas diferentes propriedades.

Lateritas são produtos de intenso intemperismo subaéreo de rochas, onde os teores de Fe e Al são maiores e o de SiO_2 são menores do que em rochas de origem meramente caulinizada. Consistem predominantemente de grupos dos minerais goethita, hematita, hidróxidos de alumínio, minerais cauliníticos e quartzo. Nessa definição, a laterita é considerada rocha residual. A parte superior dos depósitos pode se transformar em solos lateríticos, pelos processos de formação de solos. O termo "laterita" é usado como um nome de família, o qual é independente de algumas propriedades específicas como endurecimento e cor. Também é independente de interpretações genéticas específicas de intemperismo laterítico. Não deve ser usado para a identificação precisa da laterita no campo, embora seja frequentemente solicitada, pois esse procedimento não é consistente com um sistema científico. Por exemplo, as crostas lateríticas de Buchanan (1807) são consideradas lateritas, em função de sua composição química. Além disso, as limonitas niquelíferas moles que cobrem rochas ultrabásicas e todos os produtos hidróxidos que contêm alumínio são membros verdadeiros do grupo laterítico. Por outro lado, muitas superfícies de cobertura intensamente coloridas são excluídas por definição, pois não são suficientemente ricas em Fe e Al; outros materiais avermelhados estão apenas em um incipiente estágio de laterização.

As lateritas derivadas de rochas diversas podem ser plotadas em um diagrama triangular com o SiO_2, o Al_2O_3 e o Fe_2O_3 nos vértices, juntamente com a principal composição química das rochas de origem, e seus produtos de caulinização calculados. Os cálculos são baseados na hipótese de que todo o Al_2O_3 é transformado em caulinita. O Fe é preservado, e o SiO_2 é calculado pelo teor de caulinita restante no SiO_2 primário, se existente. As seguintes observações são oportunas:

- O perfil laterítico inclui todos os estágios desde a rocha de origem até a superfície, e, portanto, inclui materiais não lateríticos do primeiro estágio.
- Os termos níquel laterita, manganês laterita, ferro laterita e bauxita são usados para indicar metais relevantes. Caso esses materiais possam ser minerados economicamente, devem ser utilizados os termos "minério laterítico de níquel", "minério laterítico de manganês", "minério laterítico de ferro" e "bauxita".

Alguns termos pedológicos devem ser abordados:

- ainda que o termo "solo" seja restrito à parte superficial do depósito com atividade biológica, o perfil laterítico total acima da rocha de origem é considerado como solo laterítico;
- esquemas e experiências com solos de regiões temperadas poderão ser considerados mais apropriadamente como unidades geológicas

ou petrográficas e não podem ser extensivos às espessas coberturas dos trópicos. A utilização dos termos pedológicos para a divisão de coberturas lateríticas em horizontes é, para os geólogos, certamente mais informativa, pois as propriedades e processos de interesse aos geólogos não são consideradas naqueles termos. Por outro lado, um geólogo que se ocupa da laterização deveria estar a par dos principais critérios dos sistemas de classificação de solos lateríticos, mesmo que em seus aspectos mais gerais;

- alguns nomes como latossolos, oxissolos e solos ferralíticos, usados frequentemente em ciências dos solos, são via de regra idênticos, pois são baseados em diferentes critérios de classificação. Para melhores e complexas definições, deve-se procurar na literatura.

Muito relevante para a classificação das lateritas é a relação molar SiO_2:Al_2O_3 da fração < 2µm, < 2 para solos ferralíticos e < 1,7 para solos ferralíticos típicos.

Outras características importantes são a capacidade de troca catiônica, a saturação das bases, o pH e o conteúdo de matéria orgânica, os quais decrescem com o aumento da laterização. Na prática, para a classificação dos solos tropicais, é necessário aplicar diversos critérios simultaneamente.

As propriedades definidoras dos solos lateríticos supramencionadas podem ser consideradas como qualidades especiais ou parciais desses solos, relevantes para as ciências dos solos e a agricultura, mas de importância restrita para o geólogo, o qual está mais interessado na composição e gênese do material.

De acordo com a Geological Society (1990), o único clima existente para a formação dos solos ferralíticos é o muito úmido, com florestas tropicais perenes. Quando solos similares a esses ocorrem em zonas climáticas secas, são resultados prováveis de alterações climáticas durante o Quaternário. Alguns solos residuais em áreas sem dúvida favoráveis à ferralitização atingirão somente os estágios fersialítico ou ferruginoso (fases 1 ou 2); poderão ter sido rejuvenescidos por erosão nos taludes, ou ainda por serem depósitos recentes que não foram expostos ao ambiente de florestas tropicais úmidas por muito tempo. Vargas (1985) relata que não é possível afirmar, de um ponto de vista geotécnico particular, que todos os solos encontrados nos trópicos sejam solos tropicais, e seria uma impropriedade colocar junto aos solos tropicais aqueles que possuem as mesmas propriedades e natureza, seja nos trópicos ou nas zonas glaciais. Por exemplo, areias puras de praias ou de rios, argilas orgânicas moles, ou solos de camadas profundas de depósitos sedimentares terciários, que apresentam as mesmas propriedades mecânicas, qualquer que seja a sua latitude de ocorrência. Portanto, o conceito de solos tropicais, pelo menos do ponto de vista do engenheiro, não será puramente geográfico. Os solos tropicais são apenas aqueles que, nos trópicos, possuem algum comportamento particular quando usados como materiais em engenharia. Então, mesmo do ponto de vista geotecnológico, inclusive da engenharia, o conceito de solos tropicais deve basear-se em ciências correlatas como física dos solos, geologia e pedologia.

Vargas (1985) ressalta que mesmo que se considere que um solo residual, produto de intemperismo *in situ* de rochas originais em clima tropical seja um solo tropical, o que interessa realmente ao engenheiro é se tal solo possui ou não propriedades geotécnicas diferenciadas de outros solos de alhures. Sem dúvida, camadas superficiais de solos lateríticos típicos não aparecem em regiões temperadas; mas qual deverá ser a diferença do comportamento mecânico entre solos residuais tropicais e de zonas temperadas, profundos, com índices de identificação similares?

Para o autor (ibid.), a intensa decomposição química das rochas nas regiões tropicais é o principal fator de diferenciação dos solos tropicais dos solos de outras regiões. A concentração de íons agressivos na água corrente aumenta rapidamente com a temperatura. Consequentemente, a maior intensidade da decomposição das rochas nos trópicos resulta em camadas mais espessas de material alterado. No solo residual jovem, mantém-se a disposição original dos cristais decompostos, o que confere ao solo uma estrutura peculiar, estrutura remanescente onde os cristais alterados são orientados dando a impressão de que a rocha original é preservada inteiramente, mesmo a rocha tendo perdido toda a resistência original. Esse tipo de solo residual chama-se "saprólito". Entretanto, do ponto de vista geotécnico, as diferenças entre solos tropicais e não tropicais parecem estar mais na intensidade do processo de intemperismo do que nos produtos finais. A diferenciação torna-se mais nítida quando a camada superficial começa a perder, gradualmente, a citada estrutura da rocha original, transformando-se num material mais ou menos homogêneo, consistindo frequentemente de um solo maduro vermelho. Porém, ainda essa superfície de solo residual é tipicamente tropical. Ela é peculiar às zonas tropicais, da mesma forma que algumas aluviões, depósitos coluviais neocenozoicos e camadas superficiais de sedimentos terciários, nos quais observa-se a evolução pedogenética devida a processos de laterização. Vargas (1985) considera todas as dificuldades para a definição do que realmente seria um solo tropical, e afirma que uma abordagem fenomenológica do estudo da gênese do mesmo deve se relacionar com o clima, com a rocha original e com a vegetação que ocorre nos trópicos, sendo que têm sido examinados os processos de alteração das rochas e dos materiais consequentes em tal cenário, havendo consenso dos seus resultados, entre os especialistas. Para a comprovação prática de seus argumentos, estudou particularmente o Brasil, pela observação dos vários tipos de solos existentes, com a ajuda do Mapa de Solos Brasileiros, da Embrapa (1981) na escala 1:5.000.000, superposto ao Mapa Geológico do Brasil do Departamento Nacional de Produção Mineral (DNPM, 1971), na mesma escala. O resultado foram seis grupos de solos, dos quais três são de interesse particular para este trabalho:

1. solos correspondentes às áreas da ocorrência dos derrames basálticos de idade mesozoica, ou seja, a Formação Serra Geral. São solos argilosos vermelhos (terra roxa), quase sempre cobertos por camadas de argilas porosas;
2. solos derivados de rochas sedimentares, a partir de formações com origem desde o Devoniano ao Cretáceo: são residuais de argilitos, siltitos, arenitos, calcários e folhelhos, cobertos, geralmente, por depósitos de coluviões superficiais, ou pedologicamente desenvolvidos, como solos porosos ou lateritos;
3. depósitos inconsolidados, e camadas espessas consideradas como solo pelos geotécnicos, como as argilas e camadas de areias terciárias ou pleistocênicas, frequentemente cobertas por solos lateríticos ou lateritos. São incluídos também argilas aluvionares recentes, cascalhos e areias das margens de rios, depósitos recentes de argilas e siltes orgânicos, e terraços fluviais de areias argilosas ou siltosas.

Vargas (1985) estabeleceu a correspondência entre clima e a rocha original, que se relaciona com a formação dos solos. Colocou então, no mapa mencionado, algumas isoietas, ou seja, curvas ou linhas que ligam, na superfície terrestre, os pontos com o mesmo índice de pluviosidade média anual. Dessa forma, dividiu o Brasil em seis zonas climáticas:

1. a floresta amazônica, com calor constante, na qual prevalece a temperatura média anual entre 26 °C e 27 °C;
2. as regiões do interior central e oeste, cobertas principalmente pelas savanas, onde a temperatura média anual é de 24 °C a 26 °C, e apresentando estações secas e úmidas contrastantes;
3. os semiáridos do NE, com clima seco constante, sujeitos a longos períodos de seca, bem como a tempestades tropicais concentradas;
4. trata-se de uma faixa na costa atlântica, quente e úmida, principalmente ao sul, onde ocorre uma cadeia de montanhas coberta por floresta, ao longo da costa, sendo as temperaturas médias anuais de 24 °C a norte e de 20 °C no sul;
5. situa-se no centro-leste, ao norte do Trópico de Capricórnio, com invernos amenos e verões quentes e úmidos, com temperaturas médias anuais entre 22 °C e 24 °C; e
6. situa-se ao sul do Trópico de Capricórnio, onde prevalecem invernos frios e úmidos e verões quentes e úmidos, sendo a temperatura média anual entre 20 °C e 22 °C.

Combinando-se os grupos geológicos com as zonas climáticas e projetando tal combinação com um mapa geomorfológico preparado por Ab'Saber (1960), Vargas (ibid., 1985) afirma ser possível interpretar a natureza dos solos tropicais. Da citada combinação destacam-se, no território brasileiro, seis zonas no mapa geomorfológico, que são:

1. as Séries Barreiras, do Amazonas, e formações do pré-Devoniano cobertas pela floresta, com clima quente e úmido constante;
2. os planaltos sedimentares, bem como as formações do pré-Devoniano e afloramentos arqueanos central e ocidental, cobertos principalmente pela savana, com estações climáticas secas e úmidas diferenciadas;
3. o semiárido do NE, com clima constante quente e seco;
4. a faixa da costa atlântica, com clima úmido constante;
5. a área de formações sedimentares e de derrames basálticos do centro--sul, com estações climáticas diferenciadas; e

6. a região dos planaltos basálticos e das pradarias meridionais de clima temperado brasileiro.

Levando em consideração as informações obtidas das análises de testemunhos de sondagens realizadas nas regiões citadas, Vargas (1985) conclui que, para a realidade brasileira, é possível a elaboração de um perfil de solos com cinco zonas, algumas das quais podem, entretanto, estar ausentes em situações específicas (Figura 10):

- Zona 1 – horizonte superficial – onde ocorrem alternativamente:
  - solo residual maduro: argila laterítica vermelha, marrom ou amarela; argila arenosa; ou, algumas vezes, silte com micas;
  - argila ou areia vermelha ou marrom lateríticas, porosas;
  - camada superficial contendo nódulos lateríticos, ou cascalhos lateríticos. Algumas vezes, a camada superficial de solo coluvial cobre substrato de solo residual maduro, ocasionalmente separado por linha de seixos. Essa camada superficial pode ser arenosa, argilosa ou siltosa, de terraço fluvial, podendo ser coberta também por solo coluvial poroso.
- Zona 2 – intermediária de argila vermelha, marrom, amarela ou mosqueada, rígida ou endurecida, com ocasionais estruturas remanescentes, às vezes expansivas. Pode haver, no contato entre essa camada e a superior, limonita concrecionada ou nódulos lateríticos. A dureza dessa camada pode ser causada pela precipitação de materiais coloidais provenientes da Zona 1, por processo de iluviação (concentração de argilas, sesquióxidos e carbonatos).
- Zona 3 – conhecida como camada "saprolítica": solo residual formado por areia grossa cascalhenta, arenosa ou argilosa, com textura remanescente da rocha original. Na sua parte inferior observam-se matacões ou camadas alteradas da rocha. O termo "saprólito" referia-se originalmente às rochas metamórficas ou graníticas, mas estendeu-se, pela prática, também às rochas sedimentares e basálticas. O solo dessa zona é, às vezes, conhecido como solo residual jovem, significando que ainda não foi alterado pela evolução pedológica.

- Zonas 4 e 5 – ocorre a rocha alterada, misturada com blocos e matacões, camadas ou linhas de solos argilosos ou arenosos, e rocha sã e fissurada.

Figura 10 – Perfis de solos em regiões tropicais brasileiras (adaptado de Vargas, 1985)

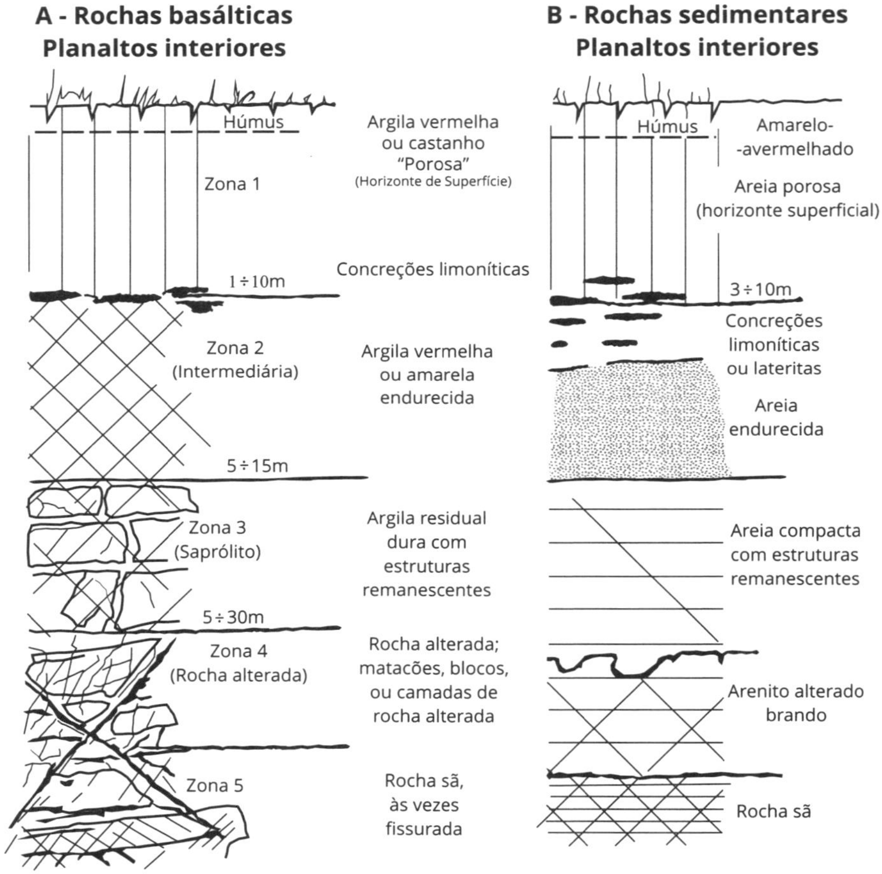

Considerando os fenômenos de formação expostos, o autor (ibid., 1985) afirma que é possível concluir que, de acordo com a *expertise* brasileira, os solos tropicais podem ser definidos como espessos mantos constituídos por dois horizontes principais:

- o superficial, submetido a intensa evolução pedogenética, é frequentemente considerado como com solo laterítico;

- abaixo desse horizonte, ocorre uma camada espessa de solos residuais, que apresentam estruturas remanescentes da rocha original. Solos desse horizonte são chamados comumente de "saprólitos", ainda que, em alguns casos, em vez do horizonte saprolítico, sejam encontrados sedimentos terciários ou neocenozoicos abaixo da camada superficial.

Solos pedogenéticos do horizonte superficial evoluíram de solos residuais, a partir de sedimentos terciários ou de depósitos superficiais neocenozoicos. Algumas vezes, a parte superior é constituída por depósitos coluviais, e a inferior por solos residuais, separados por linhas de seixos da superfície remanescente. Geralmente são arenosos, quando derivados de arenitos; siltosos, quando originados de siltitos ou ardósias; argilosos, quando provêm de basaltos ou argilitos; areias argilosas ou siltosas, quando provêm de rochas metamórficas ou granitos; micáceos, quando originados de xistos ou filitos. A fração argilosa apresenta normalmente a caulinita e a gibbsita, ainda que alguma illita e esmectita sejam presentes. Grãos de goethita, hematita e magnetita estão presentes com frequência. Aparecem também flocos de mica ou caulinita do silte, e partículas de areia fina. Nos climas de verões úmidos e invernos amenos do Brasil centro-meridional, onde a pluviosidade anual é menor que 1.500 mm, forma-se no horizonte superficial o solo laterítico poroso, que apresenta uma estrutura altamente macroporosa pela ação combinada de lixiviação durante a estação chuvosa, e formação de concreções durante o inverno. Em alguns casos, a estrutura é instável, favorecendo o colapso, quando o solo estiver saturado e for submetido a uma pressão. Em alguns dos solos arenosos porosos, uma pequena percentagem de um argilomineral ativo é suficiente para que o solo tenha um comportamento argiloso. Abaixo desse horizonte de argila dura e compacta formam-se também, às vezes por iluviação, lentes de limonita de espessuras centimétricas.

Identificação dos solos lateríticos amarelos e vermelhos no campo – horizontes diagnósticos

De acordo com Melfi (1985), a identificação dos solos lateríticos no campo baseia-se em algumas características, particularmente a partir do horizonte B, conhecido como horizonte diagnóstico, que é definido por um número determinado de propriedades morfológicas, químicas, físicas e mineralógicas, que representam o esqueleto do perfil do solo.

Horizonte B latossólico

Termo introduzido por Camargo e Bennema (1966), corresponde ao horizonte de óxidos da *Soil Taxonomy* (USA, 1975) e caracteriza-se por alto grau de alteração, quantidades variáveis de óxidos de Fe e Al, e argilominerais tipo caulinita (1:1), quartzo e outros minerais resistentes. A diferenciação desse horizonte com os sub-horizontes horizontais ou com os adjacentes A e C é muito gradual, dificultando a identificação no campo. A estrutura do horizonte pode ser do tipo granular bem desenvolvida, fraca ou moderadamente desenvolvida do tipo em blocos subangulares. A consistência quando o solo é seco varia de mole a dura, e, quando seco, de friável a muito friável. Uma característica particular é a alta porosidade. O teor de argila pode ser mais alto que o do horizonte superior A, mas a relação textural B/A[3] não excede 1,5. Revestimentos argilosos podem estar presentes, mas em pequenas quantidades. A principal característica química desse horizonte é a capacidade de troca catiônica < que meq/100 g de argila e relação molecular $Ki = SiO_2/Al_2O_3 < 2$.

Horizonte B textural

Também denominado por Camargo e Bennema (1966), corresponde ao horizonte argiloso da classificação da *Soil Taxonomy* (USA, 1975), e caracteriza-se por um aumento do teor de argila, particularmente caulinita. O aumento do teor de argila confere a esse horizonte uma relação textural B/A > 1,5-1,7. Portanto, o horizonte B textural é de acumulação de argila, normalmente transportada, como cobertura sobre as unidades estruturais, apresentando uma superfície lustrosa. Essas coberturas superficiais são chamadas de *cutans*, e quando bem desenvolvidas podem ser facilmente identificadas no campo, servindo para a caracterização desse horizonte. As características que proporcionam a identificação do mesmo no campo são:

---

3 Relação do total de argila do horizonte B e o total de argila do horizonte A.

- o aumento da quantidade de argila no campo deve ocorrer nos 30 cm de profundidade a partir da superfície;
- quando os elementos estruturais são bem desenvolvidos, a cobertura de argila deve estar presente em algumas das superfícies verticais e horizontais;
- quando a estrutura é maciça, a cobertura está presente na superfície de grãos isolados, ou formando pontes unindo os grãos (Melfi, 1985).

Tipos de solos lateríticos

De acordo com Melfi (1995), nas regiões tropicais, as ocorrências desses solos são muito complexas. Os solos lateríticos (latossolos, ferrassolos e solos ferralíticos) predominam, mas são associados a outras variedades de solos pedogenéticos característicos de outras regiões climáticas. Essas variedades relacionam-se às trocas de precipitações em escala zonal ou à topografia com controle da drenagem. Outros fatores, como a rocha original, têm pouca importância. É evidente que a distribuição dos solos nas diferentes áreas do ambiente tropical é condicionada pelas condições climáticas e pela quantidade das precipitações. Por outro lado, as condições da drenagem são responsáveis pela distribuição desses solos na paisagem. Assim, os solos lateríticos dominam nas sequências topográficas em regiões úmidas, e sua importância diminui em direção às áreas mais secas, onde os perfis verticais são caracterizados pela presença de argilominerais expansivos 2:1. Os solos lateríticos compreendem principalmente os podzólicos, os latossolos, as terras roxas estruturadas e os solos lateríticos hidromórficos.

Latossolos

Correspondem aos oxisols na *Soil Taxonomy* (USA, 1975) e aos ferrassols na classificação da Food and Agriculture Organization of the United Nations (FAO, 1991). São solos bem drenados, muito profundos e de alta porosidade. Apresentam um horizonte B diretamente sob o horizonte A. São muito homogêneos, sem uma diferenciação de horizontes. Sua coloração é amarela ou mesmo parda a vermelho-parda escura, refletindo o material original, a drenagem e condições climáticas e a natureza e a quantidade dos óxidos de ferro. A textura é de areia marga ou mais fina, e a relação textural B/A < 1,5. Normalmente, o teor de argila aumenta com a profundidade ou permanece constante ao longo do perfil. São solos típicos de regiões equatoriais e tropicais, ocorrendo também em zonas subtropicais, normalmente cobrindo amplas superfícies de erosão, pedimentos ou terraços fluviais antigos.

Podzólicos

Correspondem frequentemente aos altissols da *Soil Taxonomy* (USA, 1975) e luvissols da classificação da Food and Agriculture Organization (FAO, 1991). São solos minerais, não hidromórficos, com um horizonte textural B diretamente sob um horizonte A, apresentando uma distinção clara entre os horizontes. Podem ser moderadamente profundos ou mesmo profundos, a sua porosidade é menor que a dos latossolos, podem ser bem ou mal drenados. Quando mal drenados, são comuns manchas, originando então um horizonte manchado (mosqueado). Suas cores podem variar do amarelo ao vermelho. Ocorrem nas zonas equatoriais, tropicais e subtropicais, e podem ser claramente relacionados aos latossolos.

A Embrapa (1999) esclarece que os solos podzólicos atualmente estão englobados na classe dos argilossolos, estabelecida pelo Sistema Brasileiro de Classificação dos Solos (SBCS). Na década de 1950, o conceito de solo podzólico vermelho-amarelo era centrado no conceito de solos ácidos, que apresentavam um horizonte com mais argila (horizonte B) que os horizontes suprajacentes, e um horizonte intermediário entre o A e o B, de coloração mais clara que aquele, atualmente horizonte E. Vários solos identificados no *Levantamento de reconhecimento dos solos do estado de São Paulo* (Bennema et al., 1960) não se ajustavam ao conceito citado, sendo então denominados solos podzolizados Lins e Marília, variações Lins e Marília, e solos podzolizados variação Laras, que correspondem, segundo o SBCS, aos argissolos vermelhos e argissolos vermelho-amarelos, dependendo da cor do horizonte B. Os podzólicos vermelho-amarelos variação Piracicaba correspondem aos argissolos vermelho-amarelos, e uma pequena parte deles, que apresentavam elevada CTC e teores elevados de Al, foram elevados à classe dos alissolos.

Terras roxas estruturadas

São solos com características morfológicas intermediárias entre os podzólicos e os latossolos, e podem ser classificados como alfissols (USA, 1975) ou nitossols (FAO, 1991). O horizonte de identificação não é evidente, e a relação textural B/A é baixa. Por outro lado, o horizonte B apresenta uma estrutura bem desenvolvida, com muitas superfícies brilhantes cobrindo parcial ou totalmente os elementos estruturais. São solos pouco ou muito profundos, bem ou moderadamente drenados, com porosidade média, de cores vermelho-escura ou vermelho-parda. São formados principalmente de rochas básicas, mas podem existir na origem: calcários, ardósias e materiais argilosos (siltitos, folhelhos e argilitos). São comuns em regiões tropicais, subtropicais, em topografias leve ou fortemente onduladas).

Particularidades dos solos originados em ambiente tropical

Nas regiões tropicais úmidas, o intemperismo afeta ao mesmo tempo todos os minerais alteráveis, que são eliminados no horizonte em evolução. Nessas condições, o processo de neoformação é claramente dominante, em direção a um nível constituído essencialmente de minerais secundários, estando ausentes os minerais primários alterados (Figura 8). Por outro lado, esse horizonte apresenta grande espessura, a tal ponto que somente os horizontes superiores são caracterizados pela evolução pedogenética. Em alguns casos, o perfil de alteração é composto por dois subníveis: o superior, onde ocorre o solo pedológico, e o inferior, formados por alteritos.

A experiência de campo tem mostrado que as características geotécnicas e o comportamento de solos lateríticos são profundamente influenciados pelos seguintes fatores:

- gênese e fatores pedogenéticos;
- grau de intemperismo;
- teor e tamanho dos argilominerais.

O termo "grau de intemperismo" é usado de forma abrangente incluindo:

- grau de decomposição;
- enriquecimento em sesquióxidos (ou seja, laterização);
- desidratação (dessecação ou endurecimento).

Esses fatores influenciam e são influenciados pela topografia e condições da drenagem, de tal forma que solos que tenham características mineralógicas e geotécnicas similares podem, com frequência, ser associados a áreas topográficas particulares. O valor prático dessa relação é que através dela podem ser estabelecidas as semelhanças de grupos de solos que ocorrem em áreas diferentes, de tal maneira que atividades de engenharia bem-sucedidas em uma determinada área poderão ser desenvolvidas em solos semelhantes de outro local. Portanto, as características geotécnicas da maioria dos solos formados em ambiente tropical, bem como a sua reação a diferentes agentes estabilizadores, podem ser previstas a partir de informações disponíveis sobre o sistema de intemperismo, gênese e mineralogia, em vez de deduções a partir de dados obtidos em testes empíricos isolados; de certa forma, ensaios podem ser restritos apenas para confirmação de estudos. A engenharia pedológica tem um potencial de aplicação local e regional, e baseia-se inicialmente no conhecimento das rochas e das condições de intemperismo, dos quais se deduz a natureza dos produtos finais, especialmente dos minerais argilosos. Consequentemente, desde que os minerais argilosos exercem grande influência nas propriedades geotécnicas como resistência ao cisalhamento e outras, a pedogênese dos solos e a influência dos fatores pedogenéticos têm importância considerável na engenharia de solos lateríticos.

Verifica-se que a classificação e a avaliação dos solos lateríticos para aplicações em engenharia dependem das considerações simultâneas de todos os principais fatores que influenciam o comportamento das rochas e solos derivados, como:

- tipo de rocha;
- condições de intemperismo;
- origem geológica;
- composições química e mineralógica.

Com essa abordagem de engenharia pedológica verifica-se o vínculo para se fazer previsões e avaliações mais precisas do comportamento de engenharia dos solos lateríticos (Gidigasu, 1976). Grande parte das dificuldades na identificação, classificação e no comportamento dos solos de origem tropical em engenharia civil estão nas inadequações decorrentes dos métodos convencionais de mecânica dos solos utilizados para os solos comuns. De forma geral, a determinação da granulometria e dos limites de Atterberg, a preparação das amostras principalmente por manipulação, podem destruir a história da constituição do solo, não refletindo, portanto, a sua verdadeira formação. Em razão disto, os solos de origem tropical têm sido identificados e avaliados para a engenharia civil considerando-se certas características, como a sensibilidade à secagem e à remoldagem, o potencial de expansão e a autoestabilização, as quais são consideradas as mais apropriadas à definição do comportamento desses solos do que as outras mencionadas (Queiroz de Carvalho et al., 1985).

Características dos solos ligadas à microestrutura

Como já exposto anteriormente, as características do clima – subtropical, quente e úmido – favorecem os processos de alteração ferralítica, principalmente através da hidrólise de minerais do substrato pedogenético, com liberação de sílica e bases, e concentração de sesquióxidos de Fe e Al. Tais processos permitem a formação de perfis com características de latossolos, podzols e terra roxa estruturada. Em termos gerais, predominam solos pedologicamente desenvolvidos, caracterizados por horizontes superiores com alterações pronunciadas dos minerais originais. São solos com horizonte B latossólico e B textural, representados pelas classes pedológicas: latossolo vermelho-escuro texturas média e argilosa; latossolo roxo; terra roxa estruturada; e podzólico vermelho-amarelo textura arenosa média abrúptico e não abrúptico. Podem ser classificados como ferrissols ou solos ferruginosos quando derivados de rochas arenosas; e como solos fersialíticos quando provindos de rochas básicas (Geological Society, 1990) (Quadro 1).

O comportamento geotécnico dos solos de origem tropical está intimamente ligado à lixiviação dos minerais primários. A remoção combinada das bases e principalmente da sílica causa decomposição posterior que finalmente conduz ao desarranjo dos argilominerais alumínio silicatados, e induz à formação de óxidos e sesquióxidos (Gidigasu, 1976). Baixos valores do pH favorecem a precipitação do Fe como um revestimento sobre a caulinita. Alguns desses materiais são mantidos juntos pelo hidróxido de ferro (Greenland et al., 1968). Sesquióxidos de ferro e alumínio que cobrem os constituintes minerais e os ligam dentro das agregações mais grossas, anulam o seu comportamento normal, ao passo que os agregados conferem uma estrutura granular ao solo (Townsend et al., 1971). Estudos petrográficos revelaram que alguns solos lateríticos frequentemente possuem uma estrutura granular porosa, consistindo de argilominerais impregnados com ferro em agregações esféricas minúsculas. A resistência dessas agregações é devida aos filmes dentro das microjuntas das partículas elementares argilosas que cobrem os minerais (Alexander; Cady, 1962; Hamilton, 1964). O papel dos sesquióxidos na formação dos microagregados é em geral como descrito a seguir (Townsend et al., 1971):

- cimentação devido à precipitação dos géis hidratados de ferro e alumínio e a subsequente desidratação irreversível dos materiais;
- presença do Fe em solução, o que evita a defloculação;
- formação de compostos orgânicos de solos húmicos, libertando os sesquióxidos (McIntyre, 1956).

A microestrutura dos solos tropicais lateríticos e saprolíticos pode ser observada pelo microscópio eletrônico, que permite constatar partículas elementares granulares mantidas juntas pelas películas de sesquióxidos, contribuindo para a manutenção da estrutura (Collins, 1985; Figura 11).

A elevada porosidade (> 60%) e baixos teores de umidade dos solos lateríticos têm como resultado que apenas metade de seus vazios estejam preenchidos com água, fazendo-os suscetíveis ao colapso quando submetidos a carregamentos; e, como resultado da lixiviação, observa-se alta permeabilidade inicial, que assume valores normais após compactação. O fenômeno da sucção em solos parcialmente saturados confere a eles a capacidade de suportar altos taludes, os quais podem tornar-se repentinamente instáveis sob saturação durante chuvas torrenciais (Dearman et al., 1989). A importância dessa saturação parcial na resistência efetiva e no colapso é intimamente ligada às características de erodibilidade, dispersão, e ao comportamento colapsível potencial para os ferrissolos, solos ferruginosos e solos fersialíticos (Geological Society, 1990; Quadro 1).

Figura 11: Níveis elementares e em grupos da organização estrutural de solos (Collins, 1985, modificado)

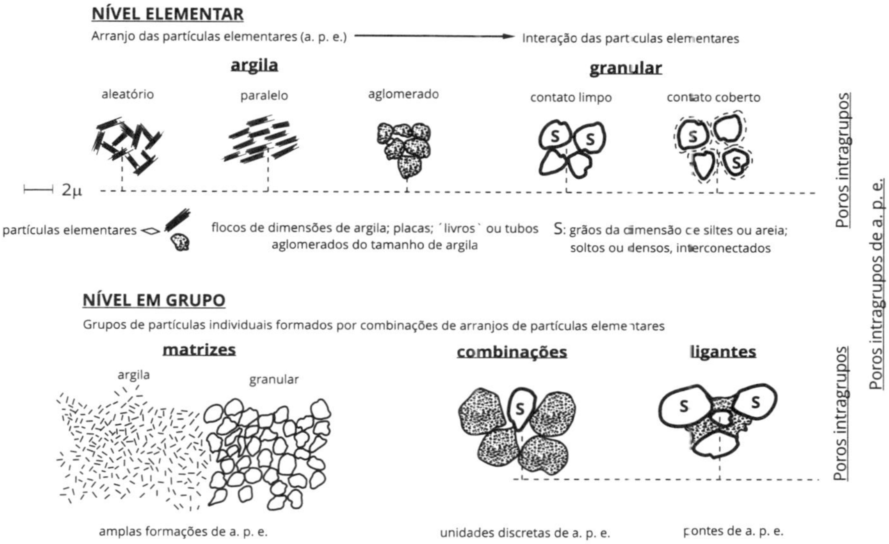

Para a compreensão do comportamento dos solos lateríticos é necessário o exame não apenas de sua granulometria, plasticidade e porosidade, mas também conhecer-se um índice que informe algo sobre a natureza do argilomineral presente. Nesse sentido, o uso do índice de atividade de Skempton (1953), associado ao gráfico da plasticidade, permite inferir sobre a atividade da fração argila e classificar o solo de forma mais correta. Características de alta plasticidade e expansividade estão ligadas à montmorilonita, enquanto baixas plasticidade e expansividade estão associadas à caulinita (Vargas, 1974, 1982, 1992). No que se refere a serem colapsíveis, esse autor (ibid.) esclarece que deve ser considerada como propriedade de estado dos solos de origem tropical, já que podem perder completamente essa característica quando compactados num estado denso.

Cruz (1987) afirma que os estudos realizados até o momento, que abordam teorias ou hipóteses de formulações teóricas sobre o comportamento desses solos, ainda não são em número que permita uma abordagem consistente delas. O autor (ibid.) registra que a "estrutura" das várias formações dos solos num perfil típico resulta do processo de intemperismo, principalmente químico, associado à lixiviação e à laterização. Argumenta que a "estrutura" dos solos tropicais tem muito mais a ver com as ligações entre as partículas, portanto com sua história química, ou seja, com o resultado do intemperismo, e que os eventos das tensões pregressas às quais o solo estava sujeito na sua evolução têm pouca expressão na sua estrutura atual e nas suas características geotécnicas. Isto marca a diferença fundamental dos solos dominados por uma história de tensões, típica das formações sedimentares. Destaca ainda o autor (ibid., 1987) que, nas estruturas possíveis dos solos citados, há que se distinguir uma macroestrutura formada de "grumos", ou seja, partículas aglutinadas de solos argilosos ou arenosos, e de grãos de areia (quartzo) de resistência e/ou estabilidade diferentes, sendo os primeiros precariamente "estáveis" por efeitos cimentícios (óxidos de ferro e alumínio) e os últimos estáveis por serem granulares e resistentes, resultando então sua elevada permeabilidade, devida aos macroporos. Enfatiza ainda que o fenômeno do colapso está intimamente ligado ao estado de tensões às quais o solo está submetido e ao incremento da saturação. O estado estável ou metaestável dos solos "porosos" depende fundamentalmente da estabilidade ou fragilidade dessas ligações. Quando o solo passa da condição metaestável para a condição estável, geralmente associada a um "colapso" de sua estrutura, a "permeabilidade", devida aos macroporos, se reduz a valores compatíveis com uma estrutura "desestruturada", onde os poros passam a ter condição de "porosidade mais uniforme". Da mesma forma, a resistência ao cisalhamento e a compressibilidade desses solos são influenciadas pela sua estrutura. Dessa maneira, evidentemente, o comportamento deles no que se refere à estabilidade de taludes, na compactação para aterros, e a sua suscetibilidade à erosão reflete as peculiaridades de sua organização estrutural.

Corroborando a argumentação anterior, Dias e Santos (1995) e Dias e Gasparin (1986) discorrem sobre a influência de macroestrutura originada pelos processos pedogênicos nas propriedades mecânicas dos solos de origem laterítica no Sul do Brasil. Afirmam que as características de resistência desses solos não se relacionam à rocha de origem, tamanho das partículas ou plasticidade, e que aqueles com maior resistência e menor compressibilidade têm uma macroestrutura de "blocos" subangulares. Cada "bloco", independentemente, tem uma dureza razoável, que o faz comportar-se como uma partícula. O desempenho desses solos depende mais desses "grumos" do que das partículas individuais. Esses autores registram que os solos lateríticos apresentam, no estado natural, uma microestrutura formada de agregados. O comportamento indeformado de tais solos depende do tamanho e do grau de desenvolvimento de tais agregados. Uma maneira para se quantificar a macroestrutura é através do ensaio de estabilidade de agregados usando-se o método do peneiramento imerso em água, a partir do qual se determina o Diâmetro Médio Ponderado. Constata-se que há uma tendência de proporcionalidade entre esse parâmetro e a coesão obtida em ensaios de cisalhamento direto inundados e a pressão virtual de pré-adensamento. Dias (1986) esclarece que os solos lateríticos sofreram processos de lixiviação, em função de sua origem, em que certa quantidade de sílica e cátions foi removida, resultando concentrações de óxidos de ferro e alumínio e de minerais de argila do grupo das caulinitas. Uma maneira de expressar esse processo de laterização é através da relação molecular sílica/sesquióxidos, que deve ser < 2 nos solos lateríticos. A autora (ibid., 1986) também se refere à questão da compressibilidade dos solos citados, observando-se grandes deformações com pequenos acréscimos de carga. Tal compressibilidade geralmente ocorre depois do carregamento, por serem parcialmente saturados, mas também tem grande influência o fato de serem bem drenados, com coeficiente de permeabilidade apreciável entre 10^{-3} e 10^{-5} cm/s. Registra também que esses solos são colapsíveis, ou seja, sofrem recalques adicionais com a inundação, o que depende basicamente de o solo estar parcialmente saturado, do nível de tensões para o colapso e do rompimento dos agentes cimentantes, podendo ainda influir o índice de vazios e baixos valores dos teores de umidade.

Vargas (1988) conclui que a colapsividade é um fenômeno peculiar a alguns solos "porosos" que ocorrem no Centro/Sudoeste do Brasil, num horizonte laterítico de solos tropicais. Mesmo que esse fenômeno dependa da natureza laterítica dos solos, deve ser considerado como um seu estado, já que o mesmo solo pode perder completamente essa propriedade, se compactado num estado denso. Para que a colapsibilidade aconteça, são necessárias as seguintes condições:

- uma estrutura não saturada, aberta e potencialmente instável;
- um valor suficiente alto da tensão aplicada, para causar uma situação favorável de colapso.

Collins (1985) relata que as estruturas dos solos tropicais podem ser estudadas pela utilização do microscópio eletrônico. Para tanto, sugere que alguns esclarecimentos são necessários, relativamente aos termos "microestrutura" e "*microfabric*". A microestrutura refere-se ao arranjo espacial, à distribuição das partículas no solo e aos espaços associados. O *microfabric* é a composição mineralógica e as forças entre as partículas. A base desse esquema foi desenvolvida inicialmente por Collins e McGown (1974) para solos transportados. Posteriormente, foi expandida por Collins e McGown (1983) e em seguida adaptada para estudos de solos saprolíticos e lateríticos. O esquema considera três níveis de organização (Figura 11):

- nível elementar, para materiais granulares, que é o caso dos sedimentos cenozoicos estudados neste trabalho, os arranjos podem caracterizar: a) contatos grão a grão e b) contatos revestidos pelo cimento. Nesse caso, o material fino (argila ou sesquióxido) pode cobrir os grãos de maneira uniforme ou guarnecer os grãos nas vizinhanças dos pontos de contato. Para os dois tipos citados, os grãos podem ser fracamente ou fortemente ligados pelo cimento;
- nível de agrupamento, um grande número de partículas pode combinar-se para formar diversos tipos de partículas agrupadas. Há unidades de organização de partículas com fronteiras físicas bem definidas, podendo ser identificados três tipos: a) matrizes; b) agregações e c) conectores. Ocorrem poros dentro e entre os agrupamentos;
- nível composto consiste na combinação de diversos agrupamentos individuais de diversas maneiras, originando um *microfabric* composto.

O significado da pedogênese na engenharia de solos lateríticos

Gidigasu (1976) argumenta que a experiência de campo tem mostrado que as características geotécnicas e o comportamento de solos lateríticos são profundamente influenciados por:

- seu modo de formação (gênese);
- suas características morfológicas;

- seu grau de intemperismo;
- sua composição mineralógica.

Todos esses fatores podem ser relacionados ao sistema de intemperismo determinado pelo efeito conjugado dos fatores pedogenéticos:

- material original;
- clima;
- vegetação etc.

A engenharia pedológica, que tem um potencial de aplicação local e regional, inicia-se com o conhecimento das rochas e das condições de intemperismo, dos quais se deduz a natureza dos produtos finais, especialmente dos minerais argilosos. Consequentemente, como os minerais argilosos exercem grande influência nas propriedades geotécnicas, por exemplo resistência ao cisalhamento e outras, a pedogênese dos solos lateríticos e a influência dos fatores pedogenéticos têm importância considerável na engenharia de solos lateríticos. As características geotécnicas e o comportamento no campo dos mesmos podem ser interpretados considerando-se os seguintes parâmetros:

- gênese e fatores pedogenéticos;
- grau de intemperismo;
- teor e tamanho dos argilominerais.

O termo "grau de intemperismo" é usado de forma abrangente incluindo:

- grau de decomposição;
- enriquecimento em sesquióxidos (ou seja, laterização);
- desidratação (dessecação ou endurecimento).

Verifica-se que o progresso na classificação e avaliação dos solos lateríticos para aplicações em engenharia depende das considerações simultâneas de todos os principais fatores que influenciam o comportamento das rochas e solos derivados, como:

- tipo de rocha;
- condições de intemperismo;
- origem geológica;
- composições química e mineralógica.

Com essa abordagem de engenharia pedológica configura-se o vínculo para se fazer previsões e avaliações mais precisas do comportamento de engenharia dos solos lateríticos (Gidigasu, 1976).

Cruz e Marinho (1995) registram que a estrutura de colúvios, solos lateríticos e saprolíticos é totalmente dominada pela formação dos mesmos. Uma combinação de vários fatores é responsável por diferentes tipos de estrutura, por exemplo: a lixiviação; a laterização; a perda de massa; a deposição de sílica, carbonatos, hidróxidos, óxidos de ferro; a matéria orgânica; a recristalização de minerais; as trocas nas camadas de água adsorvida; as forças entre partículas argilosas; a presença de estruturas remanescentes de rochas de origem em solos saprolíticos. Os autores (ibid., 1995) descrevem as seguintes feições:

- solos porosos (altos índices de vazios). Os poros de grandes dimensões são interconectados e preenchidos com ar. A permeabilidade ao ar é alta, e a pressão do ar é a atmosfera;
- partículas de silte e argila formam aglomerados, cujo tamanho varia de 0,01 mm a mais de 0,1 mm;
- a presença de argila entre silte e areia é descrita por muitos autores como: matriz de argila, pontes, conectores, suportes, pencas e aglomerados, entre outros;
- a distribuição dos espaços vazios é desuniforme nos solos naturais. A diferença em espaços vazios é refletida na permeabilidade à água do solo. Para amostras com o mesmo índice de vazios inicial, em condições naturais, não compactadas e compactadas, mas não saturadas e saturadas, o coeficiente de permeabilidade varia de 100 a 1.000 vezes, o que se justifica pela desuniformidade dos espaços vazios nas amostras. A desuniformidade dos espaços porosos no solo persiste no solo em ambiente não saturado, mesmo quando saturado;
- a capacidade da argila em reter água mantém o grau de saturação alto nos aglomerados;

- o grau de saturação do solo é muito variável dentro da estrutura do solo. Entretanto, aglomerados de argila podem permanecer saturados ou muito próximo da saturação, mas o solo como um todo pode ter um grau de saturação da ordem de 30% a 40%. Ocorre grande diferença no grau de saturação;
- fotomicrografias e imagens de microscopia eletrônica de colúvios e solos saprolíticos e lateríticos confirmam a existência de poros não uniformes e a presença de conectores de argila e silte ao redor de partículas arenosas.

Colúvios, solos lateríticos e saprolíticos são geralmente instáveis. A estrutura dos solos reflete-se em comportamentos colapsível, expansivo e cimentado que eles apresentam.

Implicações do comportamento particular dos depósitos cenozoicos no estado natural, em engenharia civil

Colapsibilidade

Vilar e Ferreira (2015) esclarecem que os primeiros registros de colapso são de solos *loess*, de origem eólica. Com a crescente ocupação territorial no mundo, outros solos com baixa densidade e não saturados na Califórnia, na África do Sul e na América do Sul mostraram-se colapsíveis, concluindo-se que o fenômeno pode ocorrer com qualquer tipo de solo, inclusive nos mal compactados, desde que não saturados e com baixa densidade. Os autores (ibid., 2015) argumentam que critérios para a identificação dos solos colapsíveis seguem alguns critérios regionais para a determinação de ocorrências de solos ou regiões, a partir de conceitos empíricos ou de testes rápidos, critérios baseados em limites de consistência ou nas condições de compacidade do solo natural. Outros critérios empregam ensaios edométricos simples e duplos ou ensaios *in situ* como o expansômetro-colapsômetro, desenvolvido para essa finalidade. Vilar e Ferreira (2015) comentam vários critérios que buscam indicar indiretamente a compacidade do solo através do índice de vazios ou umidade de saturação. Entre eles citam-se Denisov (1951), Gibbs e Bara (1962); De Mello (1973), e Vilar e Rodrigues (2007).

O autor (ibid., 2015) apresenta também uma tabela com os critérios de identificação de solo colapsível.

Vargas (1973) refere-se a solos porosos que recobrem extensas áreas do Brasil meridional, estruturalmente instáveis, responsáveis pelo recalque de fundações, devido à saturação pela percolação de água ou vazamentos em encanamentos de esgotos, bem como devido à subida do lençol freático e mesmo por fenômenos capilares. Esse autor (ibid., 1973) observou que uma camada de solo poroso que cobre as camadas terciárias cenozoicas na cidade de São Paulo, submetida a uma pressão de 1 kg/cm^2, pode sofrer recalques de cerca de 3% de sua espessura; e que, sob saturação, pode ocorrer um recalque adicional da ordem de 5% da espessura da camada, totalizando, portanto, 8%. Em função disso, Vargas (1982) previne que um solo deverá ser reconhecido em primeiro lugar como poroso e de baixo teor de umidade, para em seguida ser denominado de colapsível, pois basta que o cimento seja suficientemente forte para impedir o colapso.

Vargas (1988) conclui que a colapsividade é um fenômeno peculiar a alguns solos "porosos" que ocorrem, por exemplo, no Centro/Sudoeste do Brasil, num horizonte laterítico de solos tropicais. Mesmo que ela dependa da natureza laterítica dos solos, deve ser considerada como um estado deles, já que o mesmo solo pode perder completamente essa propriedade, se compactado num estado denso. Para que a colapsividade aconteça, são necessárias as seguintes condições:

- uma estrutura não saturada, aberta e potencialmente instável;
- um valor suficiente alto da tensão aplicada, para causar uma situação favorável de colapso.

Em estudo com sedimentos cenozoicos da região de São Carlos (SP), Vilar (1979) corrobora as características supra, registrando que eles são, nas condições naturais, muito porosos, pouco densos, facilmente erodíveis e colapsíveis quando carregados e inundados. Entretanto, quando compactados, mostram qualidades mecânicas e hidráulicas favoráveis às aplicações em engenharia civil.

Nogueira et al. (1985) confirmam a colapsibilidade de solos tropicais, estudando um solo arenoso da região de São Carlos, com 70% de areia, 9% de silte e 21% de argila na sua composição granulométrica, não muito denso, muito poroso (e = 0,84) e altamente compressível quando inundado sob pressão. Registraram recalques de 4,36 mm, correspondendo a 42,8% do recalque total, para pressões de 0,08 MPa. A primeira inundação é a mais crítica e representa 39,5% do recalque total. Para pressões maiores que 0,08 Mpa, o recalque total da amostra inundada foi de 5,21 mm, representando 51,1% do recalque total.

Jennings e Knight (1957) avaliaram o colapso em ensaios de adensamento seja na umidade natural, seja com amostra inundada antes do primeiro carregamento, cujos resultados permitiram calcular o que chamaram de potencial de colapso (PC), onde se relacionam os índices de vazios, a deformação volumétrica específica e altura do corpo de prova até a tensão considerada sob umidade natural antes da inundação, e o índice de vazios, a deformação volumétrica específica e altura do corpo de prova em função da inundação. Com base nos valores de PC, Abelev (1948) classificou como solos colapsíveis aqueles que apresentam valores superiores a 2%; Vargas (1973) utilizou o mesmo critério, com a diferença de não ter restrições às tensões de inundação. Em Vilar e Ferreira (2015), vê-se a classificação proposta por Jennings e Knight (1975) indicando a gravidade dos problemas nas edificações e a classificação de Lutenegger e Saber (1988) indicando o grau de severidade do colapso.

Exemplo de solos arenosos colapsíveis são registrados por Menezes et al. (2001) na região de Ilha Solteira (SP) (Planalto Ocidental Paulista). Os autores (ibid.) estudaram esses solos, caracterizados como colapsíveis, altamente porosos, com baixa percentagem de saturação. Constituem depósitos com espessura entre 8 m e 15 m, tendo sido fortemente laterizados, principalmente em razão do ambiente tropical onde ocorrem, com estações secas e chuvosas bem definidas, que provocam contínua lixiviação de sais e óxidos solúveis, cuja concentração se dá em camadas de seixos na base dos depósitos, na forma de grânulos de limonita. Menezes et al. (ibid., 2001) relatam que na região ocorrem rochas do Grupo São Bento, constituídas pelos arenitos das formações Botucatu e Piramboia e pelos derrames de basaltos da Formação Serra Geral. Acima dessas formações, aparecem conglomerados e arenitos do Grupo Bauru, e mais acima as coberturas dos depósitos cenozoicos. Os autores (ibid.) descrevem os depósitos como coluviões, com espessura de até 11 m, onde a colapsibilidade ocorre. A umidade no terço superior, muito variável durante o ano, é de 3% a 9%, tornando-se mais constante pela profundidade, com valores de 4% a 7%. Em profundidades baixas, a compressibilidade é elevada, bem como a permeabilidade: $k_{20} = 10^{-3}$ cm/s, a resistência à penetração nas sondagens a percussão é baixa (SPT < 4 golpes), a capacidade de carga é pequena (ρ_{adm} < 50 kPa), e a colapsibilidade chega a 15% (apud Vargas, 1978). Menezes et al. (ibid., 2001) realizaram ensaios de simples caracterização: identificação e caracterização, e especiais: oedométricos com saturação prévia da amostra e com saturação da amostra em níveis de carregamento. Esses últimos visavam quantificar a colapsibilidade e seus efeitos em fundações, e consistiram de adensamento de corpos de prova sem inundação, inundados sob carga nula (ensaios duplos), ensaios com inundação em determinado nível de carga até 3,6 kPa, sendo posteriormente descarregados em três estágios. Em outros ensaios, com inundação sob diversos níveis de pressões, medindo-se então a porcentagem de colapso que ocorria. Concluída a inundação, foram medidas as permeabilidades (k_{20}) para se avaliar a sua variação com o índice de vazios. O coeficiente de adensamento (c_v) foi obtido pela relação teórica U × TV, tendo-se utilizado o TV_{50} onde:

U = porcentagem de adensamento;
TV_{50} = fator tempo para 50% do adensamento;
T_{50} = tempo necessário para a estabilização da deformação em cada estágio do carregamento, correspondente a 50% do adensamento.

Estabilidade de taludes

A instabilidade de taludes e as consequentes providências para a estabilização apresentaram, em meados do século passado, um sensível aumento no conhecimento da fenomenologia para a solução dos problemas enfrentados. A evolução tecnológica representada por equipamentos de ensaios mais sofisticados e métodos de interpretação de resultados mais precisos, aliados à intensidade de obras de engenharia, foram os catalisadores do desenvolvimento. Abertura de túneis, taludes de mineração apresentavam e apresentam toda uma gama de problemas de instabilidade, à espera de soluções. Tem sido considerável a contribuição dos pesquisadores, cientistas e técnicos com relação ao tema. Em nível internacional destacam-se, dentre muitos outros, trabalhos como os de Hoek (1971); Hoek e Bray (1974); Patton e

Deere (1970, 1971); Patton e Hendron Jr. (1974). No Brasil, autores como Ruiz (1974); Guidicini e Nieble (1983); Santos (1981); Nieble et al. (1978, 1974); Kanji (2006), e outros, apresentam estudos sobre a matéria. Alguns acontecimentos trágicos no Brasil, como instabilidade de encostas ocorridas em áreas de risco, com ocupação desordenada, em São Paulo (Serra do Mar), em Minas Gerais e no Nordeste, têm provocado o interesse de estudos de movimentos de massa, que envolvem, quase sempre, solo de alteração de rocha e rocha alterada. Com relação aos Depósitos Cenozoicos, apesar da sua grande abrangência, os estudos existentes ficam aquém do necessário, mesmo considerando-se a existência de muitas obras de vulto, particularmente cortes para implantação de rodovias e ferrovias.

As questões relativas à estabilidade de taludes rochosos abrigam-se na Mecânica das Rochas, e, embora não sejam do escopo deste livro, acreditamos que sua menção seja necessária, visto a sua importância e que, de alguma maneira, haja alguma analogia do ponto de vista físico, para a análise da fenomenologia dos movimentos de massa em solo.

O grau de instabilidade de um talude será maior quanto menor for a relação entre a resistência ao cisalhamento e as tensões cisalhantes ao longo de uma superfície potencial que permita haver movimentos de massa. Portanto, os agentes que provocam a instabilidade são aqueles ligados à diminuição da resistência e/ou ao aumento das tensões de cisalhamento (Gaioto; Queiroz, 1992). O grau de instabilidade de um talude será maior quanto menor for a relação entre a resistência ao cisalhamento e as tensões cisalhantes ao longo de uma superfície potencial que permita haver movimentos de massa.

Wolle (1985) relata que a estabilidade de taludes naturais, cortes e escavações é um dos campos da engenharia nos quais a influência do meio ambiente físico é particularmente relevante. Por essa razão, as características locais e regionais interagem, particularmente no ambiente tropical, cujos solos, assim chamados "solos tropicais", apresentam um comportamento peculiar.

Entre os fatores que determinam a evolução de taludes naturais e a estabilidade de cortes e escavações, os geológicos são os mais importantes. Para os solos tropicais, não apenas fatores geológicos são importantes, mas também os efeitos do clima e do intemperismo. Kanji (1974) e Wolle (1985) classificam tais fatores em três grupos principais:

- mineralógicos: derivados da natureza da matriz mineralógica e da natureza mineralógica, como resistência da matriz, sua alterabilidade, erodibilidade e anisotropia (bandeamento, estratificação); a presença de minerais expansivos, como consequência originando o intemperismo diferencial;
- tectônicos: feições estruturais que representam planos de fraqueza das rochas, muitas vezes preservadas nos saprólitos, como: falhas, diaclases, xistosidades, cuja posição espacial são importantes na determinação da estabilidade contra escorregamentos e equilíbrio de blocos;
- fatores climáticos e evolução pedológica.

Wolle (1985) afirma que fatores de natureza climática afetam massas de solos, mudando suas formas e constituintes, algumas vezes elevando o potencial de ruptura de fatores geológicos, outras vezes diminuindo-os, e podendo ainda criar novos condicionantes para a estabilidade dos taludes. No ambiente tropical, a contribuição desses fatores é mais intensa e mais importante para o comportamento de taludes naturais e de escavação. Pode-se agrupá-los como "fatores preparatórios", quando os efeitos do clima forem considerados no intemperismo ou nos processos de laterização; e "fatores catalisadores", no que se refere à influência da chuva, do vento, ou mesmo das variações repentinas de temperatura, na instabilidade dos taludes:

- Intemperismo

Nos ambientes tropicais, os intemperismos químico e bioquímico têm mais influência do que em climas temperados e frios, onde prevalece o intemperismo químico, e os solos – sedimentares, eólicos, glaciais – são de origem predominantemente transportada. Ao contrário, nos ambientes tropicais, notam-se mantos de intemperismo espessos, compostos por solos saprolíticos e saprólitos, ou outros materiais resultantes, como solos coluviais ou depósitos de talus, que podem apresentar muitas características remanescentes de solos saprolíticos originais. Por exemplo, em grande parte das montanhas brasileiras do Brasil meridional, ocorrem solos superficiais porosos submetidos a processos de laterização.

- Evolução pedológica

Wolle (op. cit.) afirma que a evolução pedológica compreende os efeitos químicos, físicos e biológicos nos chamados "solos pedologicamente desenvolvidos" dos horizontes superficiais da crosta terrestre nos ambientes tropicais, geralmente onde os fatores climáticos, como a associação de altas temperaturas e alta pluviosidade, são mais intensos, envolvendo maior espessura das camadas de solos. Portanto, os horizontes pedologicamente desenvolvidos constituem o interesse não somente dos agrônomos, mas também dos engenheiros civis, por envolverem cortes e escavações em terrenos naturais. Dos fenômenos de evolução pedogenética, a laterização é um fator de maior importância, não apenas na formação de solos lateríticos, mas também na formação de carapaças e concreções lateríticas. Estudos sobre taludes naturais e escavações em solos lateríticos têm evidenciado a ocorrência de horizontes muito espessos desses solos, nos quais aparecem, muitas vezes, finas camadas irregulares de partículas arenosas aglutinadas por cimento ferruginoso, muito importantes nos processos de instabilidade, pois definem superfícies mais rígidas dentro da massa de solo, podendo causar ainda anomalias hidrogeológicas, conforme observado muitas vezes em escorregamentos em taludes naturais. Wolle (op. cit.) refere-se a Vargas (1971, 1974, 1981), que relata horizontes superficiais lateríticos arenosos com lentes de argila, sempre muito porosos, em cortes altos e íngremes, com macroporos visíveis, de baixa densidade natural. Frequentemente são insaturados e estáveis, mas, uma vez alcançados pelas flutuações do nível d'água, saturaram-se, vindo a comportar-se como solos arenosos de baixa coesão. Muitas vezes apresentam-se colapsíveis, quando submetidos a carregamentos externos. O autor (op. cit.) cita De Mello (1972) e Vargas (1971, 1981), que registram ocorrências nas fundações de edifícios; Pinto (1978), em barragens; Wolle et al. (1981), Benvenuto (1982), Koshima (1982), em canais. Portanto, com o significante aumento do grau de saturação, taludes em solos lateríticos superficiais podem romper, evoluindo para corridas de lama, devido ao comportamento colapsível.

- Efeitos térmicos

Wolle (1985) afirma que tais efeitos resultam do choque térmico devido às diferenças entre as temperaturas diurnas e noturnas, causando dilatações e contrações nas coberturas dos taludes. O autor (1981) associa tais fatores aos movimentos de rastejo na Serra do Mar, provocados pelas dilatações e contrações em materiais friáveis como rochas fissuradas, mas que ocorrem também em saprólitos (Wolle, 1980).

- Pluviometria

A água de chuva que se infiltra nos solos e flui dentro dos taludes é um dos principais agentes de instabilidade de taludes através de:

- poropressões de percolação ou forças de percolação;
- pressões hidrostáticas originadas por pressões temporárias da água nas fissuras e descontinuidades nos taludes de solos saprolíticos com texturas remanescentes das rochas originais;
- erosão superficial e interna causada pela água sobre os taludes e internamente aos mesmos;
- redução da sucção em solos parcialmente saturados, devido à redução de parte da resistência ao cisalhamento, chamada usualmente de "coesão aparente".

- Efeitos da vegetação e desflorestamento.

Wolle (1985) afirma que os efeitos da cobertura vegetal na estabilidade de taludes são concretos, porém o assunto não tem sido objeto de pesquisas, particularmente no que se refere aos países tropicais. Os estudos existentes relativamente aos ambientes tropicais enfatizam aspectos ecológicos, sem um aprofundamento de uma abordagem geotécnica. O autor (ibid., 1985) refere-se ao trabalho de Prandini et al. (1976), que estudaram com algum detalhe a interação vegetação/agentes hídricos, ressaltando o chamado "balanço hídrico", que significa a repartição de cada parte da água que cai sobre áreas cobertas de vegetação.

Com relação aos perfis de intemperismo, Wolle (1985) registra que sua caracterização nos taludes é fundamental quando se estuda a estabilidade destes e os fatores que a condicionam. Há muitas propostas geradas de estudos das características desses perfis, as maneiras como os horizontes se relacionam, suas particularidades e, evidentemente, os sistemas de classificação correspondentes. Entre esses, o "Relatório sobre o estado da arte" (Patton; Deere, 1970) seguramente é um dos mais completos, e os autores comparam vários sistemas classificatórios, além de apresentarem sua proposta própria, na qual tentam ordenar e agrupar os vários estudos precedentes. O autor (ibid., 1985) afirma que Vargas (1953) apresentou uma primeira classificação e caracterização de perfis típicos de intemperismo em rochas gnáissicas, basaltos e arenitos, classificação esta revisada, melhorada e reformulada em ocasiões subsequentes (Vargas, 1971, 1974, 1985). Neste trabalho, citam-se a proposta de Vargas (1985), a partir de sua leitura especial durante a I International Conference on Geomechanics in Tropical Lateritic and Saprolitic Soils, e de Vaz (1996) sobre o mesmo tema. Vargas (ibid., 1985) afirma que solos lateríticos e lateritos ocorrem nos trópicos em áreas enormes, mas, por outro lado, em regiões montanhosas, esses materiais se constituem em camadas pouco espessas, de maneira que os problemas de instabilidade ocorrem nos materiais subjacentes. Esse fato é evidenciado em fenômenos erosivos, em inúmeros cortes nos traçados de rodovias e ferrovias, onde os solos lateríticos superficiais permanecem intactos, enquanto os solos residuais subjacentes são fortemente afetados pela erosão. O alívio de tensões nas estruturas remanescentes da rocha original, nos saprólitos e nos solos saprolíticos de parte da massa de solo, ou zonas menos resistentes relativamente ao conjunto do material, tais como falhamentos e zonas de juntas, preenchidas ou não, com ou sem estrias, os diques e outras intrusões, faixas de profunda alteração ao longo de contatos ou fraturas, contatos litológicos e estratificações deposicionais, influenciam, sem dúvida, na estabilidade dos taludes, se posicionados em padrões favoráveis a essa estabilidade. Há casos em que é possível detectar antecipadamente a ocorrência de escorregamentos condicionados pelas estruturas remanescentes da rocha original, o que se torna economicamente justificável. Entretanto, muitas vezes o padrão espacial das estruturas não favorece a previsão, devido ao fato de que a campanha de investigações é elaborada de forma deficiente, em função de economia orçamentária, sendo então percebida a presença das estruturas remanescentes, apenas pelos seus efeitos deletérios. Vargas (ibid., 1985) refere-se a alguns trabalhos sobre influência das estruturas remanescentes, como o escorregamento de um talude na Hidroelétrica de Furnas (Queiroz, 1965); o deslizamento do túnel TA-7 na rodovia dos Imigrantes em 1974, e os escorregamentos na rodovia dos Bandeirantes (SP, Brasil), analisados por Wolle (1980); escorregamentos remontantes em estruturas reliquiárias de saprólitos (Nieble et al., 1982); diversos escorregamentos em estruturas remanescentes em taludes de corte em rodovia (Latorre; Barroso, 1984); notáveis escorregamentos em perfis basálticos (Marques Filho et al., 1981).

Gidigasu (1976) registra que deslizamentos ocorrem quando os solos superficiais passam de insaturados a saturados, e as tensões devidas às poropressões diminuem, diminuindo consequentemente a resistência do solo. O autor (ibid., 1976) cita Lumb (1962), que descreve escorregamentos em rochas vulcânicas de Hong Kong, onde foram registrados casos de diminuição da coesão até zero, com a saturação total. Este autor sugere que a maior influência da instabilidade de taludes é a variabilidade das propriedades do solo. Escorregamentos são frequentes em solos de granulação fina, e a presença ou ausência de camadas superficiais oxidadas têm um efeito pronunciado na ocorrência dos mesmos, porque a baixa permeabilidade delas limita a infiltração da água e dificulta a diminuição da coesão. Dessa maneira, havendo manchas arenosas em uma matriz de solo, ou planos de juntas remanescentes com forte inclinação, observam-se amplas variações no coeficiente de segurança ao longo do comprimento de um corte. Aparentemente, resultados simples não se mostram suficientes para o projeto de um talude, e cada caso deverá ser tratado de maneira particular. A profundidade da umidade é um fator de controle para a estabilidade de cortes em solos saprolíticos e lateríticos, e acredita-se que a forma mais prática para se assegurar a estabilidade de um talude é limitar a profundidade da umidade prevenindo-se contra a infiltração, construindo-se para isto uma camada superficial impermeável. Aparentemente, a heterogeneidade de rochas alteradas e solos lateríticos em ambiente tropical com frequência torna mais difícil análises realísticas da estabilidade de taludes nesses materiais. As previsões da estabilidade são, além disso, complicadas por fatores como grau de intemperismo, erosão superficial e endurecimento ou amolecimento de alguns cortes recém-realizados.

A influência positiva da presença dos sesquióxidos tem sido observada na estabilização dos solos lateríticos. Essa influência revela-se na presença dos horizontes lateríticos, em geral mais estáveis do que as zonas de rochas decompostas pálidas e mosqueadas, menos enriquecidas pelos sesquióxidos. Essa conclusão deve-se ao fato de que taludes verticais endurecidos e estabilizados em solos lateríticos, altamente dissecados, podem suportar condições climáticas adversas pela desidratação dos óxidos de ferro hidratados na superfície recém-escavada, o que os faz razoavelmente impermeáveis à penetração da água e à saturação. Estudos realizados na África Ocidental sugerem que cortes de até 4,5 m em solos lateríticos com pedregulhos endurecidos podem ser estáveis com inclinações entre 60° e 80°. Em taludes mais altos, entre 4,5 m e 7,5 m, a inclinação cai para 50° a 60°; e cortes de até 4,5 m em solos lateríticos argilosos de marga[4] são estáveis com ângulos entre 50° e 60°, e para cortes de alturas maiores, taludes são estáveis com ângulos entre 35° e 50°.

Erosão

A erosão consiste em um conjunto de processos pelos quais os materiais da crosta terrestre são desagregados, dissolvidos ou desgastados, e transportados de um lugar para outro pelos agentes erosivos, como geleiras, rios, mares, ventos e chuva. Constitui-se em um processo natural de desenvolvimento da paisagem, podendo ser lenta e contínua, e, nesse caso, as modificações dos processos erosivos normalmente apenas serão perceptíveis após longos períodos. Tem-se observado o aumento da intensidade erosiva pela interferência do homem. Várias consequências dos processos erosivos verificam-se na redução das áreas agricultáveis, a degradação e a contaminação de cursos d'água, e a perda ou comprometimento de bens públicos, entre os quais podem ser citados o assoreamento de reservatórios de barragens para abastecimento público de água, ou mesmo para a produção de energia elétrica, com todos os prejuízos sociais e econômicos decorrentes. As boçorocas ou voçorocas são processos erosivos frequentes em áreas de sedimentos arenosos como os pertencentes ao Grupo Bauru, à Formação Botucatu, aos níveis arenosos do Grupo Tubarão, à Formação Serra Geral e às bacias terciárias e sedimentos quaternários em certas bacias costeiras (Prandini, 1974). São ravinas profundas de erosão, que se originam preferencialmente ao longo das linhas de drenagem, desenvolvendo-se seja em solos coluviais e aluviais, seja em solos residuais, em encostas naturais (Iwasa; Prandini, 1980). Vilar e Prandi (1992) afirmam que as partículas deslocadas pela erosão podem depositar-se em qualquer lugar, provocando assoreamento de cursos d'água

4 Marga é uma rocha sedimentar constituída por argila e carbonato de Ca ou Mg em proporções variadas (ABGE, 2012).

e de reservatórios de barragens. Provocam ainda a redução de áreas potencialmente agricultáveis, a degradação e a contaminação de cursos d'água, e a perda e o comprometimento de bens públicos, com prejuízos sociais e financeiros decorrentes. De acordo com os autores (ibid., 1992), a importância e a complexidade da evolução e do controle das boçorocas têm originado inúmeras pesquisas e trabalhos, dentre os quais podem ser citados, dentre outros: Prandini et al. (1974); Iwasa e Prandini (1980); Rodrigues (1982); Rodrigues e Vilar (1984); Instituto de Pesquisas Tecnológicas de São Paulo (IPT, 2012, 2017); Ponçano e Prandini (1987); Departamento de Águas e Energia Elétrica de São Paulo (Daee, 1989); e a Associação Brasileira de Geologia de Engenharia e Ambiental (ABGE), com os trabalhos sobre controle de erosão.

Silva (1985) relata que os detalhes dos fenômenos da erosão por água e processos consequentes envolvendo solos tropicais lateríticos e saprolíticos constituem um assunto complexo, devido:

- à grande variedade dos solos lateríticos e saprolíticos, alguns dos quais praticamente imunes à erosão, enquanto outros são altamente erodíveis, comportamentos registrados frequentemente ao longo de perfis naturais. Essa escala ampla de comportamentos possíveis dá-se em função de um conjunto de fatores dos solos em seu estado natural, como: granulometria, coesão entre os elementos constituintes, permeabilidade, grau de saturação, anisotropia, dentre outros;
- variações consideráveis das condições hidrogeológicas, de maneira que, nas regiões tropicais, o teor de umidade em um determinado ponto pode estar próximo à saturação, por algum tempo, diminuindo drasticamente após estações chuvosas. É possível que os fenômenos de transição complexa envolvendo o movimento da água em meios não saturados seja um dos fatores principais no processo da erosão.

El-Swaify et al. (1982) relatam a gravidade da erosão nos trópicos, porém destacam a importância dela na agricultura. Outros trabalhos salientam as graves consequências da erosão em vastas áreas dos trópicos úmidos. As soluções para sua correção em engenharia civil demandam sempre altos custos (Gidigasu, 1976; Philipponat, 1970, 1973; O'Reilly, 1970; ABGE, 1981).

A erosão nas proximidades de obras civis em regiões tropicais úmidas representa, em geral, problemas sérios, constituindo-se nas maiores ameaças para o desempenho dessas obras durante a sua vida útil. Alguns aspectos específicos importantes ligados a essas questões são:

- presença frequente de camadas relativamente delgadas de solos lateríticos, os quais, em condições naturais, são resistentes à erosão, mas a perdem quando cultivados. Abaixo desse nível há frequentemente camadas de solos saprolíticos altamente erosivos, mesmo no estado natural. Em virtude de negligência durante as obras, ou pelo uso de técnicas de agricultura inadequadas, alteram-se os processos erosivos e suas consequências;
- regime pluviométrico com fortes chuvas em regiões montanhosas podendo causar deslizamentos superficiais e erosão intensa, mesmo em locais com vegetações originais, processos intensificados quando a vegetação é removida e o solo cultivado;
- previsões orçamentárias que não incluem desembolso adequado relativamente às prevenções da erosão, mais grave ainda se por ignorância dos responsáveis para implantar tais prevenções. Isto torna-se pior pela falta de consciência da conservação e pelo grau de crescimento demográfico, o que leva necessariamente à expansão de áreas cultivadas e urbanizadas.

O conceito de áreas adjacentes a obras civis deve ser bem claro, para que não produza mal-entendidos. Poderá ser em áreas pequenas, por exemplo, o caso de ravinas ameaçando a estabilidade de bases de rodovias, ou em grandes áreas, como no caso de barragens, onde os efeitos da erosão a montante poderão ter consequências no assoreamento dos reservatórios.

Têm sido registrados comprometimentos pela erosão em reservatórios de barragens e portos (assoreamentos), áreas residenciais ou industriais, cortes em estradas de ferro ou rodoviárias, e canais.

As boçorocas têm particular interesse no enfoque das erosões aceleradas, quando está envolvida a remoção de grandes massas de solo que modificam severamente a topografia. Tais fenômenos envolvem processos e fatores além da ação da circulação superficial da água. Em alguns casos, esse agente poderá ser apenas coadjuvante, agindo apenas como complemento à remoção de materiais desagregados originalmente por outros processos erosivos. Em termos da eliminação de solos aráveis e do assoreamento de drenagens permanentes, esses fenômenos são menos importantes do que a formação generalizada de ravinas e terras ruins, erosões de lâminas e córregos superficiais. Entretanto, a complexidade dos mecanismos de sua evolução torna-se um obstáculo para prevenções satisfatórias e principalmente medidas corretivas, quando técnicas são utilizadas simplesmente para a recuperação de terras afetadas. Boçorocas simples são entendidas como a erosão causada somente pela concentração de escoamento superficial, e normalmente representam o estágio final da degradação iniciada pela erosão laminar.

As características essenciais da estrutura dos solos tropicais como a mineralogia, propriedades mecânicas, geometria das superfícies e massas dos solos, a distribuição particular dos perfis dos solos, as mudanças das características intrínsecas pelas ações antrópicas, são exclusivas dos solos tropicais e às vezes agentes, outras vezes condicionantes, evidenciando a complexidade dos mecanismos erosivos tipo boçorocas.

É importante lembrar que, na maioria das obras corretivas, a ação da água subterrânea não tem sido levada em consideração na evolução das boçorocas no Brasil. Entretanto, a presença da água subterrânea tem sido, com frequência, responsável pela destruição dessas obras corretivas. Isto é provavelmente devido ao fato de que as tecnologias para a análise da evolução do fenômeno consideram a ação das águas pluviais superficiais como o mecanismo mais importante (Organização das Nações Unidas para a Alimentação e a Agricultura – FAO; Kadry, 1977; OEA, 1972). Além disso, esse tipo de erosão tem sido considerado sazonal, e não comumente como instantâneo. Assim, pode-se assumir que a influência das águas subsuperficiais, bem como outros fatores inerentes aos solos lateríticos e saprolíticos, podem ser subestimados na caracterização das boçorocas em outros países geológica e climaticamente comparáveis às áreas onde ocorrem no Brasil.

São justificadas algumas preocupações quanto a esses fenômenos localmente e regionalmente prejudiciais à agricultura, que afetam enormemente áreas urbanas e obras civis. Além disso, considerando-se as economias dos países tropicais, certamente menos desenvolvidos, os custos das implantações das correções se tornam insuportavelmente altos (ISSMFE; ABMS, 1985).

Vilar e Prandi (1992) registram que a suscetibilidade à erosão dos solos, ou a maior ou menor facilidade com que as partículas se destacam e são transportadas, refletem a aptidão do solo para resistir aos esforços dos agentes erosivos. A resistência à erosão às vezes é afetada por fatores secundários, como ciclos de umedecimento e secagem, que tendem a provocar expansões e contrações do solo, ou pela concentração de eletrólitos na água que percola. Nesse caso, incluem-se os problemas erosivos que afetam solos dispersivos, abordados por Sherard et al. (1976). Entretanto, não parece ser esse fenômeno que ocorre em boçorocas estudadas por Rodrigues (1982).

Grande parte das boçorocas se ramifica, atinge profundidades de até 50 m, largura de centenas de metros, e comprimento de alguns quilômetros (Prandini et al, 1974). Em todo o processo de aprofundamento e alargamento ocorre erosão remontante, que se encaminha em direção ao divisor de águas da bacia e às ramificações. Em fase mais evoluída, a remoção do material gradativamente se reduz e, quando o lençol freático é alcançado, notam-se uma estabilização do leito e um pequeno curso d'água, e o crescimento de vegetação. Na Bacia Peixe-Paranapanema, as boçorocas ocorrem em relevos de morrotes alongados e espigões, e colinas amplas. Os solos mais afetados são os podzólicos e os latossolos. Kertzman et al. (1992) mostram uma sequência típica de solos em áreas de alto risco à erosão, e comentam como esses solos se comportam diante das erosões. Na região de Franca (SP), Vieira (1981) registra que as boçorocas estão preferencialmente nas partes mais elevadas recobertas por latossolos vermelho-amarelos, fase arenosa. Nas encostas ocorrem boçorocas circulares que se afunilam em direção à foz e às encostas convexas dispersoras. Em Casa Branca (SP) há uma concentração de boçorocas em relevo de colinas amplas, em latossolos vermelho-escuros textura média, e em relevo de colinas médias e morros, capeados por sedimentos da Formação Aquidauana (Prandini et al., 1990).

Landim et al. (1974) e Etchebehere et al. (2004), mencionados neste trabalho, relatam problemas de erosão nos depósitos cenozoicos do Planalto Ocidental Paulista.

A resistência à erosão pode ser eventualmente influenciada pela agregação de argila na forma de grumos, que permanecem estáveis aos esforços do escoamento, porém, quanto maior a quantidade de grumos com diâmetros inferiores a 0,5 cm, mais os solos são erosivos (Bryan, 1975). Contribuem para a agregação de partículas: a presença de cátions bivalentes, relativamente aos monovalentes (principalmente o sódio); a ligação provocada pelos sesquióxidos de ferro e alumínio; e a ligação de partículas pela secreção de raízes e pelos géis formados pela dissociação da matéria orgânica.

Nas tentativas para caracterizar o quanto os solos são erosivos, os pesquisadores têm procurado o suporte das características físicas e químicas dos mesmos, além de suas propriedades *in situ*, por exemplo, o comportamento hidrogeológico (Vilar; Prandi, 1992).

Os solos mais suscetíveis à erosão são os granulares, com partículas de dimensões entre silte até areia fina e pouca argila (Wischmeier; Mannering, 1969; Swanson et al., 1969; Evans, 1980; Young, 1980).

Considerando-se as evidências de que solos são erodentes com mais facilidade pela ação da água, seja pela desagregação pela mesma ou pela infiltração, alguns autores propuseram o emprego dessas características para a avaliação da erosão. Assim, Middleton (1930) sugeriu a chamada "relação de dispersão" (RD) para a medida da estabilidade de grumos de partículas de solos em água como sendo o quociente entre a quantidade de silte e argila dispersos em água, e o mesmo valor resultado por simples peneiramento. Para mostrar a capacidade de infiltração, foi proposta a "relação de percolação" como sendo a quantidade de partículas em suspensão em água dividida pela umidade equivalente. Lombardi Neto e Bertoni (1975) aplicaram os conceitos de Middleton (1930), mas estimaram o "fator de erodibilidade" (K) através da fórmula da Universal Soil Low Equation (USLE) para diversos solos do estado de São Paulo, para solos podzólicos e latossolos, concluindo que os solos podzólicos são mais suscetíveis à erosão que os latossolos.

A Equação Universal de Perda de Solos (USLE, na sigla em inglês) foi desenvolvida nos Estados Unidos para o cálculo das perdas médias anuais de solos:

$$A = R.K.L.S.C.P.$$

Onde
A = perda média de solo
R = fator erosivo da chuva
K = fator de erodibilidade do solo
L = fator de comprimento de rampa
S = fator de inclinação da encosta
C = fator de práticas da cultura
P = fator de práticas contra a erosão

Calcula-se o fator de erodibilidade utilizando-se parcelas-padrão do solo, de 22,13 m de comprimento, 9% de declividade, sulcadas com arado morro abaixo e desprovidas de vegetação. Os demais fatores pretendem corrigir as diferenças da parcela real do solo em relação à parcela-padrão, no que se refere às diferenças de topografia, manifestadas pelas variações de comprimento e de declividade, e no que se refere à presença de determinada cultura, e de minoração dos efeitos erosivos da chuva. O fator de erodibilidade e da chuva é o produto de duas características: a intensidade e a energia cinética. O produto entre a energia cinética total e a precipitação máxima para um intervalo de 30 minutos constitui o "índice de erosão" da chuva, também conhecido como índice EI_{30}. A soma dos índices durante o ano corresponde ao fator de erosividade da chuva (Lombardi Neto et al., 1980 apud Vilar; Prandi, 1992).

Com base em um índice que reúne a precipitação média mensal e anual, ambas em milímetros, Lombardi Neto et al. (1980) estabeleceram um mapa com curvas de iso-erosividade das chuvas para o estado de São Paulo, apresentado por Bertoni e Lombardi Neto (1990).

O "fator de erodibilidade" (K) foi estudado por Wischmeier e Mannering (1969), que estabeleceram uma equação empírica com base em 24 variáveis, cuja determinação baseia-se em ensaios físicos, essencialmente análise granulométrica, e na descrição de perfis do solo, como realizada nos ensaios de pedologia. O fator de erodibilidade pode ser avaliado com rapidez através de um nomograma criado pelos autores (ibid., 1969). Discussões sobre o alcance da Equação Universal de Perda de Solos (USLE) e sobre as contribuições com o objetivo de adequar os fatores e as variações regionais do clima, as variações da geometria dos terrenos, e os vários tipos de solos, por exemplo, aqueles de ambientes tropicais, são apresentadas por Wischmeier (1976) e Mitchell e Bubenzer (1980). Os recursos computacionais crescentemente disponíveis e o refinamento dos conceitos relativos à erosão possibilitaram a rápida evolução de modelos com base física do processo, através de diversos programas computacionais para o cálculo da erosão, sendo mesmo possível avaliar a quantidade de solos erodidos em eventos individuais de precipitação, a deposição de sedimento e a quantidade de pesticidas. Dentre esses modelos citam-se o Chemical, Runoff and Erosion from Agricultural Management Systems (Creams) e o Areal Non Point Source Watershed Environement Response Simulation (Answers) (Beasley et al., 1980 apud

Vilar; Prandi, 1992). Um projeto cooperativo entre diversos órgãos do Ministério de Agricultura dos Estados Unidos, incluindo o Soil Conservation Service e o Agricultural Research Service, ainda em elaboração, pretende desenvolver um programa que possa substituir a Equação Universal de Perda dos Solos (Foster; Lane, 1987), com o nome de Water Erosion Prediction Project (WEEP), que considerava processos como o clima, a irrigação, a evaporação, a percolação, a infiltração, o escoamento superficial, o crescimento e a decomposição de resíduos de plantas, e os processos de geração dos sedimentos, o transporte dos mesmos e a sua deposição em áreas de sulcos e intersulcos. Contemporâneo ao desenvolvimento computacional do modelo WEPP, aconteceu um intenso trabalho de campo e de laboratório para fornecer as variáveis de entrada e alimentação do programa. Das três versões: vertentes, bacias hidrográficas e quadrículas, estavam disponíveis em 1992 a de vertentes (Chaves, 1992), já testada no Brasil por Angulo Filho et al. (1992), que empregaram dados de cinco tipos de solos e de seis anos de climas típicos do estado de São Paulo.

As cartas para a orientação do uso do solo representam um importante dispositivo para direcionar o tipo de ocupação agronômica para determinada área, e entre elas estão as Cartas de Capacidade de Uso das Terras (IAC, 1989). Também as Cartas Temáticas a partir de Mapeamento Geotécnico se constituem em alternativa importante para a ocupação do meio físico. Assim, um convênio entre o Departamento de Águas e Energia Elétrica do Estado de São Paulo (Daee) e o Instituto de Pesquisas Tecnológicas de São Paulo (IPT), com a cooperação do Instituto Agronômico de Campinas (IAC) e do Instituto Nacional de Pesquisas Espaciais (Inpe), possibilitou a elaboração do Projeto de Diagnóstico da Erosão do Estado de São Paulo (Kertzman et al., 1992). Os produtos de tal projeto são os mapas temáticos escala 1:250.000, com as informações:

- uso e ocupação atual do solo;
- ocorrência de erosão por ravinas e boçorocas;
- mapa de suscetibilidade à erosão laminar;
- mapa de suscetibilidade à erosão por ravinas e boçorocas;
- mapa de suscetibilidade à erosão total;
- mapa de impactos da erosão nos recursos hídricos.

Os autores (ibid., 1992) elaboraram o mapa de áreas de risco para a formação de boçorocas e ravinas, utilizando-se da seguinte metodologia:

- cadastramento de ravinas e boçorocas, por fotointerpretação;
- elaboração de mapas representativos do meio físico, principalmente aqueles que condicionam os processos erosivos;
- correlação do índice de concentração de boçorocas e ravinas com os fatores do meio físico;
- trabalho de campo;
- definição das classes dos terrenos com relação às suas diferentes susceptibilidades para a formação de ravinas e boçorocas, em função dos fatores de ocupação do solo.

Kertzman et al. (1992) propuseram então cinco classes de solo constituintes de áreas de risco de 1 a 5, correspondendo o número 1 àquela de solos extremamente susceptíveis às boçorocas e às ravinas, com a predominância de solos podzólicos de textura arenosa em relevos de colinas médias e morrotes alongados, e as áreas de menor risco, com solos litólitos e cambissolos de relevos movimentados, correspondendo ao número 5.

A Escola de Engenharia de São Carlos (Eesc), da Universidade de São Paulo (USP), através do seu Departamento de Geotecnia, realiza também mapas de risco e erosão, através do Programa de Apoio ao Desenvolvimento Científico e Tecnológico (Padct) do Conselho Nacional de Desenvolvimento Científico e Tecnológico (CNPq). As cartas temáticas elaboradas dentro desse programa o foram a partir do estabelecimento de atributos que interferem no problema da erosão, quais sejam:

- a declividade;
- a litologia;
- a densidade da drenagem;
- a textura, a gênese, a espessura e o índice de erodibilidade dos materiais inconsolidados.

Baseados nesses atributos, Pejon (1992) e Pejon e Zuquette (1992a, 1992b) estabeleceram o Potencial de Risco à Erosão Acelerada da região de Piracicaba (SP), em escala 1:100.000. Outros exemplos com escala maior e detalhes sobre a metodologia em pauta encontram-se em trabalho sobre mapeamento geotécnico (Zuquette, 1993).

Quanto à minimização dos efeitos erosivos, são necessárias a definição e a implementação das práticas de prevenção, já que, uma vez iniciado o processo erosivo, as tentativas de contenção são dispendiosas, de difícil execução, e se confrontam com problemas de outras naturezas, como a vontade política de dirigentes envolvidos (Vilar; Prandi, 1992). Além disso, as administrações municipais, com poucas exceções, não possuem quadro técnico capacitado para enfrentar o problema de forma adequada, desconhecendo o quadro da evolução do fenômeno, praticando, muitas vezes, o preenchimento das boçorocas com entulhos de todos os tipos, inclusive com resíduos domésticos municipais, prática absolutamente inócua e ineficaz. Propostas com relação às medidas preventivas são colocadas por Frenzel (1990); Mittelstaedt (1985); Bigarella e Mazuchowski (1985), e Bertoni e Lombardi Neto (1990).

Em agronomia são bem conhecidas as práticas de prevenção e controle da erosão, as quais se baseiam em proteger o solo da ação erosiva da água, do escoamento superficial, e no pressuposto da exploração racional de determinada área, de acordo com suas potencialidades e limitações. Tais práticas incluem as vegetativas, as edáficas, as mecânicas e o manejo do solo (Bertoni; Lombardi Neto, 1990). Entre as práticas vegetativas citam-se: a proteção da superfície por vegetais, como o florestamento e o reflorestamento, a cultura em faixas; e os cordões de vegetação permanente; e a alternância da capinagem. As práticas edáficas incluem as modificações do sistema de cultivo, como as medidas de manutenção ou da melhoria da fertilidade do solo (controle das queimadas e adubações verde e orgânica). Nas práticas mecânicas estão as estruturas especificamente construídas para reduzir a velocidade de escoamento e o seu controle em superfície, reter a água e estimular a infiltração. A formação de terraços e o plantio de acordo com as curvas de nível, a construção de camalhões e canais escoadouros, e o disciplinamento das vias de tráfego. Nos processos de erosão em áreas urbanas, implica o controle do fluxo superficial e do seu lançamento seguro. São pressupostos a construção de obras: sarjetas, bocas de lobo, rede coletora, poços de visita, emissários conjugados e dissipadores de energia (Vilar; Prandi, 1992). Entretanto, tais providências podem se tornar infrutíferas caso não sejam tomadas providências quanto à manutenção das obras de controle, bem como ao acompanhamento sistemático e crítico do desempenho das obras e das premissas do projeto (Iwasa; Prandini, 1980).

As tentativas para a quantificação da erosão são às vezes frustrantes, devido às dificuldades de manipulação de solos tão instáveis como os que tratamos neste trabalho, além de ser necessário considerar as condições ambientais e propriedades dos materiais, como umedecimento, secagem, além de outras. Para a maioria dos solos, a simples imersão leva à sua desagregação, sendo então muito difícil determinar o quanto foi efetivamente erodido. Entre os experimentos disponíveis, podemos citar o ensaio do cilindro rotatório (Moore; Masch, 1962), visando medir a erosão de solos coesivos e, principalmente, solos estabilizados quimicamente.

Ensaio idealizado por Inderbitzen (1961) consiste em submeter-se uma amostra de solo de seção circular com diâmetro de 15 cm e altura de 6 cm, colocada em uma rampa com inclinação variada, a um fluxo de água com vazões constantes, recolhendo-se o material que se solta da amostra.

Para medir a erodibilidade dos solos tropicais de Madagascar, Philipponat (1973) utilizou um ensaio no qual se submete um dos lados de um corpo de prova cilíndrico inclinado a 4° à ação de um jato de água com velocidade e vazão constantes, determinando-se então um coeficiente de erodibilidade E_r, definido como o produto entre a profundidade do orifício produzido no procedimento (h) e o peso do solo removido (P):

$$E_r = h.P$$

Com base em observações empíricas, o autor (ibid., 1973) estabeleceu as seguintes divisões, válidas para as condições climáticas de Madagascar:

$E_r < 30$ – solo não erodível;
$30 < E_r < 60$ – solo ligeiramente erodível;
$60 < E_r < 200$ – solo muito erodível;
$E_r > 200$ – solo eminentemente erodível.

Vários pesquisadores se preocupam com a avaliação da erosão, tentando compreender e propondo medidas para mitigação dos processos erosivos, como: Almeida Filho (2015) e Meira (2008), dentre outros.

Capítulo 3
Trabalhos de campo e de laboratório

Trabalhos de campo e de laboratório

Na região de Paraguaçu Paulista, no Planalto Ocidental, ocorrem as formações Serra Geral (Grupo São Bento), Adamantina e Marília (Grupo Bauru), como também o ribeirão Sapé ou do Engenho, pertencente à bacia hidrográfica do rio Capivari, que assegura facilidades na identificação da sequência estratigráfica *in situ*, e dos depósitos de cobertura, pelos entalhes dos cursos d'água. Há exposições de porte razoável, dos depósitos cenozoicos de interesse ao projeto.

De acordo com Ignatius (1990), a distribuição regional dos solos foi interpretada no contexto da paisagem, isto é, buscando correlacionar os diferentes tipos com os demais componentes do meio físico, principalmente com o substrato geológico e com o relevo. Essas considerações tiveram como base não somente as observações de campo, mas também análises de mapas geológico (Almeida et al., 1980) e geomorfológico (Ponçano et al., 1981). A classificação pedológica empregada foi a usada no Brasil por Oliveira (1999).

O substrato geológico consiste de rochas sedimentares mesozoicas (arenitos médios a grosseiros) e rochas magmáticas basálticas do Jurássico/Cretáceo da Formação Serra Geral e do Grupo São Bento; e arenitos cretáceos, siltitos, arenitos ferruginosos e calcíferos mal selecionados, além de conglomerados do Grupo Bauru. Portanto, em função dos materiais da fonte, os depósitos cenozoicos variam desde os tipos arenosos a argilosos.

Em termos gerais, predominam na região solos bem desenvolvidos quanto à pedologia, caracterizados por apresentarem horizontes superiores com alteração pronunciada dos minerais originais, de desenvolvimento pedogenético bastante influenciado pelas condições climáticas locais, com tendência à latossolização e podzolização dos perfis. Trata-se de solos com horizonte B latossólico e com horizonte B textural, representados pelas classes pedológicas: latossolo vermelho-escuro textura média; latossolo vermelho-escuro textura argilosa; latossolo roxo; terra roxa estruturada; podzólico vermelho-amarelo abrúptico textura arenosa média; e podzólico vermelho-amarelo textura média não abrúptico (Oliveira, 1999). Ignatius (1990) afirma que as características climáticas da região (subtropical, quente e úmida) favorecem o desenvolvimento de processos de alterações ferralíticas, através principalmente da hidrólise dos minerais do substrato pedogenético, com liberação de sílica e bases e concentração de sesquióxidos de ferro e alumínio.

Outros fatores intervenientes no desenvolvimento pedológico devem ser considerados no sentido de compreender melhor a diferenciação da cobertura de solos ao longo das encostas e em função do substrato pedogenético. A influência do relevo e do substrato no desenvolvimento do solo pode ser observada seja através dos processos de alteração física e química dos constituintes minerais, seja através dos processos relacionados ao movimento do material em solução no interior do solo. Nessas condições, a água exerce papel de fundamental importância. A latossolização dos perfis de solo, caracterizada pela homogeneização textural e mineralógica e pela organização estrutural, com concentração de sesquióxidos de ferro e alumínio e de argila caulinítica, resulta principalmente da ação combinada da água, quer promovendo a liberação da sílica e das bases, quer permitindo a remoção desses elementos na forma de sais solúveis. Por outro lado, processos de migração de argila e alterações diferenciadas em função da heterogeneidade litológica do substrato prevalecem por ações de água, graças aos quais se pode observar o desenvolvimento de perfis com horizonte B textural, no que se refere aos solos podzólicos e terra roxa estruturada, como observado na região. Dessa forma, a influência do relevo na formação do solo manifesta-se principalmente pela interação entre as formas de relevo e a dinâmica da água. Assim, em superfícies aplainadas, a quase totalidade da água de precipitação tende a se infiltrar no terreno favorecendo a lixiviação dos sais solúveis, desde que o substrato pedogenético seja suficientemente permeável; em superfícies declivosas, a migração da argila é mais facilitada, podendo levar à sua concentração relativa nos horizontes subsuperficiais em conjunto com partes das bases e sílica solúvel, e criando condições favoráveis para o desenvolvimento de solos com horizonte B textural podzólicos e terra roxa estruturada.

Essas observações, fundamentais no trato da pedogênese da região, devem ser conjuntamente analisadas e, dessa forma, buscar-se o entendimento da distribuição na paisagem dos principais solos.

Entre as características dos solos encontrados, algumas são de ordem geral e refletem a tendência condicionada principalmente pelas condições climáticas locais, e, portanto, válidas para a região como um todo; outras apresentam particularidades próprias, dependendo da situação do meio considerado. Tendo em vista as observações realizadas na região e análise de dados básicos disponíveis de geologia, geomorfologia e pedologia, valem as seguintes considerações:

- tendência geral de desenvolvimento de solos com características latossólicas em superfícies mais suavizadas e de boa drenagem interna; e de solos com horizonte B textural, em áreas com relevos relativamente mais movimentados. As áreas com predominância de latossolos apresentam relevos de colinas amplas e encostas pouco declivosas, enquanto os solos com horizonte B textural ocorrem com maior predominância em relevos de colinas médias mais declivosas e com densidade maior de drenagem e fundo de vales (Foto 1);
- correspondência muito grande entre as características texturais de perfis de solo e a composição mineralógica do substrato geológico, refletindo a hipótese de que na região estudada os processos coluviais sejam bastante localizados, na maior parte das vezes restritos às áreas de domínio das formações geológicas. Assim, observa-se na região uma subordinação dos solos latossólicos e podzólicos de textura arenosa e média com arenitos das formações Marília e Adamantina, e dos latossólicos e terra roxa estruturada de textura argilosa a muito argilosa com substrato basáltico da Formação Serra Geral.

Os solos estudados foram amostrados em locais próximos às cidades de Paraguaçu Paulista, Rancharia e Assis, onde predominam os argissolos vermelhos, os argissolos vermelho-amarelos, os latossolos amarelos, os latossolos brunos, os latossolos vermelhos, e os latossolos vermelho-amarelos, conforme nomenclatura adotada pelo Instituto Agronômico de Campinas, nas quadrículas K e L do mapeamento de solos do estado de São Paulo 1:500.000 (1999).

Foto 1: Planalto Ocidental Paulista, região de Paraguaçu Paulista (SP): colinas amplas, domínio dos latossolos. Veem-se sulcos de erosão nas encostas.

Fonte: Foto do autor.

Amostragem

A amostragem foi realizada conforme consta na Figura 12 e no Quadro 5.

Além dos poços mencionados, foram coletadas amostras deformadas a partir de sondagens a trado.

Os poços perfurados estão descritos no Relatório IPT 27997 parcial (1990) (Quadro 5). As amostras foram acondicionadas conforme prescrevem as normas brasileiras para a amostragem indeformada de solos.

Para efeitos práticos, visando à realização dos ensaios, as amostras foram classificadas conforme o Quadro 5. As numerações das amostras ensaiadas no Instituto de Pesquisas Tecnológicas de São Paulo – IPT e no Laboratoire Central des Ponts et Chaussées são diferentes entre si, mas há correspondências entre elas, quando se trata do mesmo solo. As correspondências entre as diferentes numerações encontram-se no Quadro 5.

O poço 4, por ter sido aberto em local inadequado, não foi considerado para os ensaios no Laboratoire Central des Ponts et Chaussées.

Figura 12: Mapa de associação de solos e localização dos poços de amostragem (Campos, 1990)

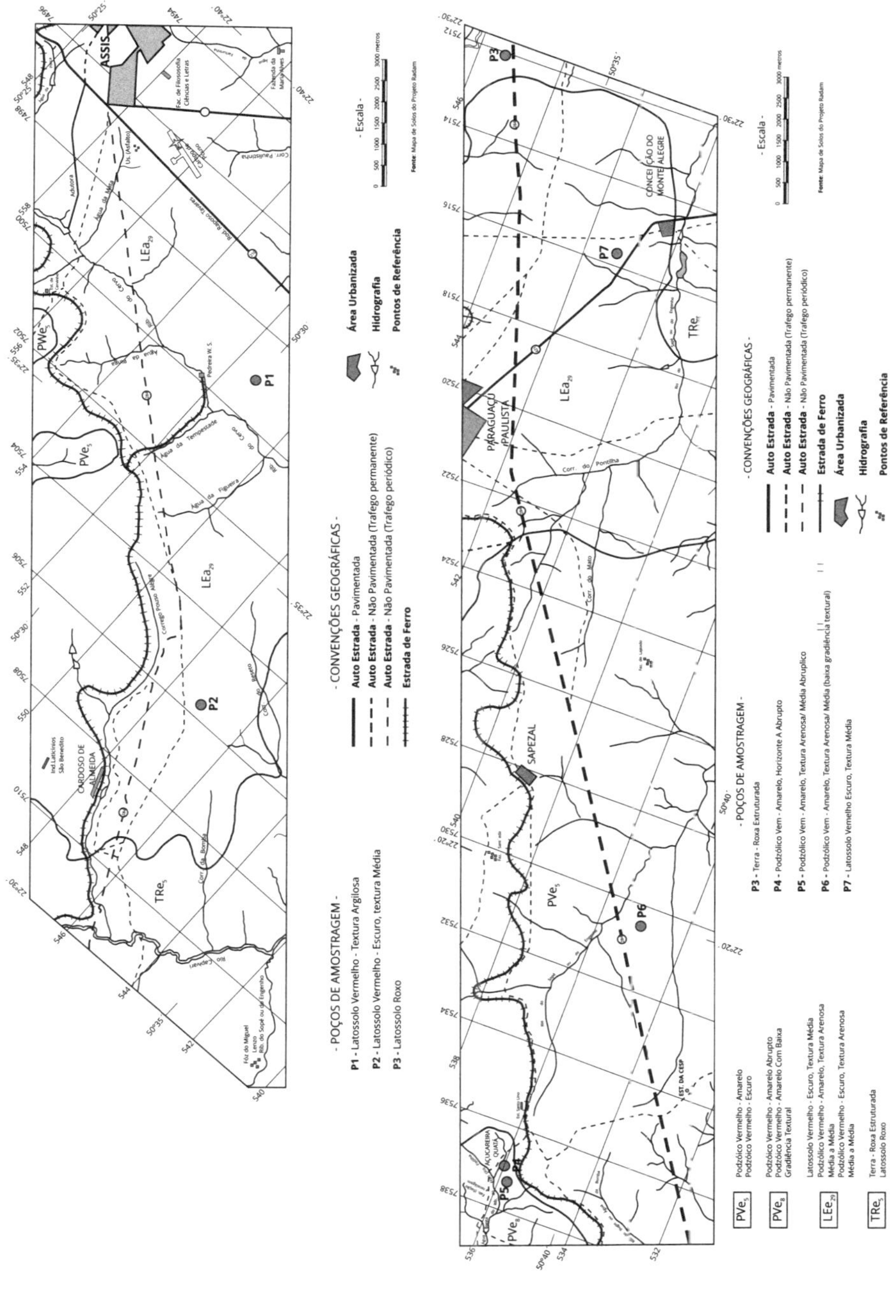

Quadro 5: Localização dos poços e descrição das amostras

Poço	Grupo	Amostras	Classificação	Localização	Altitude (m)	Situação e declividade	Substrato e/ou rocha original	Relevos local e regional	Abertura vegetal	
									Original	Atual
1	1	7738 7741	Latossolo vermelho--escuro, textura argilosa	Pedreira WS, estrada SP284, km 455	500	Poço aberto em plantações de soja, a 200m da pedreira, no topo da encosta	Zonas de contato com basaltos da Formação Serra Geral	Colinas amplas	Mata	Soja
2	2	7742 7743	Latossolo vermelho--escuro, textura média	Estrada vicinal, a 2 km do trevo de Cardoso de Almeida, propriedade de Alfredo Brito	480	Poço aberto em pasto, na parte alta e plana	Zonas de contato com basaltos da Formação Serra Geral e arenitos da Formação Adamantina	Colinas amplas	Mata	Pasto
3	5	7747 7748 7749	Terra roxa estruturada	Fazenda Pouso Alegre, SP-284, km 467	420	Poço aberto em área de planta-ção de soja, no terço inferior da encosta	Basaltos da Formação Serra Geral	Colinas médias	Mata	Soja
4	4A	7751 7752	Podzólico vermelho--amarelo, textura arenosa/média, abrúptico	Açucareira Quata	530	Poço aberto em pasto, no terço inferior da encosta	Arenitos carbonáticos da Formação Marí-lia; arenitos com intercações de siltitos e argilitos	Colinas médias	Eucalipto	Pasto

Poço	Grupo	Amostras	Classificação	Localização	Altitude (m)	Situação e declividade	Substrato e/ou rocha original	Relevos local e regional	Abertura vegetal	
									Original	Atual
5	4B	7754	Podzólico vermelho-amarelo textura are nosa média, não abrúptico	SP-284, km 489, Fazenda de Arlindo Moço	550	Poço aberto em pasto, no terço superior da encosta	Arenitos relativamente homogêneos, não carboná-ticos	Colinas médias	Eucalipto	Pasto
6	4C	7759	Podzólico vermelho-amarelo, textura arenosa média	SP-284, km 489, Fazenda de Arlindo Moço	500	Poço aberto em pasto, na encosta	Arenitos da Formação Adamantina (?)	Colinas médias interme-diárias para colinas amplas	Mata	Pasto
7	2	7760 7762	Latossolo vermelho--escuro, textura média	Fazenda Alvo-rana, distrito de Conceição do Monte Alegre	460	Poço aberto em pasto, no topo da encosta	Arenitos da Formação Adamantina	Colinas amplas	Mata	Pasto
8	3	7804	Latossolo roxo	Estrada Assis-Cândido Mota, a 2 km da cidade de Assis	540	Poço aberto em pasto, no topo da encosta	Basaltos da Formação Serra Geral e arenitos da Formação Adamantina	Colinas amplas	Mata	Pasto

A amostra 7804 (latossolo roxo) não foi ensaiada devido à grande concentração de raízes presentes até a profundidade final do poço, o que impossibilitou os ensaios de compactação.

Dada a similaridade dos solos, foi possível agrupá-los e ensaiar os blocos que representavam cada grupo, especificamente. Assim, os blocos 7741, 7742, 7748, 7754 e 7759 representam esses grupos citados, e que correspondem às amostragens mais profundas, nos poços respectivos.

No Quadro 6 veem-se as correspondências entre as numerações das diversas amostras ensaiadas.

A descrição dos solos amostrados é a seguinte:

Quadro 6: Correspondência entre as numerações das amostras dos solos ensaiados

Poço nº	Amostras ensaiadas no IPT São Paulo, Brasil		Amostras ensaiadas no LCPC, França
	Amolgadas (deformadas)	**Não amolgadas (não deformadas)**	**Indeformadas**
1	7766 7767	7739 7741	7738 7741
2	7768 7769	7744 7740	7743 7742
3	7770 7771	7747 7749	7747 7748
4	7772 7773	7751 7752	7750 7753
5	7774 7775	7755	7754
6	7776 7777	7756 7759	7757 7759
7	7778 7779	7760 7762	7763 7762
8	7819 7820 7821	7803	7804

A amostra 7804 não chegou a ser enviada para o Laboratoire Central des Ponts et Chaussées, em virtude das razões alegadas no quesito "Amostragem" desta publicação.

A descrição dos solos amostrados é a seguinte:

- Latossolo vermelho-escuro, textura argilosa; latossolo roxo

Correspondem a solos com horizonte B latossólico e muito profundos. A textura, de argilosa a muito argilosa, deve-se à pedogênese sobre materiais provenientes da alteração de rochas basálticas da Formação Serra Geral, sendo os teores em óxidos de ferro a principal distinção possível entre o latossolo vermelho-escuro e latossolo roxo, em quantidade mais acentuada no latossolo roxo.

O latossolo vermelho-escuro, textura argilosa, encontra-se distribuído em zonas de contato de rochas basálticas da Formação Serra Geral com arenitos provenientes da Formação Adamantina, na região estudada.

A estrutura desses solos é granular e microagregada, dando uma constituição muito porosa e consequentemente muito permeável, contrariando, portanto, a sua textura argilosa.

- Latossolo vermelho-escuro, textura média

São solos morfologicamente semelhantes aos latossolos anteriormente descritos, diferindo basicamente pela constituição granulométrica.

Na região, são subordinados à ocorrência de arenitos da Formação Adamantina, em extensas áreas de relevo pouco movimentado, constituído por colinas amplas com topos aplainados e encostas com baixa declividade (Foto 2).

Foto 2: Planalto Ocidental Paulista, região de Paraguaçu Paulista (SP): afloramento de latossolo vermelho-escuro, textura média

Fonte: Foto do autor.

- Terra roxa estruturada

Corresponde a solos com horizonte B textural, relativamente profundos, bem drenados, de textura muito argilosa, apresentando, entre os horizontes superiores, gradiência textural[1] muito baixa. Suas características principais relacionam-se ao alto teor em óxidos de ferro, estruturação poliédrica e em blocos bem desenvolvida do horizonte B, e presença comum de cerosidade (película de argila que se concentra entre as macroestruturas).

Sua ocorrência na região restringe-se a áreas basálticas e a relevos de colinas médias ou junto a fundo de vales (Foto 3).

Foto 3: Terra roxa estruturada

Fonte: Foto do autor.

- Podzólico vermelho-amarelo, abrúptico e não abrúptico, textura arenosa/média e média

1 O gradiente textural é a relação da porcentagem de argila do horizonte B em comparação com a do horizonte A, e é calculado pela divisão da média aritmética da porcentagem de argila do horizonte B, não incluindo o sub-horizonte BC (anteriormente B3), pela média aritmética da porcentagem de argila do horizonte A.

São solos com horizonte B textural, bem moderadamente drenados e relativamente profundos. A relação textural entre os horizontes superiores é variável, observando-se áreas com predominância de solos com mudança textural abrupta, e áreas com predominância de solos com baixa gradiência textural. Essa característica parece relacionar-se com tipos litológicos de arenito e com o relevo. Observações de campo em trabalhos desenvolvidos pelo Instituto de Pesquisas Tecnológicas de São Paulo (IPT) mostram certa tendência de os solos podzólicos abrúpticos (alta gradiência textural) subordinarem-se a arenitos com intercalações de siltitos e argilitos, ou a arenitos carbonáticos, em áreas constituídas predominantemente por relevos de colinas médias e morrotes. Por outro lado, os solos podzólicos não abrúpticos (baixa gradiência textural) distribuem-se em áreas constituídas por arenitos relativamente homogêneos, não carbonáticos e com relevos de colinas médias com encostas relativamente mais suaves (Foto 4).

Foto 4: Planalto Ocidental Paulista, região de Paraguaçu Paulista (SP): colinas médias, domínio dos solos podzólicos

Fonte: Foto do autor.

A estrutura apresentada no horizonte B desses solos é poliédrica, apresentando em geral, em sub-horizontes mais profundos, estrutura microagregada, com características latossólicas.

Tabela 2: Resumo dos ensaios executados

Classe Pedológica	Poço	Amostra no IPT	Granulometria				LP| LL (Cone e Casagrande)				Mini-compactação	Perda por Imersão	Compactação Normal
			15' Disp.	30' Disp.	10' Desfloc.	s / Disp. s / Desfloc.	seco ar (normal)	seco ar (estufa)	seco ar 10' Disp.	sem secagem			
Latossolo vermelho-escuro Textura argilosa	1	7766	X	–	–	X	X	–	–	–	–	–	X
		7767	X	X	X	–	X	X	X	X	X	X	
Latossolo vermelho-escuro Textura média	2	7768	X	–	–	X	X	–	–	–	X	X	–
		7769	X	X	X	–	X	X	X	X	X	X	X
	7	7773	X	–	–	–	X	–	–	–	–	–	–
		7779	X	–	–	–	X	–	–	–	–	–	–
Latossolo roxo	8	7819	–	–	–	–	–	–	–	–	–	–	–
		7820	X	—	–	X	X	–	–	–	X	X	–
		7821	X	X	X	–	X	X	X	X	–	–	–

Classe Pedológica	Poço	Amostra no IPT	Granulometria				LP| LL (Cone e Casagrande)				Mini-compac-tação	Perda por Imersão	Com-pactação Normal
			15' Disp.	30' Disp.	10' Desfloc.	s / Disp. s / Des-floc.	seco ar (normal)	seco ar (estufa)	seco ar 10' Disp.	sem secagem			
Terra roxa Estruturada	3	7770	X	–	–	X	X	–	–	–	–	–	–
		7771	X	X	X	–	X	X	X	X	X	X	X
Podzólico verm.--amarelo Textura arenito / médio abrúptico	4	7772	X	X	X	–	X	X	X	X	X	X	X
		7773	X	–	–	X	X	–	–	–	–	–	–
	5	7774	X	–	–	X	X	–	–	–	–	–	X
		7775	X	–	–	–	X	–	–				–
Podzólico verm.--amarelo Textura arenito / médio não abrúptico	6	7776	X	–	–	X	X	–	–	–	–	–	–
		7777	X	X	X	–	X	X	X	X	X	X	X

Ensaios de laboratório

Ensaios realizados no Instituto de Pesquisas Tecnológicas de São Paulo (IPT)

- índices físicos;
- análises granulométricas;
- limites de liquidez e de plasticidade, com aparelhos de Cone e de Casagrande;
- compactação;
- compressibilidade e adensamento;
- ensaios de resistência.

Esses ensaios foram realizados com as amostras indeformadas dos poços e com amostras deformadas de sondagens a trado.

O resumo dos ensaios realizados está na Tabela 2. As metodologias dos ensaios e os comentários sobre os resultados estão no *Relatório Técnico n.27.997* – parcial e complementar (IPT, 1990).

Ensaios realizados no Laboratoire Central des Ponts et Chaussées (LCPV)

Identificação dos solos

- descrição das amostras;
- identificação dos minerais argilosos;
- difratometria de raios X;
- análises químicas;
- análises mineralógicas;
- espectrometria de absorção atômica;
- microscopia eletrônica.

Estabilização dos solos

- Tratamento com a cal e carbonato de sódio.

Avaliação do tratamento

- ensaios de erodibilidade;
- ensaios de compressão não confinada.

Apresentação dos dados e análise dos resultados dos ensaios realizados no Instituto de Pesquisas Tecnológicas de São Paulo (IPT)[2]

Índices físicos

Várias correlações foram em geral bastante satisfatórias para os parâmetros obtidos. Vê-se boa correlação entre o índice de vazios natural (e_0), os valores de IP e a porcentagem < 2 μ (coeficiente de correlação de 0,93 e 0,91 respectivamente). Entretanto, como o índice de vazios natural é influenciado pela atividade do argilomineral presente, os solos foram associados de acordo com esse parâmetro. Então, os coeficientes de correlação elevaram-se para 0,96, no caso de $e_0 \times$ IP, e para 0,99, no caso de $I_0 \times$ IP < 2 μ, quando se consideram apenas os solos com atividade A[3] entre 0,4 e 0,6.

Ao se agrupar os solos pelos valores da atividade do argilomineral, há boa correlação entre o teor de umidade natural (h) e a % < 2 μ. Na Figura 55 do relatório, vê-se que apenas o solo podzólico vermelho-amarelo textura arenosa/média abrúptico apresenta teor de umidade e grau de saturação anormalmente elevados, o que pode ser explicado por chuvas intensas, poucos dias antes da amostragem, o que poderia ter elevado a umidade da amostra, retirada a baixa profundidade.

2 Todos os valores, correlações e outros dados desses ensaios aqui reproduzidos constam dos Relatórios 27.997 Parcial e Complementar, do Instituto de Pesquisas Tecnológicas de São Paulo – IPT (1990), a menos que haja outras referências claramente explicitadas no texto.

3 Atividade do argilomineral, também conhecida como Atividade Coloidal, é a relação entre o índice de plasticidade do solo e a porcentagem da fração argilosa (com diâmetros das partículas inferiores a 0,002 mm). Skempton (1953) classifica as argilas em ativas (AC > 1,25), inativas (AC < 0,75) e normais (AC entre 0,75 e 1,25) (ABGE, 2012).

Análises granulométricas

Ensaios de granulometria normal

A massa específica dos grãos e a distribuição granulométrica foram determinadas de acordo com os métodos NBR 6508 e NBR 7181 da Associação Brasileira de Normas Técnicas (ABNT), respectivamente.

Ensaios de granulometria com tempos de dispersão variáveis

A massa específica dos grãos foi determinada pelo método NBR 6508 da ABNT.

A distribuição granulométrica foi determinada pelo método NBR 7181 da ABNT, com a diferença de que, na preparação da fase de sedimentação do ensaio, foi aplicada à amostra, no dispersor mecânico, uma dispersão de 30 min em vez de 15 min recomendados no referido método de ensaio. O objetivo dessa mudança foi verificar se, caso houvesse agregados de partículas, qual seria a sua influência na repetibilidade dos ensaios de granulometria.

Os resultados desses ensaios mostraram não haver diferenças nos resultados ao se agitar as amostras por 30 min em vez dos 15 min máximos que a norma brasileira recomenda. Admitindo-se que 30 min são suficientes para a completa dispersão dos agregados (Ignatius, 1989), concluiu-se que 15 min têm a eficiência no caso dos solos ensaiados.

Ensaios de granulometria por sedimentação sem uso de defloculantes

A massa específica dos grãos foi determinada de acordo com a norma NBR 6508 da ABNT. A distribuição granulométrica foi determinada de acordo com o método NBR 7181 da ABNT, com as seguintes diferenças:

- aplicação de 30 min de dispersão mecânica à amostra na preparação para a fase de sedimentação, em vez de 15 min;
- a fase de sedimentação efetuada apenas com água destilada, sem defloculante químico (solução de hexametafosfato de sódio com carbonato de sódio), como recomenda a norma do ensaio.

O objetivo foi verificar a eficiência do defloculante nos ensaios de granulometria normais.

Os resultados dos ensaios mostraram que as amostras **7769 (7742)**[4] e **7772** não apresentaram maior tendência à floculação das partículas em água do que com o defloculante, portanto, a utilização deste na manutenção da dispersão das partículas foi praticamente nula. Entretanto, para as amostras **7767 (7741)**, **7821**, **7771 (7748)** e **7777 (7759)**, o defloculante utilizado revelou elevada eficiência. Para essas amostras, a quantidade percentual de material menor que 5μ cai drasticamente até próximo de zero, caso o defloculante não seja usado.

As curvas granulométricas dos solos das amostras **7821** e **7777 (7759)** nos ensaios sem defloculante situam-se acima daquelas com defloculante, na faixa de diâmetros de aproximadamente 0,01 mm a 0,1 mm, indicando maior ação defloculante do que com o mesmo, nessa faixa de tamanho de partículas, o que é aparentemente inexplicável.

Ensaios de granulometria por sedimentação sem uso de defloculante e sem dispersão mecânica

A massa específica dos grãos foi determinada de acordo com o método NBR 6508 da ABNT. A distribuição granulométrica foi determinada pelo método NBR 7181 da ABNT com as seguintes diferenças:

- amostra passada na peneira 10, com umidade natural;
- do material passado utilizou-se uma massa equivalente a 25 g de massa seca, a qual foi deixada imersa em água destilada por duas horas, e em seguida submetida a vácuo por 10 min;
- colocada na proveta de sedimentação, a amostra foi ensaiada com a mesma metodologia recomendada no método NBR 7181 da ABNT.

Esse ensaio é normalizado pela American Society for Testing Materials (ASTM) com o número 4221.

4 Os números entre parênteses referem-se às numerações das amostras ensaiadas no Laboratoire Central des Ponts et Chaussées (LCPC), Paris. No Quadro 6 veem-se as correspondências das numerações de todas as amostras ensaiadas.

Figura 13: Curvas granulométricas de solos cenozoicos da região de Paraguaçu Paulista, Planalto Ocidental Paulista (SP)

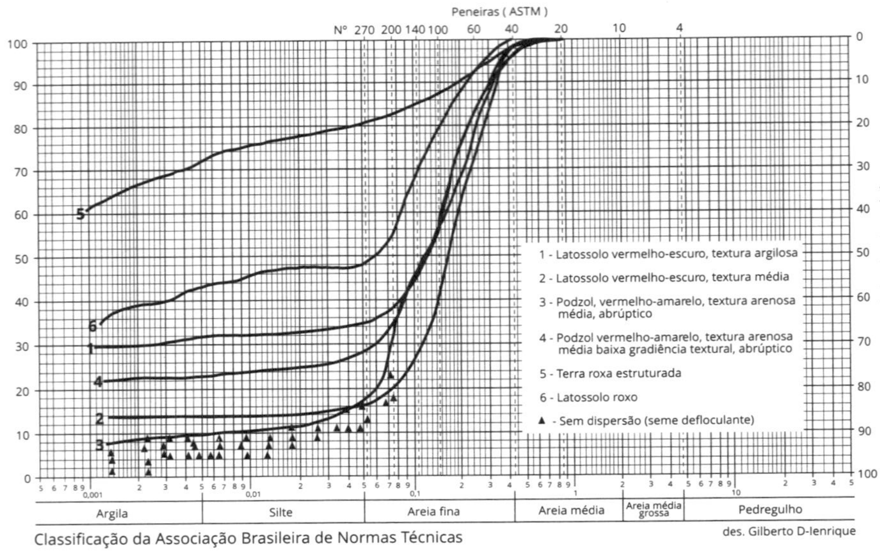

Fonte: IPT, 1990.

Figura 14: Curvas granulométricas de solos cenozoicos da região de Paraguaçu Paulista, Planalto Ocidental Paulista (SP)

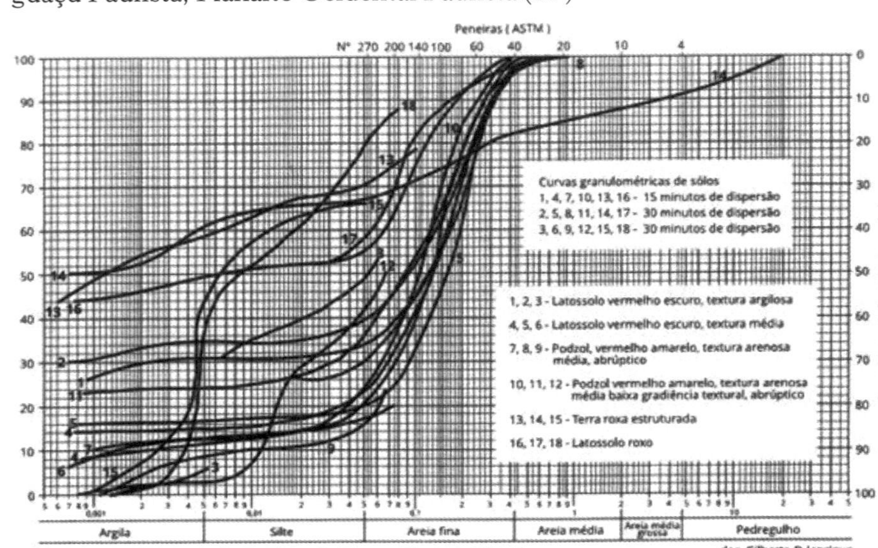

Fonte: IPT, 1990.

O objetivo foi verificar as características de dispersibilidade dos solos ensaiados.

As curvas granulométricas dos solos ensaiados estão nas figuras 13 e 14.

Limites de liquidez e de plasticidade

Foram determinados pelos métodos NBR 6459 e NBR 7180 da ABNT.

Limites de liquidez e de plasticidade com metodologias variáveis

Foram executados pelo método NBR 6459 da ABNT, com as seguintes modificações:

- amostra sem secagem prévia;
- amostra previamente seca ao ar, passada na peneira 40 e dispersada com muita água (em estado de suspensão líquida) por 30 min em dispersor mecânico;
- amostra previamente seca ao ar, passada na peneira 40, e dispersada com muita água (em estado de dispersão líquida) por 30 min, e seca em estufa a 110 °C até peso constante.

O objetivo desses procedimentos foi verificar a influência dos agregados de partículas que houvesse nos solos no estado natural, na repetitividade dos ensaios; e a susceptibilidade desses solos de se agregarem por secagem nas condições drásticas da estufa.

O ensaio de limite de plasticidade, cujos resultados não variam com as variações propostas (Ignatius, 1989), foi executado apenas uma vez para cada amostra (Tabela 2).

Apenas com as variações da energia de manipulação, ou pelas diferenças entre os ensaios normal e com 30 min de dispersão, o latossolo roxo, amostra **7821**, e a terra roxa estruturada, amostra **7771 (7748)**, apresentam grandes variações de posição na carta de plasticidade. O latossolo roxo textura média, amostra **7769 (7742)**, apresentou pequena variação em valor absoluto, mas mudou de classe, por efeito da maior energia de manipulação no ensaio. No *Relatório Técnico n.27.997*, parcial (IPT, 1990), estão os resultados desses ensaios.

Os ensaios foram executados tanto pela metodologia tradicional como pela variação das condições de pré-secagem das amostras e de energia de manipulação delas no ensaio, no Aparelho de Casagrande ou no Aparelho de Cone. Comprovou-se que algumas amostras apresentaram grandes variações na Carta de Plasticidade de Casagrande, somente com a variação na energia de manipulação, levando o latossolo escuro textura média, amostra **7769 (7742)**, com uma pequena variação em valor absoluto, a também mudar de classe, com a variação da energia de manipulação, o que mostra uma deficiência da Norma Brasileira quanto à regulamentação desse ensaio.

O estudo do efeito da secagem do solo na agregação das partículas foi feito a partir de amostras na umidade natural, sem secagem prévia, e naquelas secas em estufa. A quantificação desses efeitos foi feita a partir dos ensaios de limites de liquidez, com o auxílio dos parâmetros: Potencial de Agregação (PA), Estado de Agregação Natural (EA) e Razão de Agregação (RA) (Ignatius, 1989). Examinando-se os valores de IP e A, na Tabela 3, podemos considerá-los conforme propõe Vargas (1987). Num gráfico conjugado IP × LL e % < 2μ, vemos que todos os solos considerados neste estudo possuem A < 0,7, ou seja, enquadram-se na categoria de solos cauliníticos de horizonte superficial, não expansivos.

Com o objetivo de estudar o efeito do secamento dos solos para a formação de partículas finas, Ignatius (1989) realizou ensaios a partir da umidade natural sem secagem prévia, e ensaios com amostras previamente secas em estufa. Para quantificar os efeitos, foram definidos os parâmetros seguintes, a partir dos ensaios de limites de liquidez com o Aparelho de Casagrande:

O POTENCIAL DE AGREGAÇÃO (PA) mede a capacidade das partículas de um solo de se agregarem somente pelo secamento.

O ESTADO DE AGREGAÇÃO NATURAL (EA) mede as condições das partículas do solo como se encontram na natureza.

A RAZÃO DE AGREGAÇÃO (RA) é a relação entre EA/PA, que mede o quanto de agregação o solo apresenta na natureza, em relação a quanto o mesmo pode se agregar apenas devido ao secamento máximo em estufa. Os resultados encontram-se na Tabela 3. Os valores de PA, EA e RA são comparados com o parâmetro e' obtido no procedimento para a classificação de solos pelo sistema de Classificação Miniatura, Compactado, Tropical (MCT).

Tabela 3: Propriedade de natureza dos solos

Solo	Classificação Unificada (USCS)	Classificação MCT	δ (Kg/m^3)	% < 2 μ	LL (limite)	IP (limite)	$A = \frac{IP}{\% < 2\mu}$
1	Areia argilosa (SC) partículas finas (CL)	LG'	2708	30	27	11	0,4
2	Areia silto-argilosa (SC-ML)	LA	2668	14	19	5	0,4
3	Argila arenosa com cerosidade (CH) partículas finas (CL)	LG'	2842	46	58	34	0,7
4	Argila arenosa grossa com cerosidade (CH) partículas finas (CH) e silte plástico com areia grossa (MH); partículas finas (CH)	LG'	2955	60	74	39	0,6
5	Areia grossa siltosa (SM) (partículas finas ML)	LA	2586	10	20	0	0
6	Areia grossa argilosa (SC) (partículas finas CL)	LA'	2654	24	30	12	0,5

δ = densidade do solo
* % < 2 μ = porcentagem de partículas menores que 2μ
OBS: Classificação Unificada (USCS) baseada nos valores de LL em amostras dispersas por 30 minutos nos ensaios por secagem

LG' = laterítico argiloso
LA = laterítico, areia
LA/LA' = laterítico e areia/arenoso
LA' = laterítico, areia

Fonte: IPT, 1990.

Ensaios de limites de Atterberg com o Cone de Penetração

Os ensaios executados pelo Aparelho de Casagrande, ou seja, como tradicionalmente são feitos, foram seguidos realizados com o Cone de Penetração, de acordo com a Norma Inglesa, a British Standard, n.1377. Consiste em medir a penetração de um cone metálico liso de 80,05 g com ângulo no vértice de 30°, por um período de 5 s ± 1 s, sobre a amostra com diferentes umidades, que são anotadas. A umidade correspondente à penetração de 20 mm é definida como o limite de liquidez da amostra. Compara-se então o resultado com aquele obtido pelo Aparelho de Casagrande, para o solo em estudo.

Ensaios de compactação

Compactação com energia normal e minicompactação

Esses ensaios foram executados não apenas com a finalidade de se obter a umidade ótima de compactação e os valores de perda de massa por imersão em água (P_i), mas também visando a parâmetros classificatórios do solo.

Os valores de P_i foram comparados com os resultados da dispersibilidade, obtidos dos ensaios de sedimentometria sem dispersão e sem defloculante. Por outro lado, as características de agregação já referidas (Ignatius, 1989) foram comparadas com o índice e' de classificação NCT de solos tropicais (Ignatius, 1990, 1990a e 1991). Supõe-se que esse comportamento seja função da agregação das partículas finas dos solos, justificando-se, então, a utilização dos índices PA, EA e RA. Excluindo-se os solos com LL < 20, há efetivamente uma boa correlação entre esses índices e e'.

Os resultados desses ensaios são vistos no *Relatório Técnico n.27.997*, parcial (IPT, 1990).

Ensaios de compactação com energia normal e ensaios de minicompactação e perda de massa por imersão

Os ensaios de compactação com energia normal foram realizados de acordo com a norma NBR 7182 da ABNT, sem secagem e sem reuso das amostras.

Os ensaios de minicompactação e de perda de massa foram realizados por imersão em água, em corpos de prova compactados, para a determinação dos parâmetros utilizados na Classificação Miniatura, Compactado, Tropical (MCT) para solos tropicais, de acordo com a metodologia criada por Nogami e Villibor (1981, 1985).

O sistema MCT baseia-se no comportamento dos solos no ensaio de compactação, quando se mede a inclinação do ramo seco da curva, d, e no valor da perda por imersão Pi, para definir o índice e, que representa o comportamento laterítico do solo. Esse índice é definido pela fórmula: solos argilosos com e < 1,14 e solos arenosos com e < 1,40 serão lateríticos (L), ou, caso contrário, serão não lateríticos (N). O caráter argiloso (G'), siltoso (S'), arenoso (A') ou areia (A) serão definidos pela inclinação da curva de abaixamento da altura do corpo de prova *versus* MCV, para o MCV = 10. Nos desenhos 35 e 36 (IPT, 1990) veem-se a carta de plasticidade, baseada nos valores de LL obtidos com o Aparelho de Casagrande, e os valores do LP, e, na Tabela 3, a classificação dos solos de acordo com o sistema MCT e os solos classificados de acordo com o sistema unificado, com a classificação pedológica e com o sistema MCT.

Pela Tabela 4, observa-se que os solos se dividem em argilas arenosas (latossolo roxo e terra roxa estruturada), areias argilosas (latossolo textura argilosa, podzólicos não abrúpticos, e as amostras dos solos podzólicos abrúpticos obtidas em maiores profundidades) e areias siltosas e silto argilosas (latossolos textura média, e amostras mais superficiais dos solos podzólicos abrúpticos).

Enfatiza-se que, caso a energia de manipulação do ensaio fosse fixada no sentido do limite de liquidez máximo, como foi determinado nesse trabalho (Ignatius, 1989), os solos terra roxa estruturada e especialmente o latossolo roxo se localizariam em regiões bem próximas, de alta plasticidade, na Carta de Plasticidade, perto da interface entre os grupos CH e MH. Esse fato, combinado com suas curvas granulométricas, resultaria para tais solos a mesma classe ou nomes bastante próximos, o que indicaria comportamentos geotécnicos semelhantes. Também esses solos pertencem ao mesmo grupo LG' (material argiloso, comportamento laterítico) na classificação MCT (Tabela 4), podem ser considerados como se fossem, do ponto de vista geotécnico, o mesmo material, embora pertençam a classes pedológicas diferentes. Observa-se também que o latossolo vermelho-escuro textura argilosa

Tabela 4: Classificação unificada, MCT e pedológica dos solos da região de Paraguaçu Paulista (SP) estudados

Poço	Horizonte	Profundidade (m)	Amostra (nº IPT)	Classificação		
				Unificada	MCT	Pedológicas (classes)
1	B	1,00 – 1,30	7766	Areia argilosa (SC) (finos CL)	–	Latossolo vermelho-escuro Textura argilosa
		2,00 – 2,30	7767	Areia argilosa (SC) (finos CL)	LG'	
2	B	1,05 – 1,35	7768	Areia siltosa (SM) (finos ML)	LA	Latossolo vermelho-escuro Textura Média
		2,00 – 2,30	7769	Areia siltosa (SM) (finos ML) p/ Areia Silto-argilosa (SC-SM) (finos CL-ML)	LA	
7	B	1,00 – 1,30	7778	Areia siltosa (SM) (finos ML)	–	
		2,00 – 2,30	7779	Areia silto-argilosa (finos CL-ML)	–	
8	AP	0,00 – 0,10	7819	–	–	Latossolo roxo
	B	0,10 – 0,30	7820	Silte arenoso (ML) (finos ML)	LG'	
		0,30 – 1,10	7821	Argila arenosa magra (CL) (finos CL p/ Argila arenosa gorda (CH) (finos CH) (2)	–	

Poço	Horizonte	Profundidade (m)	Amostra (nº IPT)	Classificação		
				Unificada	MCT	Pedológicas (classes)
3	B	0,65 – 0,90	7770	Argila gorda com areia (CH) (finos CH) (1)	–	Terra roxa estruturada
		2,75 – 3,00	7771	Silte elástico com areia (MH) (finos MH)	LG'	
4	B	0,60 – 0,85	7772	Areia siltosa (SM) (finos ML)	NA	Podzólico vermelho-amarelo Textura arenosa média ABRÚPTICO
		2,75 – 3,00	7773	Areia argilosa (SC) (finos CL)	–	
5	A ou B1	0,6	7774	Areia siltosa (SM) (finos ML)	–	
	C	1,75 – 2,00	7775	Areia argilosa (SC) (finos CL)	–	
6	B	1,05 – 1,30	7776	Areia argilosa (SC) (finos CL)	LA'	Podzólico vermelho-amarelo Textura arenosa média NÃO ABRÚPTICO
		2,35 – 2,60	7777	Areia argilosa (SC) (finos CL)	LA'	

Nota: Os termos ARGILA GORDA (1) e ARGILA MAGRA (2) são comumente empregados na indústria cerâmica. As primeiras possuem elevado teor de alumina (Al_2O_3), e, com adição de água, tornam-se plásticas, apresentando aspecto gorduroso, podendo ser amassadas, permitindo boa trabalhidade. As segundas possuem alto teor de sílica (SiO_2), tornando-se porosas e quebradiças.

(NOVO AURÉLIO, Século XXI. Editora Nova Fronteira, 1999)

Fonte: IPT, 1990.

Tabela 5: Características texturais e mecânicas dos solos estudados da região de Paraguaçu Paulista

classe pedagógica	poço	prof. amostra	granulometria (%)				limites de consistência			LL% Cone	plasticidade	atividade coloidal	compactação normal		δ g/cm³	Resistência		
			areia média	areia fina	silt	argila	LL%	LP%	IP%				hot (%)	γ Smax (g/cm³)		à compressão uniaxial	ao cisalhamento ensaios R sat c ' (Kgf/cm²)	Ø (0)
latossol vermelho-escuro textura argilosa	1	1,00-1,30	4	60	3	33	24	16	8	31	média	baixa	11,7	1,902	2,707	0,18	0	30
		2,00-2,30	4	61	3	32	26	16	10	34					2,708			
latossol vermelho--escuro textura média	2	1,05-1,35	1	82	2	15	16	14	2	20	baixa	baixa	10,2	1,968	2,661	0,048	0,05	26
		2,00-2,30	2	75	7	16	17	14	3	22					10,2			
	7	1,00-1,30	2	80	3	15	19	15	4	20					2,666			
		2,00-2,30	4	77	3	16	21	15	6	25					12,6			
terra roxa estruturada	3	0,60-0,90	1	18	9	72	60	27	33	62	alta	baixa	29,9	1,493	2,921	0,22	0	37
		2,00-2,30	–	–	–	–	66	35	31	68								
Pódzol vermelho--amarelo textura arenosa média abrúptico	5	0,60	2	80	8	10	18	14	4	25	baixa a média	baixa	12,6	1,858	2,634	1,37	0,14	20
		1,70-2,00	2	73	6	19	25	17	8	28								
pódzol vermelho--amarelo textura arenosa média não abrúptico	6	1,00-1,30	4	68	4	24	26	15	11	31	média	baixa	12,2	1,916	2,647	0,13	0	26
		2,35-2,60	4	60	11	25	29	18	11	37					2,661			
latossol violeta	8	0,70-1,00	2	42	6	50	46	24	22	51	alta	baixa	–		2,842	0,06	0,11	22

Fonte: Campos, 1990.

pode ser classificado como do grupo LG' do MCT. Essas considerações permitem afirmar que é gravemente incompleta a normalização do ensaio de limites de liquidez pela Associação Brasileira de Normas Técnicas (ABNT).

No que se refere aos solos podzólicos, nota-se que eles, em profundidades maiores que 0,85 m, revelam-se como areias argilosas (classe SC com finos, classe CL no United Soil Classification System – USCS) e de comportamento laterítico, classe LA', no sistema MCT, aproximando-se bastante dos latossolos textura argilosa, do ponto de vista geotécnico, dos latossolos textura argilosa, que se situam na mesma classe na USCS, e de comportamento laterítico L no sistema MCT.

Relativamente aos solos podzólicos abrúpticos, nas profundidades menores que 0,85 m, apresentam um comportamento mais aproximado dos latossolos textura média, situando-se ambos no mesmo grupo no sistema USCS, observando-se, porém, que esses últimos mostram um comportamento laterítico não muito evidente. Deve-se ressaltar que, no sistema MCT, os solos podzólicos abrúpticos têm comportamento sem dúvida não laterítico. Esses solos têm caráter essencialmente arenoso, o que determina o seu comportamento geotécnico. Nota-se que a amostra **7772**, amostra de solo superficial abrúptico, revelou-se não plástica na classificação USCS, o que explica sua elevada perda de massa por imersão P_i (Tabela 5), atribuindo ao solo um comportamento não laterítico no sistema MCT.

Colapsibilidade e adensamento

De acordo com a Geological Society (1990), solos colapsíveis possuem uma estrutura que lhes permite suportar tensões razoavelmente altas quando parcialmente saturados, apresentam uma redução brusca de volume devido ao colapso, quando saturados, mesmo sob baixas tensões. Solos tropicais parcialmente saturados pertencem a essa categoria. Acomodação por colapso usualmente é resultado da perda ou redução das ligações entre as partículas do solo em razão da presença da água, e frequentemente ocorrem em solos residuais de rochas ricas em quartzo, intensamente lixiviadas. Outros mecanismos de colapso são a perda da influência estabilizadora da tensão superficial nos meniscos de água, nos contatos entre as partículas de solos parcialmente saturados e perda de resistência das próprias partículas quando umedecidas.

Vilar e Ferreira (2015) registram que uma característica própria dos solos não saturados é a tendência a sofrer variações de volume quando o seu teor de umidade é alterado sob tensões praticamente constantes. O aumento do teor de umidade pode resultar em redução de volume como acontece com os solos de baixa densidade ou o seu aumento, quando se trata de solos expansivos. As razões são diferentes para um ou outro resultado. Nos solos de baixa densidade, o aumento da umidade conduz à redução da resistência dos contatos entre as partículas, comumente pela redução da sucção, resultando em um novo rearranjo estrutural, em uma nova condução de equilíbrio sob carga constante e em um novo teor de umidade ou nova sucção. A esse fenômeno se dá o nome de colapso, sendo o solo que o apresenta chamado de colapsível. O autor (ibid., 2015) explica que a grande fase dos estudos sobre solos colapsáveis no Brasil iniciou-se na década de 1970, devido às construções de barragens no Centro-Sul, e aos problemas associados às fundações de barragens e fundações de edifícios na região Sudeste e no semiárido (Vargas, 1973; Pinto, 1978; Vilar et al., 1981), dentre outros.

Ignatius (1990) explica que nos ensaios de adensamento são considerados os valores da compressão dos corpos de prova submetidos a carregamentos com ou sem inundação, representados pela variação das alturas dos mesmos (h), pela desestruturação interna dos solos (*fabric*; Collins, 1985), pelos índices de vazios (e) e pelo limite de liquidez (LL). São calculados os índices de compressão (C_c) obtidos nos ensaios dos corpos de prova na umidade natural ou inundados desde o início, juntamente com a expressão de Skempton (1953) corrigida por Terzaghi e Peck (1967) para solos no estado indeformado:

$$C_c = 0{,}009\ (LL - 10) \pm 30\%$$

Ignatius (1990) registra que há várias propostas para maneiras simplificadas de revelar solos potencialmente colapsíveis, das quais uma das mais significativas é a utilização do índice R (*collapse ratio*), proposto por Gibbs (1961), e que relaciona o índice de vazios natural e_o do solo e o índice de vazios que o mesmo apresenta no limite de liquidez (LL). O mesmo autor verificou que solos não cimentados com $LL < 20$ e $R > 1$ são potencialmente colapsíveis.

Para os solos cenozoicos estudados, o coeficiente que correlaciona o máximo colapso e o valor de R é 0,91, com exceção do solo 2, amostras **7740**

– LL < 20; e solo 5 (amostra **7755**) – LL = 20 (Tabela 3). Entretanto, há um fator de complicação a se considerar, porque, quando o cimento é destruído nas determinações do LL, esse parâmetro aumenta, portanto R muda de valor. Os solos estudados apresentaram valores de C_c acima do esperado pela expressão de Skempton (1953), com exceção do solo 4: amostra **7747**, o que sugere estruturas instáveis, altamente compressíveis. Por outro lado, os testes de adensamento podem ser mais bem entendidos após as considerações de Vaughan (1985), que sugere a adoção de um índice de compressão do solo desestruturado (C_c), correspondente a amostras inundadas desde o início do ensaio, e o índice de compressão com amostras cimentadas, que corresponde a amostras não inundadas (C_{cs}). Adotando-se tal critério, a relação entre C_c e C_{cs} para os solos estudados é 1,00, valor considerado muito bom.

Resistência ao cisalhamento

Ensaios triaxiais

É fundamental reproduzir os comentários registrados no *Relatório Técnico n.27.997*, complementar (IPT, 1990), para a compreensão do comportamento dos solos estudados, relativamente à sua resistência ao cisalhamento, avaliada através dos ensaios correspondentes.

A campanha de ensaios efetuada para a determinação das características da resistência ao cisalhamento indicou que os solos estudados são "solos cimentados", e que também sofrem a influência do fenômeno da sucção mátrica (capilaridade) na sua resistência ao cisalhamento.

Solos cimentados são aqueles que possuem agentes cimentantes de qualquer tipo unindo suas partículas, constituindo o que se pode chamar de "estrutura secundária" (*fabric*; Collins, 1974).

Segundo Ignatius (1989), tal cimentação nos solos estudados é evidenciada principalmente pela forma das curvas que representam a trajetória de tensões nos ensaios triaxiais adensados rápidos saturados (R_{sat}), curvas semelhantes àquelas apresentadas por Vaughan e Kwan (1984) e Vaughan (1985); e Maccarini (1980), em trabalhos sobre o tema. Pode-se notar que, neste trabalho, não se atingiu, para nenhum dos solos estudados, o valor da pressão confinante necessária para romper completamente a cimentação entre as partículas de solo, nos ensaios R_{sat} (segundo ponto da quebra, Macarini, 1988). Por essa razão, as tensões efetivas se situaram abaixo da "linha de escoamento" (segundo ponto de quebra) dos solos durante os ensaios, provocando neles uma súbita ruptura, com rápido aumento da pressão neutra nas amostras, quando aquela linha era atingida. Esse fato levou a uma definição muito imprecisa da envoltória de resistência nesses ensaios, já que, em ensaios como esses, o ponto de máxima declividade da envoltória é σ_1/σ_3 **máximo** nos ensaios R_{sat}, que tendem a se posicionar muito próximos entre si, no gráfico: tensão de cisalhamento × tensão normal aplicadas.

Nota-se que o comportamento do solo cimentado, evidenciado pelas trajetórias de tensões efetivas nos ensaios R_{sat}, foi observado para todos os solos ensaiados, à exceção da amostra do solo podzólico abrúptico (amostra **7751**, ensaiada no IPT), que também foi o único que revelou comportamento não laterítico pela classificação MCT (Tabela 5).

Consequentemente, a interpretação dos ensaios triaxiais lentos com sucção controlada S_{suc} foi também afetada pela indefinição na envoltória efetiva da resistência. De qualquer forma, apesar dos problemas citados, percebe-se claramente nos gráficos de intercepto de coesão *versus* u_a-u_w que o aumento desta provoca um aumento da resistência ao cisalhamento, para todos os solos ensaiados.

Para o solo latossolo vermelho-escuro textura média e podzólico amarelo textura arenosa média não abrúptico foram executados ensaios triaxiais rápidos (Q). As envoltórias de resistência em termos de tensões totais determinadas foram colocadas em gráficos: tensão de cisalhamento × $(\sigma_3 - u_a)$, dos ensaios S_{suc} respectivos, admitindo-se a hipótese de que a pressão no ar (u_a) é nula nos ensaios Q. A análise desses gráficos permite concluir que provavelmente atuavam, na água dos poros dos corpos de prova, sucções elevadas, que correspondem a pressões negativas que não foram adequadamente medidas com o equipamento disponível para os ensaios. Por essas razões, conclui-se que a melhor metodologia para a determinação da envoltória efetiva de resistência e consequentemente os parâmetros c' e φ' em solos do tipo dos estudados, ou seja, insaturados e cimentados, é através dos ensaios lentos saturados, que não foram realizados. Os ensaios R_{sat} são úteis para a determinação da linha de escoamento, evidência de que a maioria das cimentações foram destruídas, e o solo passa a se comportar como um material particulado, com partículas individualizadas.

Ensaios de compressão uniaxial

Os gráficos apresentados no *Relatório Técnico n.27.997*, complementar (IPT, 1990), permitiram concluir que os solos ensaiados, na umidade natural, apresentam sucção da água nos poros superior à máxima aplicada nos ensaios S_{suc}, ou seja, 200 kPa. Esse fato foi confirmado pela colocação dos valores da umidade natural h_{nat} (ou do grau de saturação natural) que mostram as curvas de secamento dos solos em função da sucção mátrica[5] aplicada. Exceção foi o solo latossolo roxo cuja umidade natural indica, na curva de secamento, sucção mátrica no campo por volta de 50 kPa, sendo sua resistência à compressão simples ligeiramente superior à que apresentaria devido apenas à sucção mátrica mencionada. Possivelmente, esse fato seria devido à contribuição da cimentação na resistência ao cisalhamento. Realmente, observando-se as trajetórias das tensões efetivas obtidas nos ensaios R_{sat}, verifica-se que a porção horizontal da linha de escoamento para esse tipo de solo posiciona-se em torno do valor 30 kPa para $(\sigma_1 - \sigma_3)$ 1/2, que é exatamente o valor da ruptura do corpo de prova no ensaio de compressão simples.

Pelos fatos verificados, pode-se afirmar que uma metodologia eficiente para a determinação dos padrões de comportamento dos solos ensaiados em termos de resistência ao cisalhamento em tensões efetivas, com adaptações para cada caso em estudo, seria:

- determinação da envoltória efetiva de resistência (c' e ϕ') no estado amolgado, ou seja, partículas individualizadas com cimentação destruída, através de ensaios triaxiais drenados (S) com corpos de prova previamente saturados;
- determinação da sucção mátrica na água dos poros através de ensaios triaxiais drenados com sucção controlada (S_{suc});
- obtenção da posição da "linha de escoamento" das cimentações entre as partículas do solo por meio de ensaios triaxiais adensados rápidos em corpos de prova previamente saturados;

5 Sucção mátrica é o mesmo que capilaridade. Capilaridade ou ação capilar é a propriedade física que os fluidos têm de subir ou descer em tubos extremamente finos. Essa ação pode fazer com que líquidos fluam mesmo contra a força da gravidade ou à indução de um campo magnético.

- realização de ensaios de compressão uniaxial para se observar como os solos e demais caraterísticas no estado natural se inserem no comportamento registrado nos itens supra.

Pode-se supor que essa metodologia seja válida para solos cimentados não saturados em geral, desde que o cimento presente não seja afetado pela saturação do solo.

Apresentação dos dados e análise dos resultados: ensaios realizados no Laboratoire Central des Ponts et Chaussées (LCPC)

Geologia, mineralogia e química

Identificação dos solos e do *Microfabric*

Os solos ensaiados satisfazem as várias concepções formuladas com relação à sua gênese e ao comportamento geotécnico.

Assim, enquadram-se na sugestão de Nogami e Villibor (1985), segundo a qual o solo será considerado laterítico se:

- pertencer aos horizontes A e B de perfis bem drenados desenvolvidos sob condições de climas tropicais úmidos;
- a sua fração argilosa for constituída de minerais do grupo das caulinitas e de óxidos hidratados de Fe e Al, e esses componentes estejam agrupados em estruturas peculiares "porosas" ou altamente instáveis.

Já foram descritas neste trabalho a distribuição e as características principais da cobertura pedológica e suas relações com as rochas originais e com os fatores climáticos e topográficos.

O formato de "grumos", ou seja, partículas aglutinadas (Cruz, 1987; Collins, 1985), foi identificado nas observações ao microscópio eletrônico de varredura (SEM). A considerável profundidade de foco desse equipamento torna-o um instrumento especialmente valioso no estudo da microestrutura do solo e para a confirmação da presença de minerais específicos, incluindo os argilosos. Esse equipamento explora propriedades que aparecem quando um feixe de elétrons é direcionado por um tubo de raios catódicos. O feixe é absorvido, refletido ou transmitido. Normalmente utiliza-se um feixe incidente de elétrons na faixa de 1 KeV a 50 KeV. Isto possibilita rastrear uma pequena área da amostra. O sincronismo com um monitor de TV produz uma imagem relacionada aos elétrons refletidos ou aos elétrons secundários dispersos de fundo. No estudo da microestrutura do solo da morfologia dos minerais, a ênfase é direcionada à topografia da superfície, aparecendo o contraste principalmente nas mudanças do ângulo que a inclinação da amostra faz com o feixe de elétrons.

São usualmente preparadas amostras de 2 a 2,5 cm de diâmetro e 0,5 cm de espessura, deixando-se uma superfície fresca, quebrada, da qual os fragmentos soltos são removidos (Foto 5).

A base da amostra é lisa e colada firmemente à base do porta-amostras-condutor, em geral de prata. Como a resolução é impedida por materiais não condutores, a amostra deve ser coberta com uma película (mais ou menos 20 μm) de ouro, carbono ou outro material condutor.

Foto 5: Amostras para a microscopia eletrônica

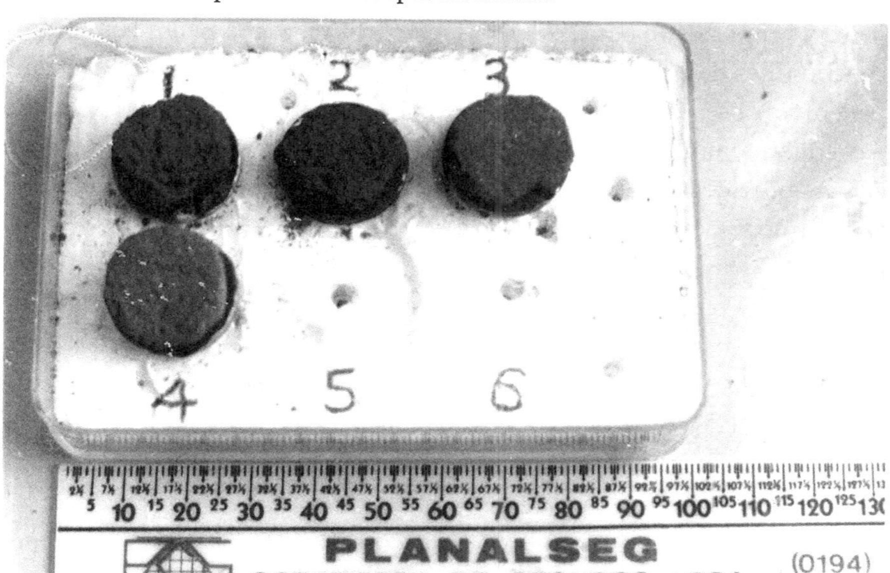

Fonte: Foto do autor.

Para as observações ao microscópio de varredura são necessários esclarecimentos quanto aos termos "microestrutura" e "*microfabric*". *Microfabric* é a parte da microestrutura que se refere ao arranjo espacial e distribuição das partículas do solo e dos espaços porosos associados. Microestrutura envolve o *microfabric*, a composição e as forças interpartículas (Collins, 1985). Esse autor esclarece que o esquema de caracterização do *microfabric* deve ser adequado para estudos de engenharia. Portanto, leva em consideração modelos prévios de *fabric* e incorpora muitos dos conceitos dos esquemas de classificação usados pelos cientistas de solo, porém sua terminologia é mais simples e nenhuma consideração é dada ao *fabric* devido à gênese. Sua base foi desenvolvida inicialmente por Collins e McGown (1974), que o aplicaram a solos transportados. Posteriormente foi ampliada (Collins; McGown, 1983) e adaptada para estudos de solos saprolíticos e lateríticos. Identifica três níveis de organização: elementar, em agrupamento e composto (Collins, 1985). As descrições desses três níveis, segundo Collins e McGown, encontra-se no capítulo "Características dos solos ligados à microestrutura", neste livro.

No anexo 2, são descritas as fotos obtidas ao microscópio eletrônico dos solos estudados neste projeto.

Não foram realizados estudos em lâminas dos solos impregnados com resina. Esse processo permite a identificação, ao microscópio polarizador, de grãos minerais maiores que 10 μm e o seu relacionamento com outros constituintes do solo, em duas dimensões. Vários elementos do *microfabric* podem ser observados, como feições resultantes do intemperismo, iluviação das argilas e outras partículas, reorientação de partículas pela contração e expansão, segregação hidromórfica do ferro e manganês, ou atividades dos animais no solo (Geological Society, 1990).

Classificação mineralógica

Na Tabela 6, veem-se os minerais identificados pela Difração de Raios X, nas amostras dos solos lateríticos estudados. As figuras 15, 16, 17, 18 e 19 são os espectros simplificados das análises realizadas.

Tabela 6: Composições química e mineralógica dos depósitos cenozoicos estudados

Óxidos (1)	Amostras					Minerais (1)	Amostras				
	7741	7742	7754	7759	7748		7741	7742	7754	7759	7748
SiO_2	77,2	87,9	83,1	84,1	38,9	Quartzo	67,76	82,24	73,83	75,44	15,83
Al_2O_3	9,1	4,0	5,52	6,81	18,9	Anatásio Rutilo	1,22	0,82	0,75	0,84	4,29
Fe_2O_3	3,69	1,94	1,68	2,10	20,43	Mg Biotita	0,38	0,24	0,73	0,45	–
TiO_2	1,22	0,82	0,75	0,84	4,28	Fe Biotita	–	0,46	1,43	0,32	–
CaO	0,02	0,01	0,08	–	0,13	Hematita	3,69	1,72	0,04	1,95	6,68
MgO	0,108	0,068	0,21	0,131	0,211	Ortoclásio	–	–	4,35	–	0,59
MnO	0,009	0,012	0,012	0,009	0,942	Albita	0,63	1,69	0,76	0,76	1,06
Na_2O	0,75	0,197	0,071	0,009	0,125	Anortita	0,10	0,05	0,40	–	0,65
K_2O	0,031	0,067	0,95	0,082	0,100	Halloysita	4,33	8,25	11,92	9,47	43,84
$\frac{SiO_2}{Al_2O_3}$	14,3	36,5	28,7	20,9	3,51	Caulinita	15,11	1,81	0,15	8,32	7,26
$\frac{SiO_2}{Al_2O_3 + Fe_2O_3}$	11,4	28,1	24,2	17,5	2,06	Gibbsita	2,17	–	–	–	–
						Clorita	–	–	–	–	140
						Goethita	–	–	–	–	14,83

(1) Em porcentagens nas amostras

Figura 15: Espectro da difração de raios X – amostra 7741 (simplificado)

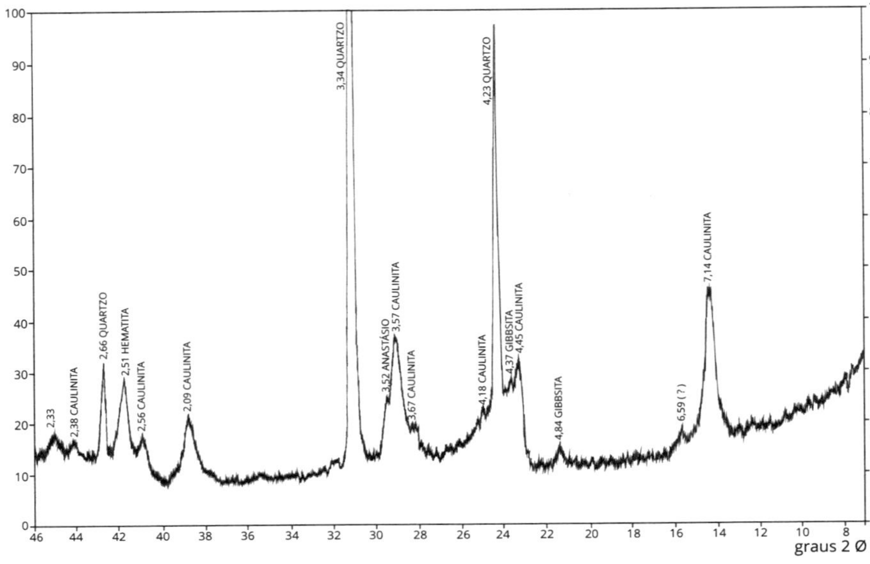

Figura 16: Espectro da difração de raios X – amostra 7742 (simplificado)

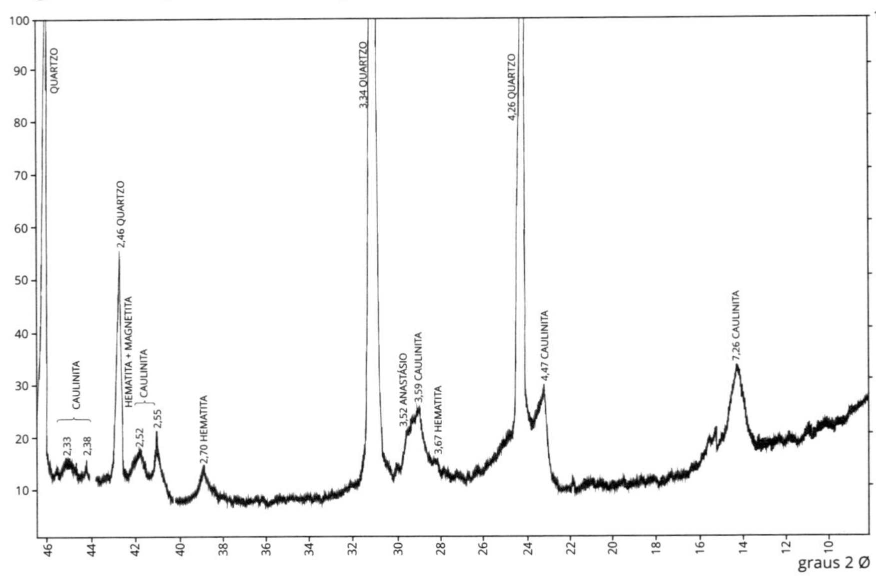

Figura 17: Espectro da difração de raios X – amostra 7754 (simplificado)

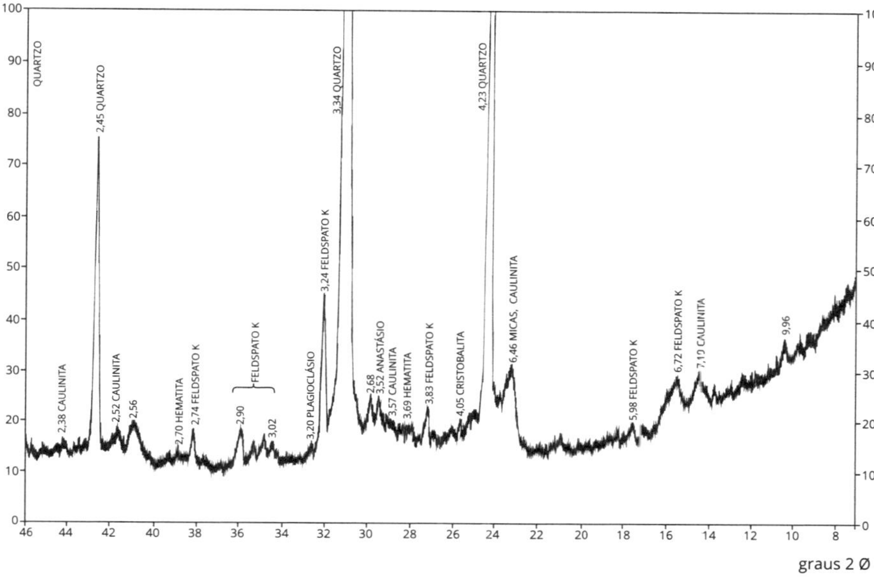

Figura 18: Espectro da difração de raios X – amostra 7759 (simplificado)

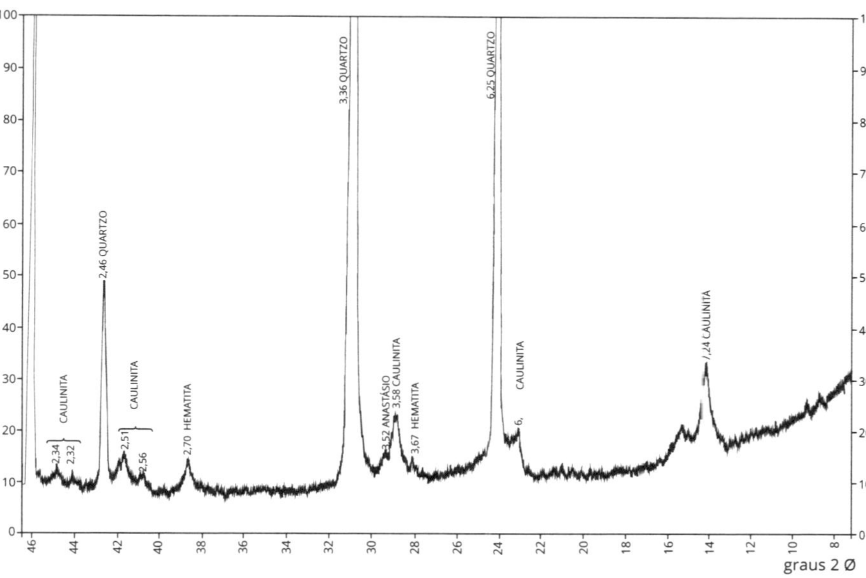

Figura 19: Espectro da difração de raios X – amostra 7748 (simplificado)

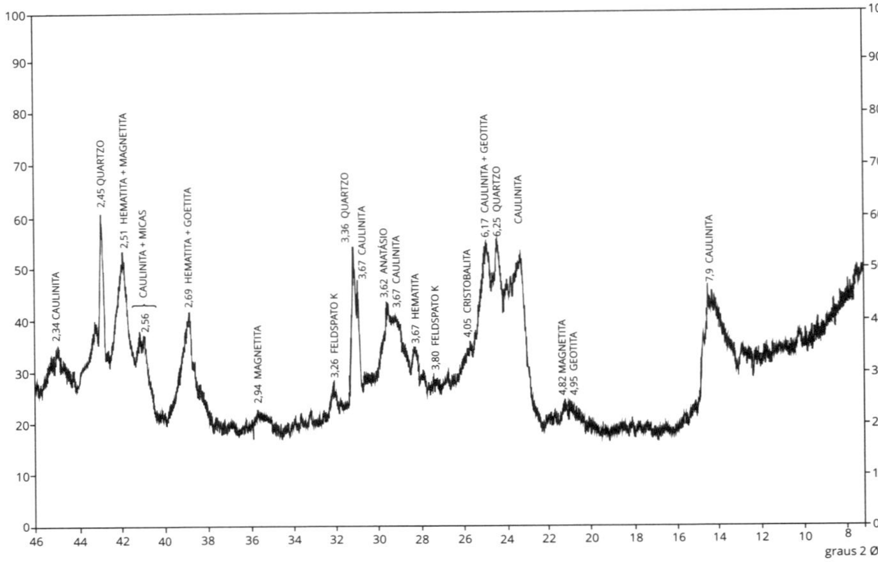

Verifica-se que nas amostras **7748** – terra roxa estruturada – e **7741** – latossolo vermelho-escuro – material com grande contribuição dos basaltos da Formação Serra Geral – é muito grande a quantidade de caulinita e de hematita, relativamente às demais amostras, provenientes de arenitos das formações Adamantina e Marília. Na amostra **7748** há ainda muita halo-soisita, além de ter sido a única onde foram detectadas a goethita e a clorita.

Melfi et al. (1985) registram que os "solos lateríticos vermelhos" nas regiões tropicais ocorrem em cores variando do amarelo ao vermelho, como função das diferentes formas de Fe presentes. Assim, solos amarelos apresentam a goethita abundante, enquanto nos vermelhos a hematita predomina. Cores intermediárias ocorrem e correspondem a diferentes proporções desses minerais. Lê-se ainda que as lateritas são produtos de intenso intemperismo subaéreo de rochas onde os conteúdos de Fe e Al são maiores que na rocha original; consistem predominantemente de um conjunto mineral de caulinita, goethita, hematita, hidróxidos de alumínio e quartzo (Schellmann, 1979). Ao considerarmos estas notas, torna-se difícil explicar a grande quantidade de goethita na amostra **7748**, um solo vermelho-escuro, bem como a presença de gibbsita apenas na amostra **7741**. De resto, esses solos se enquadram na categoria de latossólicos e podzólicos, no que diz respeito à sua constituição mineralógica. É necessário, porém, comparar-se a mesma com a das rochas originárias, pois o quadro evolutivo da composição mineralógica pode comprovar a real natureza laterítica dos solos.

Análises químicas

Essas análises foram executadas pela Espectometria de Absorção Atômica. Os resultados estão na Tabela 6.

Para esses ensaios, cada amostra constitui-se de 500 g de material, sem nenhuma preparação.

A relação sílica-sesquióxidos é comumente usada para indicar a medida de intemperismo para diferentes tipos de solos. Ela é determinada pela expressão:

$$K_r = \frac{\%\,SiO_2/60}{\left(\%\,Al_2O_3/102\right)+\left(\%\,Fe_2O_3/160\right)}$$

Valores de $K_r < 2$ são típicos de solos ferralíticos ricos em óxidos, ferrisols e alguns solos ferruginosos, enquanto alguns solos fersialíticos e ferruginosos apresentam valores de $K_r > 2$; ferrites, ferralites, alites, a maior parte dos solos ferralíticos endurecidos apresenta valores $K_r < 1{,}33$. Entretanto, há muita dependência da composição do material original e da concentração de sílica ou sesquióxidos por outros processos que não sejam por intemperismo (por exemplo, acumulação de Fe_2O_3 por podzolização ou segregação hidromórfica). Portanto, a relação acima não classifica corretamente todos os solos tropicais na classificação francesa (Duchaufour, 1982), ou qualquer outro sistema de classificação.

De acordo com o Geological Society Engineering Group Working Party Report: Tropical Residual Soils (1990), elementos complementares de análises para o cálculo da composição mineralógica dos argilominerais podem ser avaliados recalculando-se a composição mineralógica, se os constituintes tenham sido identificados e suas composições químicas individuais sejam conhecidas com precisão. Por exemplo, a composição quantitativa dos argilominerais pode ser calculada dessa maneira, pelos resultados semiquantitativos da difração de raios X. Por outro lado, a natureza dos elementos principais proporciona maior confiabilidade para a composição mineralógica, se estiverem presentes elementos amorfos ou fracamente cristalinos, que não foram identificados pela difração de raios X.

Os valores obtidos permitem classificar apenas a última amostra **7748**, terra roxa estruturada, como de origem laterítica. Caso adotássemos esse critério como o único critério classificatório, os solos estudados, à exceção deste último, não teriam origem laterítica. Comparando esses resultados com os apresentados por Schellmann (1979), nota-se que solos parecidos de Gana, na África, apresentam relações SiO_2/Al_2O_3 de 15,2 e 9,9, e $SiO_2/Al_2O_3 + Fe_2O_3$ de 6,8 e 2,8.

Entretanto, algumas observações devem ser feitas a respeito da utilização das relações sílica/alumínio e sílica/sesquióxidos. Gidigasu (1976) afirma que tais relações não significam um importante critério de definição de tais solos, parcialmente em função da mudança do ponto de vista relativamente à natureza do laterito, e também devido ao aumento da precisão de como se determinam as argilas nas frações finas do solo. Mesmo com tais limitações, é certo que a compreensão da sílica e alumina e da sílica e sesquióxidos é útil na classificação generalizada dos lateritos. A definição química dos lateritos não tem, entretanto, encontrado aplicações úteis em engenharia, por duas razões: primeiramente porque a identificação e a classificação química não são, geralmente, procedimentos de engenharia, e são imprecisos do ponto de vista da mesma; e solos de um determinado grupo químico poderão ter uma vasta escala de propriedades de engenharia; e secundariamente, ainda que alguns procedimentos em engenharia utilizem dados químicos dos solos lateríticos. Mesmo que a determinação das relações sílica/alumínio e sílica/sesquióxidos seja simples, ela exige uma análise química que não é disponível para o engenheiro civil.

Portanto, as relações sílica/alumina e sílica/sesquióxidos pretendem indicar a abrangência do intemperismo para diferentes tipos de solos. Valores de $K < 2$ são típicos de solos ferralíticos ricos em óxidos; valores de $K > 2$ indicam ferrisols e alguns solos ferruginosos; $K < 1,33$ são de solos ferrites, ferralites, alites e a maior parte de solos endurecidos ferralíticos. Entretanto, depende muito da composição da rocha original e da concentração de sílica ou sesquióxidos por processos outros que não sejam por intemperismo: por exemplo, acumulação de Fe_2O_3 por podzolização ou segregação hidromórfica. Dessa maneira, as relações em questão não classificam corretamente todos os solos tropicais na classificação francesa ou em qualquer outro sistema.

Capítulo 4
Estabilização dos solos

A estabilização dos solos utilizando-se os procedimentos da compactação é prática conhecida, desde que a mecânica dos solos desenvolveu, na primeira metade do século XX, as teorias que norteiam a construção de obras de terra, como barragens, rodovias, dentre outras.

Guimarães (1997) explica que a estabilização dos solos é necessária quando um solo não possui as características geotécnicas exigidas, principalmente quanto à resistência para suportar determinado nível de tensões. Portanto, adota-se a sua estabilização, viabilizada por:

- meios mecânicos para a correção da granulometria e plasticidade, pela adição ou subtração de certas quantidades das frações constituintes do solo, até se atingir os parâmetros exigidos por norma;
- meios químicos, utilizando-se aditivos orgânicos ou inorgânicos, como materiais betuminosos, resinas, compostos de fósforo, silicatos de sódio, cimento Portland, cal e outros.

A escolha pela utilização do tipo de estabilização é determinada por fatores como custos, finalidade da obra e características dos materiais e propriedades dos solos que devem ser corrigidas. Os solos das regiões tropicais têm recebido tratamento para mitigação de seus problemas por serem ainda incipientes os conhecimentos quanto às diferenças significativas de suas propriedades e comportamentos (Guimarães, 1997). O autor (ibid.) chama a atenção para o fato de que o homem, já na Antiguidade muito remota, utilizou a cal para a melhoria e estabilização de solos instáveis. Os exemplos vêm da Itália, como a Via Ápia entre a Porta-Capena-Capua-Brindisi, construída em 312 a.C. pelos romanos, e um dos trechos da Muralha da China, em 228 a.C.

A técnica foi reativada no século passado, anos 1920, e sua expressão é comprovada pelo consumo da cal nos Estados Unidos e Japão, principalmente, mas também na Alemanha e França.

O meio ambiente interfere na evolução do processo da estabilização, por meio das águas superficiais ou subterrâneas, da qualidade do ar (oxigênio e anidrido carbônico), das variações de temperatura e dos índices pluviométricos, e dos esforços construtivos da obra.

Toubeau (1987) considera a estabilização dos solos quando há interesse em induzir a eles um comportamento satisfatório ao serem utilizados em uma obra de terra, procurando-se obter a melhor densidade possível. Com a estabilização mecânica atua-se sobre a estrutura do material, modificando o arranjo das suas partículas, o que permite reduzir sua porosidade, seu índice de vazios pela proximidade dos elementos constitutivos dos solos. O objetivo de uma compacidade ótima somente se atinge em presença da água; um material muito seco não é trabalhável, mas, muito úmido, torna-se, no limite, impossível de ser compactado. O teor em água está relacionado com a energia de compactação, o que é evidenciado no ensaio Proctor.[1] Os elementos constituintes dos solos são grãos de quartzo, de dimensões apreciáveis, e as argilas, partículas finas de dimensões inferiores a 2μ. A fração grossa do solo constitui o seu "esqueleto", que transmite os esforços mecânicos no seu interior, sendo pouco influenciada pela água. A fração fina, que é também ligante, é particularmente sensível à água, e participa ou mantém o "esqueleto", mas representa uma parte inexpressiva na distribuição das forças no interior do solo.

A água exerce um papel cada vez mais fundamental quanto menores forem as partículas. A compactação ótima pressupõe uma distribuição granular tal que os elementos menores venham a se inserir entre os maiores. Entretanto, Toubeau (1987) adverte que essa distribuição ideal é raramente ou nunca encontrada na natureza.

Nas técnicas-padrão de estabilização sabe-se que a estabilização mecânica necessita presença de um "esqueleto" arenoso que suporta as pressões sobre o material, como já foi dito, o que não poderá ser garantido

1 Método usado para determinar a relação entre o teor de umidade e a densidade de um solo compactado. É uma técnica comumente utilizada em geotecnia para avaliar as características mecânicas e de engenharia do solo.

convenientemente se o referido "esqueleto" não for coerente, ou seja, é necessário que os elementos que o constituem sejam ligados solidamente. Essas ligações ou coesão são garantidas pela fração fina ou argilosa do solo, e desaparecem em presença do excesso de água, isto é, desde que as pressões intersticiais se tornem positivas. Então é importante que se utilize a estabilização química ao se pretender uma obra durável e que independentemente da sazonalidade, possa se assegurar que o solo seja imune à água e que as ligações ou coesões no seu interior sejam permanentes.

Cabane (2004) discorre que duas técnicas de tratamento permitem valorizar os solos:

- a redução da porosidade realizada pela compactação
- a modificação das características físicas e mecânicas pela utilização de agentes químicos.

A compactação é uma etapa importante da estabilização, que permite reduzir a porosidade do solo pela expulsão do ar aprisionado. As características ótimas da compactação são determinadas pelo ensaio Proctor Normal. A medida das mesmas, ou seja, o teor de umidade ótima permite determinar a densidade seca mais elevada do solo que é então utilizada nos estudos da estabilização.

Cabane (2004) define diferentes comportamentos dos solos segundo o seu teor de argila e areia. Comportamento arenoso ocorre quando o teor de areia for maior que 90%; nesse caso, a densidade da mistura quase não depende do teor em água e a densidade ótima é relativamente baixa; o solo será arenoso argiloso quando o teor de areia estiver entre 90% e 70% de areia, e a densidade ótima é mais pronunciada; e será argiloso arenoso quando houver menos de 70% de areia, e então a densidade ótima será elevada. Nos solos finos, a simples compactação não garante as características da sub-base de um aterro. A coesão está ligada à presença da água; é um fenômeno de tensão superficial que liga as partículas do solo. Portanto, as características da sub-base são tributárias do teor em água do solo. Essa coesão não cria ligações suficientemente sólidas entre as partículas para se opor à expansão das argilas. Portanto, a utilização de agentes químicos que permita uma estabilização irreversível é necessária. A adição desse agente provoca uma modificação do teor em água do solo, que é mais sensível com a utilização da cal. A escolha do tipo da cal depende do teor de água do solo: se for muito úmido, a cal viva (CaO) é indicada, pois ela aumenta o teor em sólidos do solo, e por consequência uma diminuição relativa do teor em água, que é consumida pela hidratação: $CaO + H_2O = Ca(OH)_2$, seguida de evaporação, favorecida pela exotermicidade da reação de hidratação. Sabe-se que 1% da cal viva adicionada equivale a 1% do teor de água. Caso o solo esteja com o teor de água do Proctor, poderá ser usada a cal extinta $Ca(OH)_2$, e quando o solo for muito seco, é indicado o leite da cal, ou seja, uma suspensão de hidróxido de cálcio.

A estabilização química

As técnicas utilizáveis, suas vantagens e inconvenientes para a estabilização mecânica ou química dos solos, são comentadas por vários autores, como Aflitos e Ferreira (1986); Parodi e Mozetich (1984); Carvalho (1987); Chukweze (1985); Le Roux e Toubeau (1986); Pastore (1983); Toubeau (1987); Frouin (1987); Le Roux; Legroun (1987), entre outros.

Le Roux e Toubeau (1986) destacam a importância dos minerais acessórios para os solos estabilizados. Por exemplo, uma pequena porcentagem de pirita no solo (3%) induz a uma diminuição de 50% do valor da resistência à compressão simples das amostras secas, e anula completamente o valor da mesma resistência para amostras saturadas. Portanto, é necessário realizar-se uma análise completa do material original como a única maneira de evidenciar a presença de compostos que influenciam a estabilização.

Os aditivos aplicados com as misturas podem ser:

- material pozolânico: as cinzas volantes ou *flyash*, material de refugo nas usinas térmicas a carvão;
- escória granulada de alto forno;
- materiais pozolânicos: diatomito, *chert* opalino;
- cimento Portland;
- anidrido carbônico, nos estados seco (gelo seco) ou gasoso;
- compostos químicos: carbonato de sódio, cloreto de cálcio, cloreto hidratado de manganês, ácido fosfórico e cloreto de sódio;
- materiais orgânicos: resinas; lignina.

Toubeau (1987) esclarece que estabilizar um solo por tratamentos químicos é proceder para neutralizar os efeitos nocivos da água. O conhecimento do solo e a resposta diferencial dos argilominerais à água representam um aporte precioso para o sucesso do empreendimento da estabilização. Um tratamento visando modificar quimicamente o comportamento do solo pode ser realizado de diversas maneiras, como veremos a seguir.

Encapsulação das partículas argilosas ou agregados

É possível pela formação de uma cobertura que envolva os componentes do solo de forma contínua, impedindo a penetração da água, suprimindo dessa maneira toda possibilidade de expansão dos argilominerais expansivos. Esse tratamento utiliza moléculas orgânicas que apresentam uma afinidade importante com os argilominerais, mas que possuam um caráter hidrófobo considerável. Essas moléculas orgânicas são constituintes do betume ou dos óleos minerais (maltenes ou asfaltenes) e também dos aminos (sais minerais gordurosos). Toubeau (1987) cita Frouin (1987), que revela o interesse, mas também os limites desses produtos, e também Le Roux e Legroun (1987), que relatam a ineficácia quase total dos aminos no caso de solos argilosos arenosos onde predominam as esmectitas. Essas observações remetem à estrutura dos argilominerais. As argilas do grupo das esmectitas possuem superfícies específicas entre 300 e 800 meq/g, consideradas muito altas, dependendo da natureza dos cátions interfoliares, sendo, portanto, impossível pretender-se envolvê-las com uma camada protetora. Caso onde a fração argilosa sejam as caulinitas, que têm a superfície específica 100 vezes menor que a das esmectitas, o tratamento com dosagens próximas de 0,1% a 0,2% pode resultar ser eficaz a curto prazo, desde que seja constatada na prática sua durabilidade, o que implicará sua viabilidade econômica.

Intervenção sobre os minerais inertes

Essa intervenção objetiva estabelece entre os minerais citados ligações suficientemente resistentes para se oporem às forças de expansão dos minerais expansivos, o que pode ser proporcionado pelo cimento. Este, devido à sua composição, fornece elementos anidros, os quais, pela hidratação, formam silicatos e cálcio hidratados, liberando a cal ou a portlandita. Realizado com materiais limpos, o tratamento com cimento é totalmente insensível à água. Entretanto, a eficiência em relação aos solos argilosos em limites economicamente aceitáveis não está demonstrada. Toubeau (1987) adverte que, em certos casos, as ligações entre os grãos da fração arenosa não são resistentes o bastante para se oporem às tensões responsáveis pelo fenômeno expansão/retração ligado à ação da água sobre os argilominerais.

Intervenção sobre os argilominerais

Pela eliminação dos argilominerais, anulam-se, portanto, suas propriedades expansivas, com o auxílio de ligações que se originam durante o tratamento reforçando ainda mais a estabilização, o que é possibilitado pela cal.

Chukwese (1985) comenta a possibilidade de utilização de polissacarídeos em substituição ao cimento, destacando os efeitos de dois tipos de produtos mencionados sobre o comportamento de solos argilosos originados em condições tropicais, e duas argilas puras, a nontronita e a montmorilonita, como:

- o teor de umidade ótima;
- a densidade seca máxima;
- a resistência à compressão.

O autor (ibid., 1985) discute as questões relativas à resistência, devido ao tipo de argila presente no solo. Os polissacarídeos mencionados são aqueles que formam os eletrólitos na água – denominados "carregados": o Polygal e o ácido algínico, e outros, que não formam eletrólitos, chamados "não carregados", como o Dextran. Chukwese afirma que as propriedades dos solos misturados com esses produtos são completamente alteradas, porém a integridade da argila dominante é preservada. As misturas com argilas puras mostram relações inversas relativamente à resistência à compressão não confinada (compressão simples) e à densidade seca, o que é normal para os solos.

Pastore (1983) realizou o tratamento de solos com produtos químicos, os "hidrofobantes", como o Stabiran 677 – M –, um sal aminocatiônico, para a estabilização de estradas. Toubeau (1987) afirma que esse tratamento origina moléculas orgânicas que apresentam uma afinidade muito importante com os minerais de argila, mas que desenvolvem um caráter hidrófobo, ou seja, repelem a água. Tais moléculas podem ser os constituintes de betumes ou de óleos minerais – maltenes e asfaltenes – ou ainda aminos – sais amino gordurosos. Um estudo de Frouin (1987) mostrou a utilidade, mas também os limites desses produtos.

Le Roux e Legroun (1987) salientam também a ineficácia quase total das aminas no caso dos solos argilosos arenosos com a predominância da esmectita.

O tratamento de solos com a cal – pressupostos para o tratamento

A cal ainda é pouco usada como aditivo para a estabilização de solos em regiões tropicais. Mas, em virtude da grande variedade de solos tropicais potencialmente adequados para a estabilização, e o esgotamento das jazidas de materiais clássicos com características satisfatórias, espera-se um aumento do uso daquele tipo de estabilização naquelas regiões. Sem dúvida, algumas particularidades dos solos tropicais implicam dificuldades, mesmo considerando-se as condições climáticas favoráveis. A adição da cal é tradicionalmente recomendada quando os solos têm certa quantidade de finos responsáveis por um comportamento plástico e que não contenham matéria orgânica em quantidades prejudiciais. Recomenda-se um mínimo de 15% passando na peneira de 0,042 mm e IP 10 (Netterberg et al., 1985).

Para solos não tropicais, considera-se que uma estabilização satisfatória é obtida com a adição de um mínimo de cal quando o pH atinge o valor 12,4, que é o pH da própria cal (ibid., 1985). Para solos tropicais, admite-se que não mais que 2% desse produto é suficiente para elevar o pH até aquele valor, atingindo-se assim altos valores para a resistência (ibid., 1985). Netterberg (1984) definiu o fator Initial Consumption of Lime (ICL), na África do Sul, que é a mínima quantidade de cal a ser usada, mas que atualmente é determinada por outros critérios (CBR, IP), naquele país.

A redução do índice de plasticidade (IP) com a adição da cal é tradicionalmente reconhecida. Para valores do IP e do limite de liquidez (LL) altos são previstos comportamentos plásticos e expansivos para solos normais, e geralmente valores máximos são estabelecidos para uso em bases e sub-bases. Para os solos tropicais, a importância do IP diminui consideravelmente devido aos comportamentos particulares desses parâmetros nesses solos, pois, em solos lateríticos, os IP relativamente altos não correspondem necessariamente a altas expansões. Assim, os valores padronizados do IP para avaliação da redução da plasticidade e expansão de solos lateríticos com a adição da cal devem ser usados com precaução (Nogami; Villibor, 1979, 1980).

Cabane (2004) nos diz que a adição da cal leva rapidamente à floculação das argilas, em alguns minutos somente. Essa ação conduz à melhoria da consistência do solo, evidenciada pelo aumento do limite de plasticidade e diminuição do limite de liquidez, que está relacionada à quantidade da cal utilizada. A evolução da consistência favorece a granulação do solo, que se segue à trituração e à homogeneização. Diversos fatores favorecem a granulação, como a natureza do solo, o teor em água e a dosagem da cal. A evolução da consistência começa a partir da dispersão da cal com a fragmentação devida à retração pela desidratação, sendo que a fragmentação amplifica esse fenômeno. O rearranjo das partículas e o consumo da água intersticial favorecem a contração dos agregados dos solos, que se evidencia pelo desaparecimento dos poros de diâmetros entre 10 mμ e 100 mμ. Assim, uma melhoria evidente do solo traduz-se pela formação de agregados resistentes a uma série de imersões em água. O autor (ibid., 2004) usa o termo "grumos" para designar os agregados do solo tratado com a cal. As modificações do comportamento reológico do solo tratado que se seguem confirmam as melhorias das suas propriedades:

- modifica-se o comportamento na compactação. O ótimo da compactação desloca-se em direção aos teores de água ótimos, e a densidade ótima de compactação é mais baixa. No caso dos solos argilosos, a aparência geral da curva é aplainada, evidenciando uma certa insensibilidade à água que o material contém. A modificação do solo é importante mesmo que a adição da cal seja em pequena quantidade;
- observa-se o aumento da capacidade de suporte do solo. O índice CBR será entre 4 e 10 vezes maior que para solos não tratados.

Um tratamento com a cal resulta melhor em solos argilosos; efetivamente, nas areias é mais fraco que nas argilas, em função das dimensões dos grãos e da mineralogia. Entretanto, grãos de areia de 1 mμ de diâmetro têm uma reatividade similar àquela das argilas. Um tratamento com a cal é viável para um teor de argila superior a 40% ou índice de plasticidade maior que 10. O Laboratoire Central des Ponts et Chaussées (LCPC) e o Service d'Études Techniques de Routes et Autoroutes (Setra) (2000) aconselham o tratamento com a cal somente para solos com um índice de plasticidade > 20, que corresponde aos solos A3 e A4. Esse teor mínimo de argilas junta-se a um teor da cal a otimizar, em função da quantidade e da natureza das argilas; efetivamente, a dosagem da cal deve ser adaptada em função do teor de argilas. A falta delas não permite o desenvolvimento de hidratos em quantidade suficiente; o excesso delas leva a uma estabilização insuficiente das argilas pelos hidratos. A demanda de cal e também as características mecânicas esperadas dependem da natureza das argilas, sendo que as propriedades mecânicas mais satisfatórias serão obtidas com a caulinita, seguindo-se as ilitas, e por fim as esmectitas. Tais propriedades não se relacionam à reatividade das argilas, pois a avaliação da taxa de consumo de argilas ou de produção de hidratos mostra que as esmectitas respondem melhor. Portanto, há que se distinguir o ganho das características mecânicas da destruição do material argila. Por exemplo, um teor maior que 5% de esmectita produz em consequência materiais inúteis. Isto é resultado da capacidade de troca catiônica muito importante nas argilas. A reação pozolânica tem uma cinética lenta: são necessários vários meses de cura a 20 °C para se obter as características mecânicas definitivas. Entretanto, essa cinética depende de vários fatores, inclusive a temperatura da cura: por exemplo, em canteiros de obras, verifica-se que, abaixo de 5 °C, a cinética da reação pozolânica é muito lenta; porém a reação acelera quando a temperatura aumenta. Outro parâmetro que influencia a eficiência do tratamento com a cal é o teor em água: uma umidade relativamente importante favoriza resistências mecânicas elevadas; efetivamente, a água intersticial favorece a reação pozolânica pela mobilidade dos íons (Cabane, 2004).

O tratamento de solos com a cal é entendido aqui como processo de estabilização. Durante o processo de revolvimento do solo *in situ* mistura-se este com a cal e faz-se o espalhamento da mistura. A opção pelo tratamento é função de algumas variáveis:

- custos elevados na exploração de áreas de empréstimo e de transporte de materiais (solos e agregados) clássicos, considerados adequados para determinada obra;
- respeito à legislação relativa ao meio ambiente;
- facilidade de execução da obra em condições atmosféricas muito desfavoráveis, cumprindo assim o cronograma estabelecido;
- possibilitar a construção da obra em áreas de difícil acesso e em condições geológicas desfavoráveis.

No que se refere a custos, Fortunato (2008) comenta que, em áreas de intervenção mais comuns (superior a 20 mil m^2, por exemplo), a economia de escala no tratamento *in situ* com a cal (incluindo o custo da cal, o espalhamento e a mistura) pode ser da ordem de 0,75 € a 1,00 € por m^3, representando uma economia de cerca de 7% dos custos na construção da obra.

Carvalho (1987) admite que entre as reações básicas na aditivação da cal estão a troca de cátions e a floculação, nas quais o cálcio substitui o potássio, o magnésio e o hidrogênio na superfície do argilomineral, onde os cátions de cálcio agrupam-se alterando a concentração eletrolítica, o que resulta em floculação e aglomeração de partículas de argilominerais. A reação pozolânica que se processa é: $Na_2O.Al_2O_3.SiO_2.4H_2O + CaO.H_2O = Na_2O.H_2O + CaO.Al_2O_3.4H_2O$ _ $Na_2O.SiO_2$ + produto residual (como a sílica é removida progressivamente, são formados residualmente cálcio aluminato e alumina).

O autor (ibid., 1987) argumenta que a adição da cal ao solo provoca o aumento da sua resistência, a redução de sua plasticidade e maior facilidade de sua trabalhabilidade, devido aos seguintes fatores:

- mudança dos cátions e floculação;
- formação de carbonatos;
- reação pozolânica.

Carvalho (1987) estudou solos lateríticos dos estados da Paraíba e de Pernambuco, no Nordeste brasileiro, cuja composição era quartzo, goethita e hematita, sendo caulinita o argilomineral presente. O tratamento foi feito com a adição da cal nas percentagens de 1,5%, 3%, 4%, 5% e 6%, e foi avaliado pelas variações dos limites de liquidez (LL) e limite de plasticidade

(LP) do solo, e pela resistência à compressão simples. Verificou-se que o LL diminuiu, enquanto o LP aumentou; as diferenças entre as resistências à compressão simples do solo estabilizado e natural foram um critério bem sensível de avaliação de tratamento.

Le Roux e Toubeau (1986) destacam a importância dos minerais acessórios para os solos estabilizados. Por exemplo, uma pequena porcentagem de pirita no solo (3%) induz a uma diminuição de 50% do valor da resistência à compressão simples das amostras secas e anula completamente o valor dessa resistência para amostras saturadas. Portanto, é necessário realizar-se uma análise completa do material original como a única maneira de evidenciar a presença de compostos que influenciam a estabilização.

A ação de cimentação que resulta da adição da cal está intimamente ligada às reações pozolânicas. O alto valor do pH proporciona condições para a dissolução da sílica e alumina dos argilominerais, sendo que as substâncias dissolvidas reagem com o Ca, formando outras, das quais as mais ativas para as reações pozolânicas são:

- sílica amorfa e alumina, os principais responsáveis pela reatividade dos solos lateríticos com a cal (Cabrera; Nwakanma, 1979; Cabrera; Queiroz de Carvalho, 1979; Queiroz de Carvalho, 1981, 1983);
- argilominerais, principalmente caulinita e haloisita, e secundariamente outros, como ilita e vermiculita;
- hidróxidos de alumínio cristalizados como a gibsita, muito abundante nos oxisols.

Os minerais neoformados são principalmente:

- aluminato tricálcico hidratado;
- silicato de cálcio hidratado; tetra-aluminado de cálcio e carbono;
- carbonato de cálcio;
- aluminossilicatos não identificados (Netterberg et al., 1985).

Barelli e Melios (1985) identificaram aluminato tricálcico hexahidratado nas reações em latossolos vermelhos arenosos aditivados com a cal.

Ola (1975) admite que a dureza pela cura de solos lateríticos da Nigéria tratados com cal é devida à formação de silicatos de cálcio ou alumínio ou ambos, através de íons de Ca que se combinam com a sílica reativa ou alumina presente no solo. O cálcio substitui qualquer outro íon presente numa fase inicial, seguindo-se uma floculação entre grupos de partículas mais grossas, produzindo um aumento imediato da resistência.

Toubeau (1987) afirma que a cal age sobre os minerais argilosos destruindo-os, anulando, portanto, as suas propriedades expansivas e criando ligações mais ou menos importantes que reforçam ainda mais a estabilização. Em solos onde predomina a caulinita aparece um aluminado monocálcico. Acrescenta que as reações responsáveis pela resistência do solo são completadas após 24 horas de cura, a 100 °C e 100% de umidade relativa. Esses valores equivalem aos resultados obtidos pela cura tradicional, a 20 °C, ou a 60 °C, após um ano.

Le Roux e Toubeau (1986), entretanto, chamam a atenção para constituintes secundários como a pirita, a qual, em teores < 3%, pode anular os efeitos benéficos do tratamento.

Rossi et al. (1990) estudaram a estabilização de solos brasileiros da região de Ribeirão Preto (SP) pela utilização da cal para a melhoria das propriedades mecânicas e geotécnicas da Terra Roxa Legítima (TRL, horizonte B de um solo ferralítico). O estudo se destinava à construção de sub-base e de base em técnicas rodoviárias, e foi realizado por técnicas de análises mineralógicas (RX, ATD, ATG), métodos de microscopia ótica e eletrônica, e completado por análises químicas *in situ* com microssonda, bem como por extração de compostos amorfos. Os autores (ibid., 1990) estudaram três tipos de amostras:

- horizonte B do solo ferralítico (TRL 1);
- amostra compactada com energia comparável à do Proctor Normal (TRL 2);
- amostra compactada após adição de 5% de cal (TRL 3). A amostra TRL 1 era construída de microagregados esféricos com 100 μm (100 micrômetros: 1 micrômetro = 10^{-6} m). Os constituintes do esqueleto eram o quartzo, a hematita, a magnetita e a ilmenita. O plasma era essencialmente de caulinita, de gibsita e de hidróxidos de ferro, particularmente com tamanho inferior a 1 μm.

A amostra TRL 2 revelou uma perda da individualidade estrutural dos microagregados e uma forte diminuição da porosidade. Surgiram separações plásmicas e fissuras planares perpendiculares ao eixo de compactação. Rossi et al. (1990) observaram as seguintes fases neoformadas:

- carbono aluminato tetracálcico hidratado $C_3AH_{11}.CaCO_3$;
- aluminato tricálcico hidratado C_3AH_6;
- sílico aluminato cálcico hidratado, comparável ao C_2ASH_n;
- dois silicatos cálcicos hidratados, comparáveis ao CSH (gel) e CSH (I), fases próximas à tobermorita;
- uma fase de aluminossilicatos e duas ocorrências de K importantes, além do Ca, a fase alumínio silicatado com relação Si/Al próxima de 1, e de cálcio variando de 4% a 6%, relativamente à soma Si+/Al + Ca;
- calcita ($CaCO_3$).

Os autores (ibid., 1990) colocaram esses resultados, obtidos com a microssonda, em um diagrama triangular com os vértices Ca, Si e Al, para que fosse possível observar graficamente a distribuição dos produtos neoformados. Na fase de amostra compactada (TRL 3), notou-se a preservação das características estruturais comparáveis às da amostra natural, sendo conservados os microagregados, e a porosidade intergranular. Foram observadas numerosas fases de minerais neoformados, que representam um papel importante de ligantes e asseguram a estabilização do material. Esta realizou-se em duas etapas:

- a primeira, em tempo curto, uma hora antes da compactação, originando a formação dos minerais que garantem a conservação da estrutura original;
- a segunda, em tempo longo, está na origem dos minerais cimentantes, que permitem a estabilização.

Oito fases foram detectadas pela microssonda e pelo RX, que foram definidas pela nomenclatura da química dos cimentos, como sendo fases A = Al_2O_3; C = CaO; S = SiO_2; e H = H_2O. Os resultados mostraram recristalizações dos óxidos e hidróxidos de ferro, e uma "amorfização" da gibsita e da caulinita, cujas percentagens parecem diminuir. Os resultados da neoformação são resultantes de reações entre o Al e a sílica, provenientes da dissolução da gibsita e da caulinita.

A composição química dos minerais neoformados, principalmente a grande presença dos aluminatos de cálcio, e também a fraca cristalinidade da gibsita, parecem evidenciar que esta é mais facilmente atacada que a caulinita.

Devido à falta de solos granulares para a utilização em obras rodoviárias no Distrito Federal (DF), Resende et al. (2001) registram que, como alternativa, foram estudados solos finos, constituídos por argilas lateríticas, estabilizados com 2% de cal hidratada, compactados dinamicamente, na umidade ótima, na umidade ótima + 3%, e na umidade ótima – 3% da energia do Proctor intermediário. Durante o período de 14 dias considerados para a estabilização, foram determinadas as curvas características de sucção matricial e de sucção total. Verificou-se que a adição de 2% de cal altera a distribuição dos poros e tende a modificar a curva característica. Em geral, a cal reage com o solo, reduzindo a plasticidade e a expansão, e aumentando a trabalhabilidade e a resistência ao cisalhamento. Os autores (ibid., 2001) relatam que as reações químicas mais importantes são a troca iônica, a floculação, a carbonatação e as reações pozolânicas, corroborando com Guimarães (1990 apud ibid., 2001). Resende et al. (2001) alertam que o comportamento desses materiais é influenciado pelas condições de não saturação, o que se observa para a maioria das obras rodoviárias. Essa observação é importante, pois a prática revela que a resistência de um solo, bem como a sucção no interior dele tendem a aumentar com a redução da umidade e do índice de vazios, observando-se a diminuição daqueles dois parâmetros citados com o aumento desses últimos. Por outro lado, as condições de compactação afetam a permeabilidade e a deformabilidade, no sentido da melhoria desses dois parâmetros. Os autores (ibid., 2001) apresentaram as curvas características em termos do logaritmo da sucção (centímetros de coluna de água) em função da umidade e do grau de saturação. Ao se examinar os resultados em função deste último, observa-se que até aproximadamente 60% os resultados se confundem, e, a partir desse ponto, os valores da sucção para o solo fino tendem a ser sempre superiores aos do solo-cal, sendo que a maior diferença para a condição de compactação corresponde ao lado úmido da curva de compactação. Essa situação revela a evidência da floculação gerada pela cal, provocando uma faixa diferenciada e originando um agrupamento das partículas, menor vazio entre elas e maior vazio entre os agrupamentos. Resende et al. (2001) enfatizam:

- na análise das curvas características evidencia-se a importância do índice de vazios, recomendando-se a obtenção deles para cada sucção;
- a sucção não representa o parâmetro definidor da melhoria do comportamento do solo fino estabilizado com a cal, pois, além de ser pouco afetada, ela se reflete contrariamente ao esperado, ou seja, tende a diminuir. Portanto, recomendam a obtenção do índice de vazios para valor da sucção, o que permitirá a análise mais precisa dos resultados de acordo com o modelo de transformação da curva característica proposto por Carvalho e Leroeil (2000 apud ibid., 2001).

Conclui-se que as prováveis responsáveis pela melhoria e estabilidade do solo fino estabilizado com a cal sejam as reações químicas como a troca catiônica, a floculação e a maior estabilidade dos agregados.

Nóbrega (1981) considera que as alterações hídricas e mecânicas no solo pela adição da cal resultam em: troca iônica, reação pozolânica e carbonatação.

Troca iônica e reação pozolânica

A troca iônica reflete uma ação imediata que provoca, por contato breve (minutos), mudanças em algumas propriedades do solo:

- a granulometria, pela floculação ou agregação das partículas originais, o que se reflete no deslocamento da curva granulométrica para o lado dos materiais grosseiros;
- os limites de Atterberg, cuja alteração mais evidente observa-se no aumento do limite de plasticidade (LP), com consequente diminuição do índice de plasticidade, em virtude das variações do IP e do LL;
- na compactação, quando, para uma mesma energia de compactação, a densidade seca máxima diminui e o valor da umidade ótima de compactação aumenta;
- há uma redução dos valores da expansão e contração, ou seja, menor variação volumétrica;
- há um aumento da capacidade de suporte do material tratado. A autora (ibid., 1981), citando Fossberg e Greg (1963), registra que,

> quando a cal é adicionada, ocorre o fenômeno da troca de bases com os argilominerais, o que leva à floculação das partículas argilosas, que resulta no aumento do ângulo de atrito da massa do solo, comprovado pelo decréscimo do limite de liquidez e do índice de plasticidade, e frequentemente no aumento da umidade ótima. Nóbrega (ibid.) enfatiza que há uma estreita relação entre a mineralogia da fração argila predominante com a intensidade e sentido do limite de liquidez. Cita ainda a importância da natureza e da quantidade da água nas proximidades da superfície do mineral para a agregação da cimentação, o arranjo das partículas e para as ações mecânicas, químicas e físicas desenvolvidas, e as alterações significativas que são alcançadas somente com teores mais elevados da cal, por exemplo, 7%.

No que se refere à ação pozolânica, Nóbrega (1981) esclarece que um material com características pozolânicas é aquele que, combinado com a cal e em presença da água sob condições de temperatura ambiente, leva a produtos hidratados estáveis com propriedades ligantes. Salienta que os solos podem apresentar uma fração argila com caráter pozolânico mais ou menos acentuado, dependendo da sua natureza mineralógica e da influência de sua superfície específica. Quando a cal é adicionada ao solo, tem seu pH aproximado de 4,5 a 6,5, que se eleva para 11 e 12, criando condições alcalinas nas quais os argilominerais e o próprio quartzo podem reagir com a cal, originando géis como aluminatos, silicatos e aluminossilicatos de cálcio hidratados, com influência no processo de estabilização. A consolidação desses géis cimenta as partículas em aglomerados. Entretanto, as reações citadas são lentas, podendo se completar somente após alguns anos.

Carbonatação

A carbonatação tem ação imediata e é a combinação da cal hidratada com o óxido de cálcio hidratado e o anidrido carbônico presente na água em bolhas de ar nos poros do solo. A reação regenera o carbonato de cálcio que se entrelaça com as demais partículas do solo e compacta o sistema. Para completar a carbonatação, têm-se as ações das trocas catiônica e pozolânica produzidas pela cal.

Fortunato (2008) argumenta que o tratamento de solos com a cal é um termo geral para os procedimentos visando alterar um determinado material para que possa cumprir as funções para as quais se destina, como quando se pretende melhorar a capacidade de carga dos solos a serem colocados e compactados em camadas de aterro, com a utilização de equipamentos convencionais de terraplanagem. O autor (ibid., 2008) registra que o tratamento de solos com ligantes, particularmente a cal, é muito antigo, para mais de 5 mil anos. Foi usado na construção de Shensi, no Tibete. Na China e na Índia era utilizado com frequência na construção de pontes e barragens. Na Europa, na Idade Média, também foi prática corrente. Fortunato (ibid.) afirma que, na atualidade, o tratamento de solos na construção da infraestrutura de transportes tem revelado aplicações desiguais em diversos países, por razões distintas. Nos países desenvolvidos e densamente povoados, as áreas de ocorrências de jazidas de materiais considerados clássicos adequados conflitam com interesses da agricultura e ambientais. Em países em desenvolvimento e em zonas remotas, a disponibilidade daqueles materiais a preços competitivos é, às vezes, limitada. Esses fatores conduzem a aumentos do custo final das infraestruturas, tornando atrativo o tratamento de materiais considerados inadequados no seu estado natural. Na Europa, desde os anos 1960, o tratamento com cal tem sido amplamente praticado na construção de infraestruturas rodoviárias e ferroviárias. Na França, preservou-se o *know-how* adquirido que foi desenvolvido e enriquecido, com a elaboração de manuais, a partir de suas experiências em muito anos de terraplanagem e tratamento de solos. O Laboratoire Central des Ponts et Chaussées (LCPC) e o Service d'Études Techniques de Routes et Autoroutes (Setra) publicaram documentos que são referência atualmente para os grandes trabalhos de terraplanagem: o *Guide technique pour la réalisation des remblais et couches de forme* (GTR 2000) e o *Guide technique pour le traitement des sols à la chaux et/aux liants hidrauliques* (GTS 2000). Vale citar ainda um ambicioso trabalho de pesquisa realizado pelo Institut des Routes, des Rues et des Infrastructures pour la Mobilité (Idrrim), intitulado *Propositions de compléments au guide de traitement des sols* (2015), patrocinado pela Agence Nationale de la Recherche (ANR), em que, desde 2008 a 2012, vários especialistas, assim como mestres de obras, empreiteiros, universitários, organismos técnicos, fabricantes de aditivos, trabalharam sobre quatro assuntos principais:

- processos físico-químicos e comportamento geotécnico de solos tratados;
- evolução no tempo dos solos tratados: durabilidade;
- construção de uma obra experimental de referência;
- métodos e ferramentas de análises econômicas ambientais de projetos.

Fortunato (2008) revela que na França, em 2008, estimava-se que, dos 40 milhões a 50 milhões de m^3 de solos movimentados naquele ano, 1/2 a 1/3 desse volume tenha sido tratado com cal a 2%, ou seja, aproximadamente 15 milhões a 25 milhões de m^3. De acordo com o autor (ibid.), as vias férreas de alta velocidade francesas incorporam, cada vez mais, o tratamento de solos tratados, em função das pressões econômicas e ambientais já citadas.

Realmente, as obras ferroviárias modernas, com o incremento de trens de alta velocidade, a cultura ambiental e a evolução da legislação pertinente favoreceram o desenvolvimento de novas aplicações da técnica de tratamento dos solos em terraplanagens e a reciclagem em solos diversos. Assim foi na Bélgica, quando, a partir dos anos 1993, com o início da ligação ferroviária Bruxelas a Amsterdã, havia a necessidade de técnicas que permitissem a utilização de solos finos, plásticos e úmidos, tendo-se, então, aplicado a técnica de tratamento dos mesmos com a cal. Fortunato (2008) cita que, no Reino Unido, a partir dos anos 1970, foram incrementados estudos para o tratamento com a cal, tendo sido publicado em 1986 um método para tratamento de fundações pelo Department of Transport's Signification for Highway Works, sendo que, a partir dos anos 1980, o tratamento com a cal começou a ser utilizado regularmente.

Nos Estados Unidos, entre os anos 1940 e 1960, já se demonstrava que o método de tratamento com a cal era mais econômico que o tradicional, e que as obras onde foi empregado tinham dado resposta favorável ao longo de 25 a 30 anos. Os relatórios da National Lime Association, do National Cooperative Highway Research Program, do Transportation Research Board e das Highway Agencies oferecem muitas informações sobre a construção e o desempenho de estruturas de pavimentos que incorporam materiais tratados com a cal.

Fortunato (2008) comenta dois tipos de tratamento:

- o melhoramento, quando se utiliza um percentual de 1% a 2% da cal, que resulta em um incremento instantâneo das características do solo, principalmente de suas propriedades geotécnicas, leva à melhora da trabalhabilidade e à redução da sensibilidade à água, obtidas pela redução da plasticidade, da alteração da granulometria e da aptidão do solo à compactação. Essas alterações conduzem, de modo geral, ao aumento da capacidade do solo e, portanto, à melhora das condições de trafegabilidade. O autor (ibid.) previne, entretanto, que tal tratamento não garante a durabilidade relativamente à sensibilidade à água e ao gelo;
- a estabilização, em que se utilizam as percentagens de 5% a 8% da cal, resulta em um incremento significativo, a médio e a longo prazos, das características mecânicas do solo, atribuindo então ao mesmo a estabilidade à água e ao gelo, de forma definitiva. Leva a um endurecimento gradual da mistura solo + cal a médio e a longo prazos (semanas a meses) após a compactação, com aumento significativo da resistência mecânica.

Em Portugal, o Laboratório de Geotecnia da Faculdade de Engenharia do Porto desenvolve atividades relacionadas à utilização de cimento e/ou cal para o tratamento dos solos, estabelecendo protocolos com empresas líderes portuguesas na de cal aérea e cimento, objetivando o desenvolvimento de estudos dessas misturas, com vistas à procura de normas e metodologias que facilitem a otimização das quantidades e sistematização de procedimentos. Em função do exposto, o laboratório realizou em 2008 um curso/seminário sobre Tratamento de Materiais com Cal e/ou Cimento para Infraestruturas de Transporte: Casos de Obras Portuguesas (Fonseca et al., 2008).

Concepção e realização do ensaio rápido de pequenas dimensões para tratamento de solos

Toubeau (1987) revela que os tratamentos dos solos existem a partir dos anos 1960, tornando-se logo prática corrente, pelo menos no que se refere aos tratamentos com a cal e os tratamentos mistos cal-cimento e cal-cinzas volantes. Um certo número de fatores ligados ao solo ou ao conjunto solo/

produto do tratamento são importantes. É possível que o resultado do tratamento seja insatisfatório, caso as reações argilas ligantes não se realizem, ou se mostrem incompletas, independentemente dos cuidados que se tenha (adição do ligante, mistura, compactação). Essas situações acontecem se as esmectitas dominam a fração argilosa. Caso o argilomineral seja a caulinita, os resultados serão mais confiáveis. Mas não somente os argilominerais influenciam nos resultados, como também as matérias orgânicas bem conhecidas como inibidoras das reações do tratamento. Le Roux e Toubeau (1986) ressaltam a importância dos sulfetos nos processos, enquanto os mecanismos e teores que conduzem ao fracasso do tratamento são citados por esses autores em outro trabalho (Le Roux e Toubeau, 1987). Para evitar os riscos de insucesso, duas soluções são possíveis:

- um ensaio de laboratório, quando se procede à variação da porcentagem dos ligantes, de teores em água e densidades secas, com uma série de amostras com diferentes intervalos de tempo de 7, 28, 90, 180 e 360 dias. Tais estudos, que conduzem a bons resultados, exigem muito material a ser ensaiado, e seus resultados não são disponíveis antes de um ano;
- análises mineralógicas completas dos materiais a serem tratados que demandam menos cuidados que os testes anteriores, porém, se bem realizados e interpretados, garantem resultados corretos. No entanto, exigem meios analíticos de precisão e bom conhecimento dos mecanismos de ação dos ligantes sobre ao argilominerais do solo.

Portanto, devido às limitações citadas, Toubeau (1987) propôs um teste rápido que considera parte dos estudos anteriores realizados sobre as reações solo-cal. Vários estudos apontam a temperatura como fator de aceleração das reações durante o tratamento.

Le Roux (1969) refere-se à influência positiva da temperatura sobre uma argila caulinítica. Mais recentemente, Fontaine (1983, Tabela 9) e Ellabadi (1986, Tabela 8) avançaram nos estudos, mostrando que as resistências obtidas a 20 °C após 180 dias eram próximas daquelas obtidas a 60 °C após 40 dias (tabelas 7 e 8). Toubeau (1987) sugeriu um método de aceleração baseado na resistência a 7 e 35 dias de cura a 60 °C com miniamostras, sendo o valor das resistências a 7 dias correspondentes às resistências aproximadas a 20 °C. Quanto às resistências medidas após 35 dias, correspondem aos valores a longo prazo, seja um ano ou mais.

De acordo com Toubeau (1987), um método rápido para testar as melhorias das propriedades de um solo sob a ação de aditivos como a cal e o cimento só terá significação técnica e econômica se puder ser realizado com uma aparelhagem simples e se os resultados forem comparáveis àqueles obtidos após um ano de cura em temperaturas habituais, e obtidos em tempo curto, após alguns dias.

Tabela 7: Relações sílica/alumina e sílica/sesquióxidos dos depósitos cenozoicos estudados

Amostras	SiO_2/Al_2O_3	$SiO_2/Al_2O_3 + Fe_2O_3$
1	14,3	11,4
2	36,5	28,1
3	28,7	24,2
4	20,9	17,5
5	3,51	2,06

Tabela 8: Correspondência entre os tempos de cura necessários para obter o mesmo endurecimento a 60 °C e a 20 °C

	Duração (dias)					
60°C, e 100% de umidade relativa	1	1,5	3	7	28	35
20°C, e umidade relativa ambiente	3	7	14	28	90	180

Tabela 9: Resistências à compressão simples obtidas a 20°C e a 60°C com misturas à base de caulinita e montmorilonita em função do tempo

		Caulinita (%)		Montmorilonita (%)
		20	40	50
Temperatura (°C)	Duração (dias)	Resistências à compressão simples (MPa)		
20	7	0,59	0,61	1,27
60	2	0,72	0,62	1,29
20	180	4,95	4,68	7,25
60	42	5,07	4,62	7,31

Essas são as condições que devem ser seguidas, segundo o autor (ibid., 1987), para as pesquisas para a utilização de um ensaio capaz de reproduzir, em 24 horas, o mesmo estado do solo que exigiria um ano de duração nas condições naturais.

O sucesso do tratamento é condicionado pela importância das transformações que afetam particularmente os argilominerais do solo. Quaisquer que sejam eles, as transformações serão mais intensas com um pH mais alto. A utilização do carbonato de sódio Na_2CO_3 provoca justamente esse aumento, além de liberar em solução a sílica e a alumina, importantes no contexto do tratamento. Essa adição, feita durante a fabricação das amostras, também permite modificar o comportamento reológico dos solos tratados.

Os resultados desse tratamento com os ligantes serão mais acentuados à medida que a compacidade do material tratado for maior, o que revela a importância da compactação. Nos canteiros de obras, a compactação é realizada aproximadamente na densidade ótima do Proctor. Nos ensaios em laboratório, utiliza-se a densidade mais próxima da ótima, que será obtida por qualquer método-padrão, ou a mistura poderá ser compactada com teores de água crescentes que permitirão determinar o teor de água correspondente à densidade mais elevada nas condições do ensaio. Portanto, propõe-se a utilização do Na_2CO_3 para modificar os teores de água, diminuindo em um ou dois pontos a quantidade de água necessária à obtenção da densidade seca máxima.

Toubeau (1987) argumenta que uma prensa de grandes dimensões para ensaios laboratoriais não é viável do ponto de vista comercial. A fabricação de blocos a serem ensaiados exigiria grandes quantidades de materiais, comprometendo a logística experimental, o que leva a considerar-se outra solução, que contempla uma prensa de dimensões reduzidas. Entretanto, o autor (ibid., 1987) previne que, devido às dimensões reduzidas das amostras obtidas com tal equipamento, necessariamente são suprimidos os gradientes de densidade que se evidenciam no material ensaiado em amostras com 5 cm de diâmetro e 10 cm de altura, provenientes da compactação com as prensas utilizadas normalmente. Esses gradientes de densidade também desaparecem em amostras com o diâmetro de 10 cm e altura de 20 cm, mas, nesse caso, a quantidade de material necessário para os ensaios é considerável. Portanto, fica evidente que uma amostra cilíndrica, clássica nos ensaios em mecânica dos solos, forneceria informações comparáveis, relativamente à aptidão dos materiais para serem tratados.

Toubeau (1987) explica que uma compactação dinâmica, como a análoga ao ensaio Proctor, seria difícil de realizar em dimensões reduzidas. Usa-se então uma compactação estática, para a qual é necessário fixar-se uma energia adequada. Geralmente, na concepção de obras de terra, utilizam-se prensas manuais ou hidráulicas, que raramente ultrapassam 80 ton/força, para a compactação dos blocos utilizados. Tais prensas permitem aplicar pressões que não ultrapassam 10 MPa sobre blocos de 20 cm × 20 cm × 40 cm. Esse é o valor fixado para a energia aplicada; nessas condições, a energia aplicada ao material ensaiado é semelhante àquela do Proctor Normal. Nos ensaios realizados, Toubeau (1987) afirma que foram registrados deslocamentos do pistão durante a compactação por uma força constante até 50 kN (10 Kgf), em condições de teor de umidade variáveis. Uma parte da energia fornecida é dissipada nos atritos, e certamente os resultados não são os esperados como aqueles obtidos por uma compactação dinâmica; entretanto obedecem à ordem de grandeza das energias da compactação do Proctor Normal, sendo também muito semelhantes às densidades obtidas, mas sempre ligeiramente inferiores àquelas obtidas na compactação dinâmica. A qualidade dos resultados depende de γ_d, mas, caso haja algum descuido durante o ensaio, os resultados obtidos serão imprecisos.

O equipamento de compactação utilizado denomina-se Moule, que é constituído de quatro elementos de aço com 2,5 cm de espessura, fixados por parafusos, e tem um volume de 5 cm × 10 cm × 10 cm, onde é colocado o material a ser compactado (Figura 20; Foto 6). O pistão cilíndrico, de aço liso com 2 cm de espessura, 16 cm de diâmetro, pesa 7 kg e na sua parte superior são aplicados os esforços da prensa. O corpo do pistão tem forma de um paralelepípedo retangular de dimensões 4,9 cm × 9,9 cm × 11 cm, favorecendo um certo espaço, necessário para o funcionamento do conjunto. A altura, ligeiramente superior à do Moule, evita perda de material e permite uma operação mais fácil do conjunto (Figura 21; Foto 6). O Moule foi fabricado com aço de características adequadas, para suportar uma carga máxima de 200 kN, muito além, portanto, do valor máximo de 50 kN, equivalente à carga de 10 MPa, aplicado nos ensaios. Após compactação, as amostras têm dimensões de 10 cm × 5 cm × 2,5 cm, às quais se dá o nome de *briques* (tijolos) (Figura 21; fotos 7 e 8).

Figura 20: O Moule (adaptado de Toubeau, 1987)

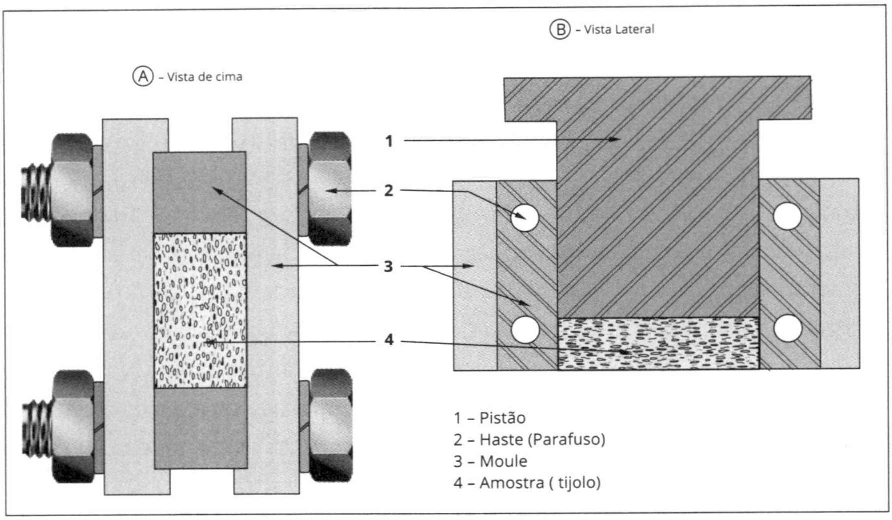

Foto 6: O Moule

Fonte: Foto do autor.

Figura 21: Preparação das amostras para a compactação no Moule, para a cura hidrotermal, e para os ensaios de resistência à compressão simples (adaptado de Toubeau, 1987)

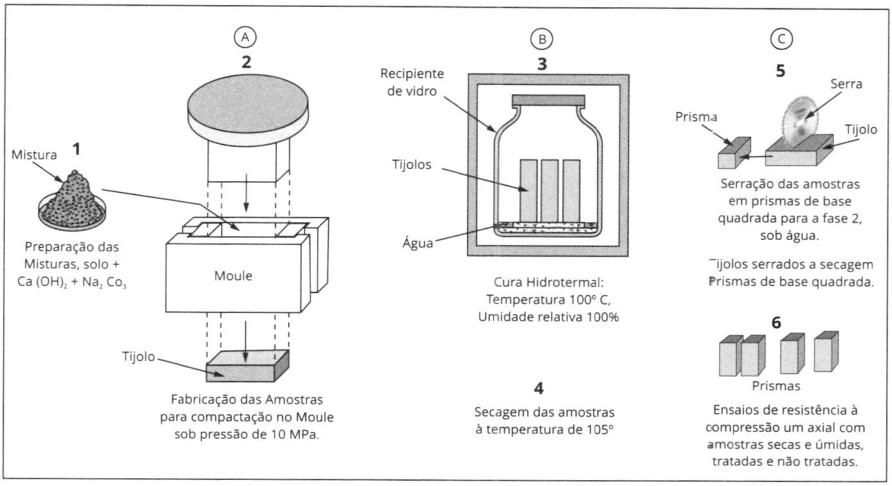

Foto 7: Os *briques* nos bocais para a cura hidrotermal

Fonte: Foto do autor.

Foto 8: Os *briques* após a cura hidrotermal

Fonte: Foto do autor.

Definido o teor de água, realiza-se um conjunto de amostras por compactação estática, como já foi descrito. A mistura é feita a partir de um solo ao qual se acrescenta o ligante, a cal e o carbonato de sódio (Na_2CO_3), e finalmente a água, de tal maneira que o teor de água para a fabricação da amostra corresponda ao teor de água ótimo já escolhido. A superfície da mistura terá a sua superfície aplainada em 2,5 mm.

A quantidade de material utilizada e introduzida no Moule é de aproximadamente 250 g, de maneira que se obtenha uma amostra com espessura final de 2,5 cm, que corresponde a uma densidade seca γ_d de aproximadamente 2 g/cm^3 (Figura 21).

A mistura é repartida de forma homogênea, e então coloca-se o pistão. O conjunto, posto em um suporte metálico móvel de uma prensa com pórtico de tração-compressão máximo de 250 kN, fica em contato com o suporte superior. O aumento de carga é controlado por um regulador até 50 kN. A pressão de 10 MPa obtida nessas condições (Toubeau, 1987) é mantida durante um minuto. A seguir, as amostras são retiradas do molde e colocadas em um recipiente contendo água, onde são mantidas durante

24 horas à temperatura de 100 °C, o que vem a ser a cura hidrotermal. Depois, são retiradas do recipiente e secas durante 24 horas a 105 °C. Cada uma delas será cortada em pequenos prismas de 2,5 cm × 2,5 cm × 2,5 cm, os quais serão ensaiados nos testes à compressão simples, parte deles a seco e a outra parte saturada. Os resultados obtidos permitiram avaliar a aptidão do solo ao tratamento com a cal.

Para a cura hidrotermal, os *briques* são colocados em um frasco denominado bocal (Figura 22; Foto 7), onde são submetidos à temperatura de 100 °C, com umidade relativa de 100%, durante três dias, em estufa. Isto se faz necessário para que ocorram as reações entre os compostos aditivados e os argilominerais presentes no solo. A posição relativa dos *briques* nos bocais é importante. Na Figura 22 observam-se como os tijolos foram dispostos, e, na Foto 10, os mesmos após a cura. Os compostos neoformados durante o tratamento não foram analisados por análises químicas e mineralógicas, porém, ao microscópio eletrônico, foram identificados como sendo compostos de cálcio, conforme previsto. Toubeau (1987) afirma que, para solos onde a

Figura 22: Posição dos "tijolos" nos bocais, durante a cura hidrotermal

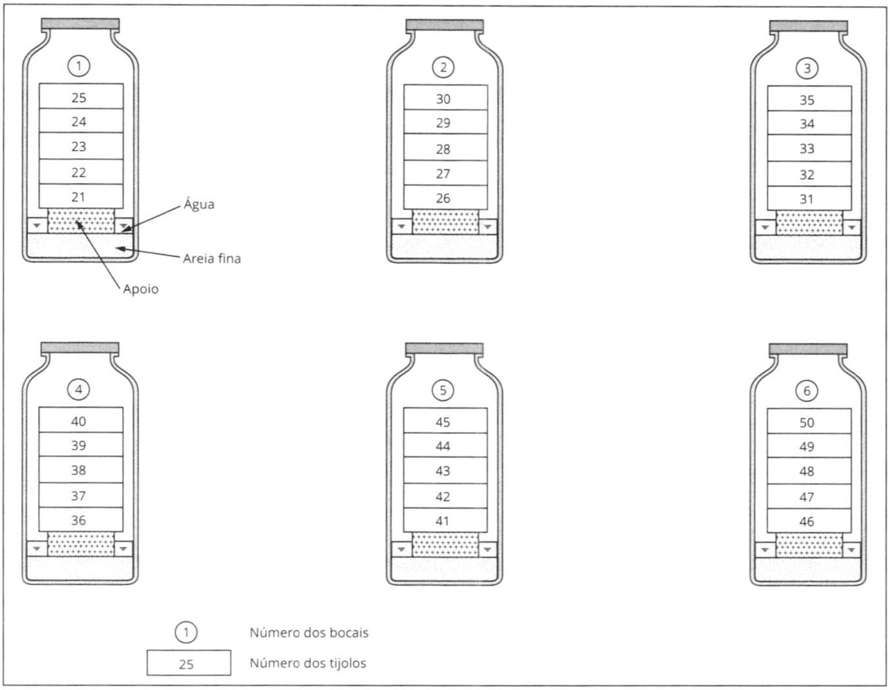

caulinita predomina, forma-se um aluminado monocálcico. Portanto, este deverá ser, dentre outros, o composto neoformado nos solos estudados.

No presente estudo, o tratamento do solo foi feito com cal extinta – $Ca(OH)_2$ – nas proporções de 2%, 5% e 8% em peso, e com 1% em peso de Na_2CO_3. Após a mistura no solo destorroado e homogeneizado, as amostras foram compactadas conforme descrito, e a seguir submetidas a ensaios de erodibilidade e de resistência à compressão uniaxial. Ao mesmo tempo, eram feitas observações ao microscópio eletrônico, com a finalidade de se detectar os produtos neoformados surgidos durante o tratamento. Em seguida, os solos foram compactados segundo a técnica apresentada por Toubeau (1987), já descrita. Para cada um dos cinco grupos de solos foram fabricados tijolos com as seguintes características:

- sem nenhum tratamento, secos e úmidos;
- com 2% de cal + 1% de Na_2CO_3;
- com 5% de cal + 1% de Na_2CO_3;
- com 8% de cal + 1% de Na_2CO_3.

As amostras tratadas foram submetidas à cura hidrotermal, ou seja, permaneceram em estufa à temperatura de 100 °C, durante três dias, para que se processassem as reações químicas entre os compostos adicionados e as argilas presentes no solo. Resultaram duas séries de tijolos, tratados e não tratados. Com uma delas, foram realizados ensaios de erodibilidade; com a outra, ensaios de resistência à compressão uniaxial.

Ensaios de erodibilidade

Foram realizados com o erodímetro de jatos móveis, projetado e fabricado no Laboratoire Central des Ponts et Chaussés, por Hénensal, Millon-Devigne e Duchatel (1987). As características gerais desse aparelho são descritas pelos autores (ibid.) (Figura 23, Foto 11).

Toubeau (1987) o utilizou para testar a erosão dos tijolos. Consiste fundamentalmente de uma câmara onde os tijolos são submetidos, ao mesmo tempo, a jatos d'água por 6 esguichos fixos num braço rolante. A pressão da água é fixada em 0,3 MPa, o que corresponde a uma chuva de 3.800 mm/h,

Figura 23: O erodímetro de jatos móveis

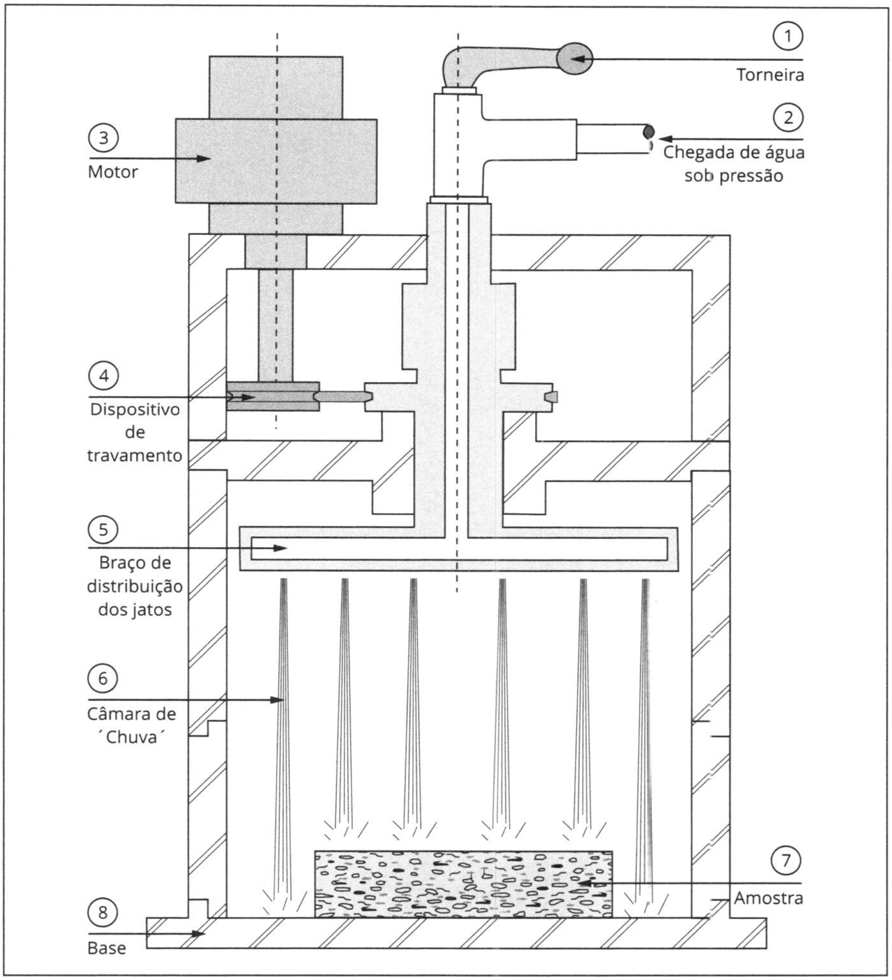

Foto 9: O erodímetro de jatos móveis

Fonte: Foto do autor.

Tabela 10: Ensaios de erodibilidade

Tipo de solo	Amostras n°s	Tijolos n°s	Tratamento porcentagem de Ca $(OH)_2$	Peso seco antes do ensaio (g)	Peso úmido erodido + tara (g)	Peso seco erodido + tara (g)	peso da tara (g)	material seco removido (g)	porcentagem de material seco removido
Latossolo vermelho--escuro, textura argilosa	7741	2	não tratado, úmido	261,30	318,86	288,13	36,02	9,19	3,52
		1	não tratado, seco	255,74	292,46	270,96	36,16	20,94	8,19
		21	2%	263,48	315,24	297,28	36,45	2,65	0,88
		23	5%	266,01	315,18	301,63	36,51	0,94	0,35
		25	8%	265,38	312,64	300,71	36,45	1,12	0,42
Latossolo vermelho--escuro, textura média	7742	8	não tratado, úmido	270,35	136,57	118,42	36,12	188,05	69,64
		5	não tratado, seco	271,55	303,58	267,78	36,23	40,00	14,73
		28	2%	267,31	308,50	282,23	35,97	21,05	7,88
		29	5%	268,93	320,67	304,63	36,36	0,66	0,24
		31	8%	266,63	323,05	299,92	36,00	2,71	1,02
Pozólico vermelho--amarelo, textura arenosa média, abrúptico	7754	10	não tratado, úmido	258,22	317,54	284,20	36,2	9,87	3,82
		9	não tratado, seco	264,52	276,52	249,85	36,00	50,67	19,15
		33	2%	258,21	256,45	239,65	35,86	54,42	21,09
		35	5%	259,55	304,29	292,88	35,35	2,02	0,78
		37	8%	260,55	327,39	316,03	56,01	0,55	0,21

Tipo de solo	Amostras n°s	Tijolos n°s	Tratamento porcentagem de Ca $(OH)_2$	Peso seco antes do ensaio (g)	Peso úmido erodido + tara (g)	Peso seco erodido + tara (g)	peso da tara (g)	material seco removido (g)	porcentagem de material seco removido
Podzólico vermelho-amarelo, textura arenosa média	7759	16	não tratado, úmido	258,90	316,34	283,13	35,82	11,59	4,47
		15	não tratado, seco	264,27	304,66	273,19	35,70	26,78	10,13
		39	2%	262,09	327,80	306,85	56,02	11,26	4,29
		41	5%	261,06	329,93	315,3	55,95	1,71	0,65
		43	8%	263,92	331,95	320,11	56,40	0,21	0,08
Terra roxa estruturada	7748	20	não tratado, úmido	230,48	308,46	251,36	36,13	15,27	6,64
		17	não tratado, seco	224,19	273,10	229,25	35,95	30,89	13,78
		46	2%	201,07	227,28	202,57	53,74	54,24	26,98
		47	5%	219,94	291,37	275,51	56,35	0,78	0,35
		49	8%	221,49	289,55	277,03	56,3	0,76	0,34

aproximadamente 18 vezes a intensidade máxima das chuvas tropicais (ibid.). Hénensal e Duchatel (1990) registram que a erodibilidade de um solo sob a ação do erodímetro depende, no sentido amplo, de um certo número de parâmetros, como:

- a potência dos jatos;
- a declividade do solo;
- a densidade seca;
- a permeabilidade do solo;
- os tratamentos aos quais o mesmo foi submetido;
- o endurecimento da sua superfície;
- a presença de vegetação.

Os ensaios de erodibilidade são essencialmente comparativos, ou seja, permitem concluir que um tipo de solo será mais ou menos erosivo que outro, nas mesmas condições de tratamento. Essas considerações são importantes em engenharia civil para a caracterização do comportamento de bases estabilizadas de rodovias.

O ensaio realiza-se, em síntese, pelo deslocamento de partículas de solo sob a influência dos jatos de água, o que simula um processo de erosão. Conhecendo-se os pesos iniciais e finais, secos e úmidos dos *briques*, obtém-se a perda de massa ocorrida durante os ensaios. Os resultados dos ensaios de erosão encontram-se na Tabela 10. Nas fotos 10 e 11, vê-se o aspecto de algumas amostras após os ensaios.

De forma geral, pode-se notar que a resistência dos solos à erosão aumenta com o aumento da porcentagem de cal (Tabela 10). Para quase todos os solos ensaiados, a eficiência do tratamento aumenta com as porcentagens de 5% e 8%, o que está de acordo com resultados de pesquisas, anteriormente citadas. O tijolo 21 – **amostra 7741**, latossolo vermelho-escuro textura argilosa apresentou um comportamento diferente dos demais, porque o acréscimo de 2%, 5% e 8% de cal praticamente resultou em uma mesma resposta do solo à erosão. O tijolo mais sensível à erosão foi o de número 8 – **amostra 7742** –, latossolo vermelho-escuro textura média, condição não tratado úmido, para o qual o material removido foi quase 70%. A terra roxa estruturada apresenta também um comportamento curioso, pois as maiores perdas foram a do tijolo 46 – **amostra 7748**, tratado com 2% de cal, relativamente ao tijolo

Foto 10: O conjunto dos *briques* após os ensaios de erodibilidade

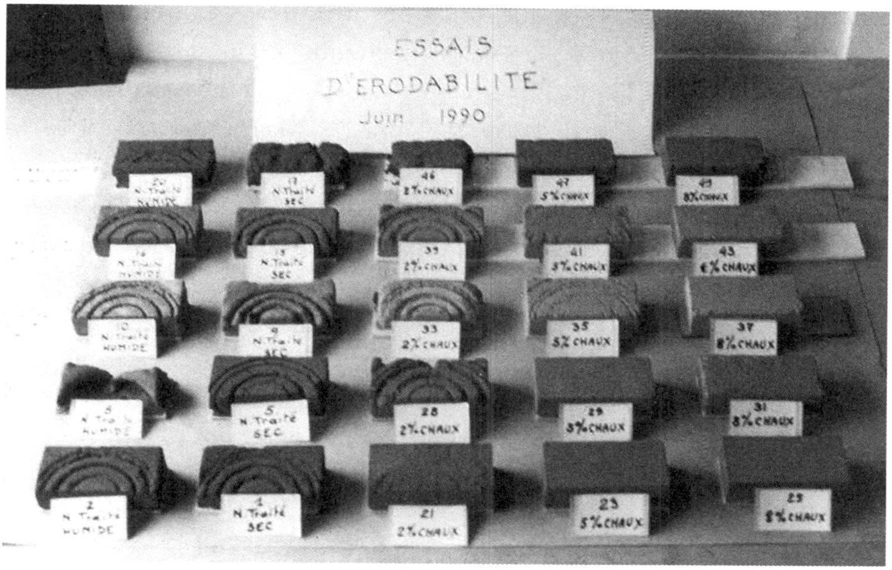

Foto 11: *Prismas* após os ensaios de compressão simples

Fonte: Fotos do autor.

17 – **amostra 7748**, não tratado seco. Também o solo podzólico vermelho--amarelo textura arenosa abrupto, tijolo 33 – **amostra 7754**, tratado com 2% de cal perdeu mais material que o tijolo 9 – **amostra 7754**, não tratado seco. Para a **amostra 7754** a diferença é de 10%, e para a **amostra 7748** é de 96% aproximadamente. Pode-se conjecturar que essas variações sejam devidas às posições dos tijolos nos recipientes durante a cura hidrotermal, pois sabe-se

que a posição deles relativamente ao fundo dos recipientes onde existe água tem muita importância. Vê-se que o tijolo 46 – **amostra 7748** está justamente apoiado na base do bocal 6, ou seja, mais próximo do local onde a ação da água é mais enérgica (Figura 22). Por outro lado, o tijolo 17 – **amostra 7748** está mais afastado da base do bocal 3 (Figura 22). Mas outras razões podem existir, como a presença dos compostos neoformados durante o tratamento, ou mesmo a precisão das medidas. Apesar disso, Toubeau (1987) afirma que este ensaio é mais adequado do que o ensaio de imersão, pois, contrariamente ao mesmo, o material raramente é imerso na sua totalidade, como na prática, quando ele é submetido às agressões diretas por águas meteóricas ou pelo impacto das gotas da água contra o solo. Por outro lado, os resultados são reveladores e justificam o tratamento, pois a estabilização mecânica, por si só, não é suficiente para impedir a ação da água. Nas fotos 12 e 13 veem-se os corpos dos solos estudados, após os ensaios de erodibilidade.

Ensaios de compressão uniaxial

Para esses ensaios, as amostras foram preparadas segundo Toubeau (1987) (Figura 21). Os tijolos de 10 cm × 5 cm × 2,5 cm foram serrados em serra rotativa e a seco em pequenos prismas de 2,5 cm cada um, para evitar a sua desagregação pela água. A intenção de se obter quatro prismas foi para que se obtivessem quatro valores do mesmo corpo de prova, para as mesmas condições, a fim de se verificar a dispersão eventualmente existente dos parâmetros obtidos. Devido à extrema incoerência de algumas amostras, nem sempre foi possível obter-se os quatro prismas desejados.

Os prismas ensaiados foram os tratadas e os não tratados. Dos primeiros, foram testados os secos e os úmidos, na umidade ótima do Proctor. Essa preocupação se justificava, pois se pretendia comprovar as implicações da água no valor da resistência à compressão, que sabemos ser sensível. Quando possível fez-se a saturação de um prisma de cada grupo de solo pela submersão do mesmo durante 24 horas, para se verificar a influência da água nos valores da resistência.

Para a garantia da distribuição uniforme do carregamento na prensa, no topo e na base dos prismas, todos foram submetidos previamente a um tratamento com uma mistura de enxofre/areia em fusão, no interior de um molde apropriado, procedimento denominado *surfaçage* (aplainamento, em tradução livre), proporcionando a horizontalidade e o paralelismo de quase todas as superfícies das amostras, onde acontece o carregamento (Figura 24). Os resultados obtidos nos ensaios estão nas tabelas 10, 11, 12, 13, 14, 15 e 16, e nas figuras 24, 25 e 26. Os ensaios foram realizados em prensa automática, onde os valores da carga são registrados em painel eletrônico, cujas leituras crescentes eram imediatamente interrompidas no momento da ruptura.

Figura 24: Esquema para o aplainamento (*surfaçage*) das amostras para os ensaios de compressão simples

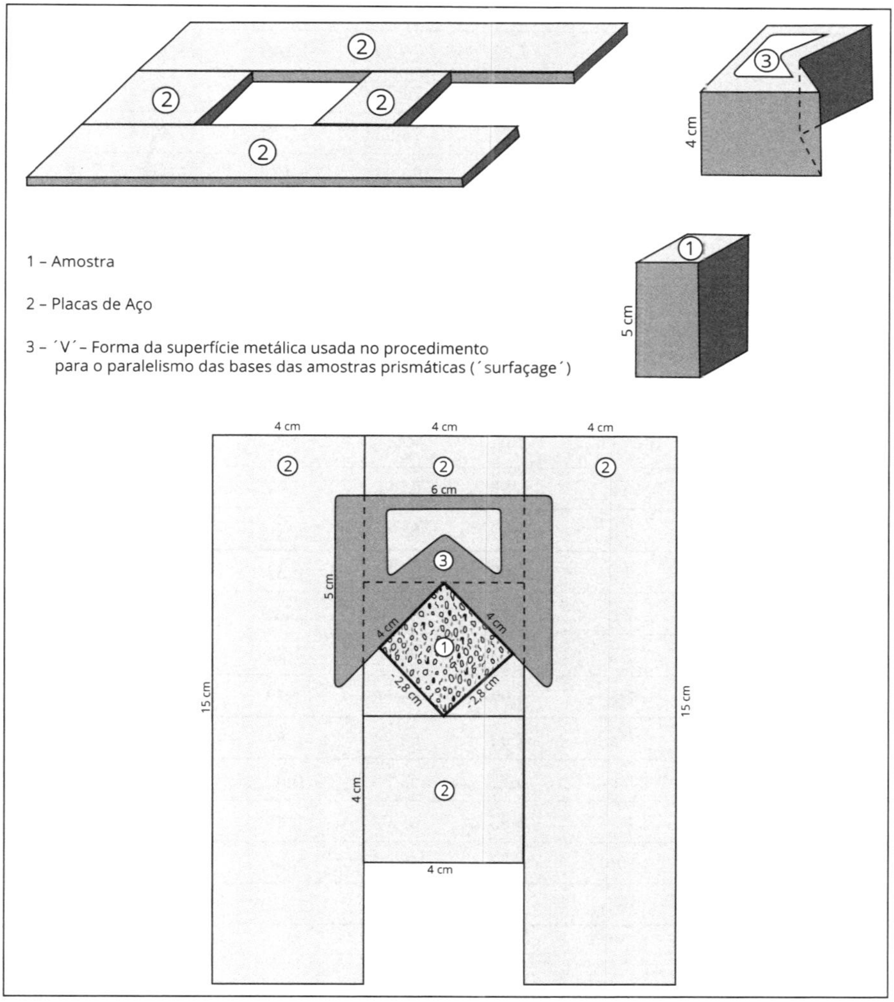

Tabela 11: Ensaios de compressão uniaxial – amostras não tratadas úmidas

Amostras nºs	Tijolos nºs	Corpos de prova nºs	Área cm²	Peso úmido g	Força KN	T	
						Kgf/cm²	Mpa
7741	4	1 a	7,00	72,79	1,502	21,79	2,13
		1 b	7,02	73,63	1,456	21,06	2,06
		1 c	7,01	70,67	1,183	17,14	1,68
7742	6	2 a	7,93	76,51	0,080	1,02	0,10
7754	11	3 a	7,32	74,68	0,626	8,68	0,85
		3 b	7,34	75,73	0,523	7,23	0,71
		3 c	7,35	76,49	0,466	6,44	0,63
7759	14	4 a	7,62	76,29	1,145	15,26	1,50
		4 b	7,42	74,20	1,239	16,96	1,66
		4 c	7,71	75,93	1,328	17,49	1,71
7748	19	5 a	6,92	70,85	2,481	36,41	3,57
		5 b	6,82	67,33	2,272	33,83	3,31
		5 c	6,67	70,00	2,685	40,88	4,0000

Tabela 12: Ensaios de compressão uniaxial – amostras não tratadas secas

Amostras nºs	Tijolos nºs	Corpos de prova nºs	Área cm²	Peso seco g	Força KN	T	
						Kgf/cm²	Mpa
7741	3	6 a	6,80	64,90	0,99	14,78	1,45
		6 b	6,69	65,89	0,983	14,92	1,46
7742	7	7 a	7,09	65,52	0,35	5,01	0,49
		7 b	7,14	67,302	0,779	11,08	1,08
7754	12	8 a	7,03	67,7	1,55	22,39	2,19
		8 b	6,99	66,66	1,72	24,99	2,45
7759	13	9 a	7,02	66,24	0,51	7,38	0,72
		9 b	6,82	65,58	0,62	9,23	0,90
		9 c	6,83	65,03	0,46	6,84	0,67
7748	18	10 a	6,49	59,25	2,807	43,93	4,30
		10 b	6,57	57,26	4,254	65,76	6,45

Tabela 13: Comparação em porcentagem, entre a resistência à compressão uniaxial seca máxima das amostras tratadas com 2% de cal, relativamente às amostras tratadas com 5% e 8%

Amostras	5%		8%	
	Min.	Max.	Min.	Max.
7741	66,7	126,3	225,6	226,5
7742 (1)	1156	1326	1320	1464
7754 (2)	-70	54	114,4	154,8
7759	181,9	214,8	256	344,9
7748	-22,8	11,8	41,8	77,8

(1) Um único valor obtido da resistência à compressão uniaxial seca, com 2% de cal.

(2) Os dois valores da resistência à compressão uniaxial obtidos são aproximados. Considera-se apenas um deles.

Tabela 14: Comparação em porcentagem, entre a resistência à compressão uniaxial seca mínima das amostras tratadas com 2% de cal, relativamente às amostras tratadas com 5% e 8%

Amostras	5%		8%	
	Min.	Max.	Min.	Max.
7741	76,7	244,3	139 4	245,4
7742 (1)	1156	1336	1320	1464
7754 (2)	-70	54	114,4	154,8
7759	227,4	265,6	313,4	416,7
7748	14,4	65,6	110	163,4

(1) Um valor único obtido para a compressão uniaxial seca, com 2% de cal.

(2) Os valores obtidos da resistência à compressão uniaxial seca são aproximados. Considera-se apenas um deles.

Tabela 15: Aumento ou diminuição da resistência à compressão uniaxial em porcentagem, das amostras tratadas, relativamente às amostras tratadas, úmidas e secas

Amostras	Tratadas	Não tratadas			
	%	Úmidas		Secas	
	Cal	Min.	Max.	Min.	Max.
7741	2	126,8	139,9	162,7	177,9
	5	300	442,8	363,4	529
	8	680,9	683,3	804,8	807,6
7742	2	–	150	-49	–
	5	2490	3040	428,6	442,8
	8	3450	3810	624,5	697,9
7754	2	325,4	328,6	21,9	23,3
	5	200	550,8	-13,7	90
	8	819	992	16,4	214,1
7759	2	24	44	177,6	222,4
	5	306	353,3	808,9	914,9
	8	928,5	540,7	1047,7	1334,3
7748	2	38,7	105,4	6,7	58,1
	5	58,6	129,6	22,1	76,7
	8	191,2	265,2	124,2	181,2

Tabela 16: Tabela de ensaios de compressão uniaxial – amostras tratadas

Amostras n°s	Tijolos n°s	Corpos de prova n°s	tratamento % $Ca(OH)_2$	Área cm^2	Peso seco g	Força KN	T	
							Kgf/ cm^2	Mpa
7741	22	11 a (1)	2%	6,95	67,00	0,693	10,13	0,99
		11 b		6,99	67,50	2,636	38,85	3,81
		11 c		6,99	68,18	2,829	41,1	4,03
7741	24	12 a (1)	5%	7,14	68,21	4,597	65,38	6,41
		12 b (2)		7,12	66,92	4,808	68,58	6,72
		12 c		7,19	69,28	6,590	93,08	9,12
7741	26	13 a (1)	8%	7,24	68,96	4,593	64,43	6,31
		13 b		7,21	68,76	9,533	134,28	13,16
		13 c		7,27	68,47	9,578	133,80	13,12

Amostras nºs	Tijolos nºs	Corpos de prova nºs	tratamento % $Ca(OH)_2$	Área cm^2	Peso seco g	Força KN	T	
							Kgf/ cm^2	Mpa
7742	27	14 a (1)	2%	7,27	69,13	0,062	0,57	0,08
		14b		7,25	67,64	0,184	2,57	0,25
7742	30	15 a (1)	5%	7,14	67,73	1,154	16,42	1,61
		15 b		7,07	67,83	2,234	32,1	3,14
		15 c		7,02	68,03	1,831	26,49	2,59
7742	32	16 a (1)	8%	7,26	69,12	1,945	27,20	2,66
		16 b		7,22	68,42	2,836	39,89	3,91
		16 c (2)		7,24	68,98	2,584	36,24	3,55
7754	34	17 b	2%	6,88	67,46	1,816	27,40	2,68
		17 c		6,73	65,81	1,830	27,61	2,70
7754	36	18 a (1)	5%	6,94	66,27	1,107	16,20	1,58
		18 b (2)		6,90	66,65	2,899	42,42	4,10
		18 c (2)		6,82	64,57	1,295	19,28	1,89
7754	38	19 a (1)	8%	6,84	64,33	2,078	30,85	3,02
		19 b		6,86	64,88	3,991	59,08	5,79
		19 c		6,74	61,58	4,668	70,42	6,88
7759	40	20 a (1)	2%	6,86	66,29	0,245	3,62	0,35
		20 b		6,90	66,26	1,290	18,98	1,86
		20 c		6,94	66,84	1,511	22,11	2,16
7759	42	21 a (1)	5%	6,82	65,56	1,764	26,27	2,57
		21 b		6,88	65,78	4,210	62,14	6,09
		21 c		6,98	66,50	4,766	69,34	6,80
7759	44	22 a (1)	8%	7,04	65,64	2,640	38,08	3,73
		22 b		6,88	64,88	6,641	98,03	9,61
		22 c		7,20	67,89	5,564	78,48	7,69
7748	46	23 b	2%	7,54	65,37	3,478	46,85	4,59
		23 c		7,56	66,62	5,163	69,36	6,80
7748	48	24 a	5%	6,97	59,14	0,655	9,54	0,94
		24 b (2)		7,03	59,56	3,711	53,61	5,25
		24 c		6,92	58,03	5,281	77,50	7,60
7748	50	25 a	8%	7,23	60,52	2,222	31,21	3,06
		25 b		7,17	58,96	6,941	98,31	9,64
		25 c		7,23	59,90	8,790	123,33	12,09

(1) Corpos de prova saturados após 24 horas de imersão; (2) Bases dos corpos de prova não paralelas; – Corpos de provas 17 a e 23 a desintegram-se totalmente durante a saturação; – Bases regularizadoras de enxofre a areia deslocadas nos corpos de prova 20 a e 24 a. Todos os corpos de prova foram tratados com 1% de Na2 CO3.

Tabela 17: Comparação entre as resistências à compressão uniaxial para amostras cilíndricas e prismáticas

	Amostras Cilíndricas não almogadas		Amostras Cilíndricas não almogadas					Amostras Cilíndricas não almogadas			
	Resistência no teor da umidade natural		Resistência no teor da umidade ótima			secas		porcentagem de resistência em relação:			
	δ (Mpa_s)	h (%)	δ (Mpa_s)		h (%)	δ (Mpa_s)		às amostras úmidas		às amostras secas	
Amostras	Max.		Min.	Max.		Min.	Max.	Min.	Max.	Min.	Max.
7741	0,18	2,2	1,68	2,13	11,7	1,45	1,46	833,3	1083,3	705,6	711,1
7742	0,048	2,9	–	0,10	10,2	0,49	1,08		108,3	920,8	2150
7754	1,37	6,0	0,63	0,85	12,6	2,19	2,45	9,5	46,6	59,8	78,8
7759	0,13	5,6	1,5	1,71	12,2	0,67	0,90	1053,8	1215,4	415,4	592,3
7748	0,22	19,4	3,31	4,00	16,7*	4,30	6,45	1404,5	1718,2	1854,5	2831,8

* Teor de umidade arbitrado, para possibilitar a compactação com o MOULE.

Figura 25: Diagrama da estabilização mostrando as resistências finais

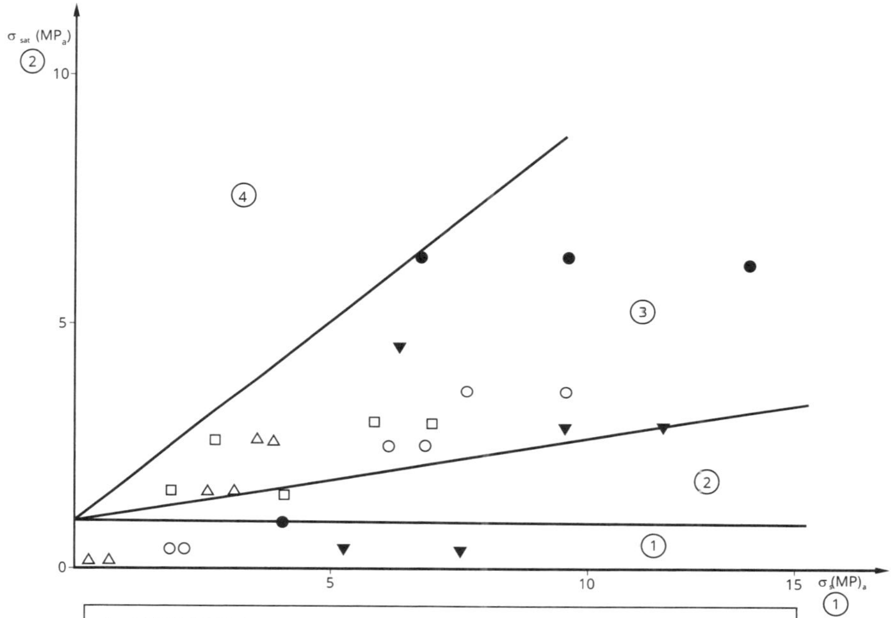

1 - σ_s resistência seca

2 - σ_{sat} resistência saturada

3 - ● Amostra 7741 - Latossolo vermelho-escuro, textura argilosa - (caulinita + halloysita + gibbssita)

4 - △ Amostra 7742 - Latossolo vermelho-escuro, textura média - (caulinita)

5 - □ Amostra 7754 - podzólico vermelho-amarelo, textura arenosa abrúptica - (halloysita)

6 - ○ Amotra 7759 - podzólico vermelho-amarelo, textura arenosa, gradiência textural baixa a média (halloysita + caulinita)

7 - ▲ Amostra 7748 - terra roxa estruturada - (halloysita + goethita + caulinita)

Domínios de estabilização
Definidos por $0 \leq \sigma_s \leq$ infinito — σ_{sat} (Mp_a)
e
$\sigma_s = 1\ Mp_a$
Zona não definida 4 — $\sigma_{sat} > T_s$
Domínio 1 - material não estabilizado — $\sigma_{sat} \leq 1$
Domínio 2 - estabilização aceitável — $1 \leq \sigma\ s_{at}\ \sigma_s /3$
Domínio 3 - estabilização efetiva — $\sigma_s/3 \leq \sigma_{sat} \leq \sigma_s$

8 - Resistência à compressão saturada $\sigma\ s_{at}$ (Mp_a)

9 - Resistência à compressão seca σ_s (MP_a)

Figura 26: Resistências à compressão simples e massa seca removida

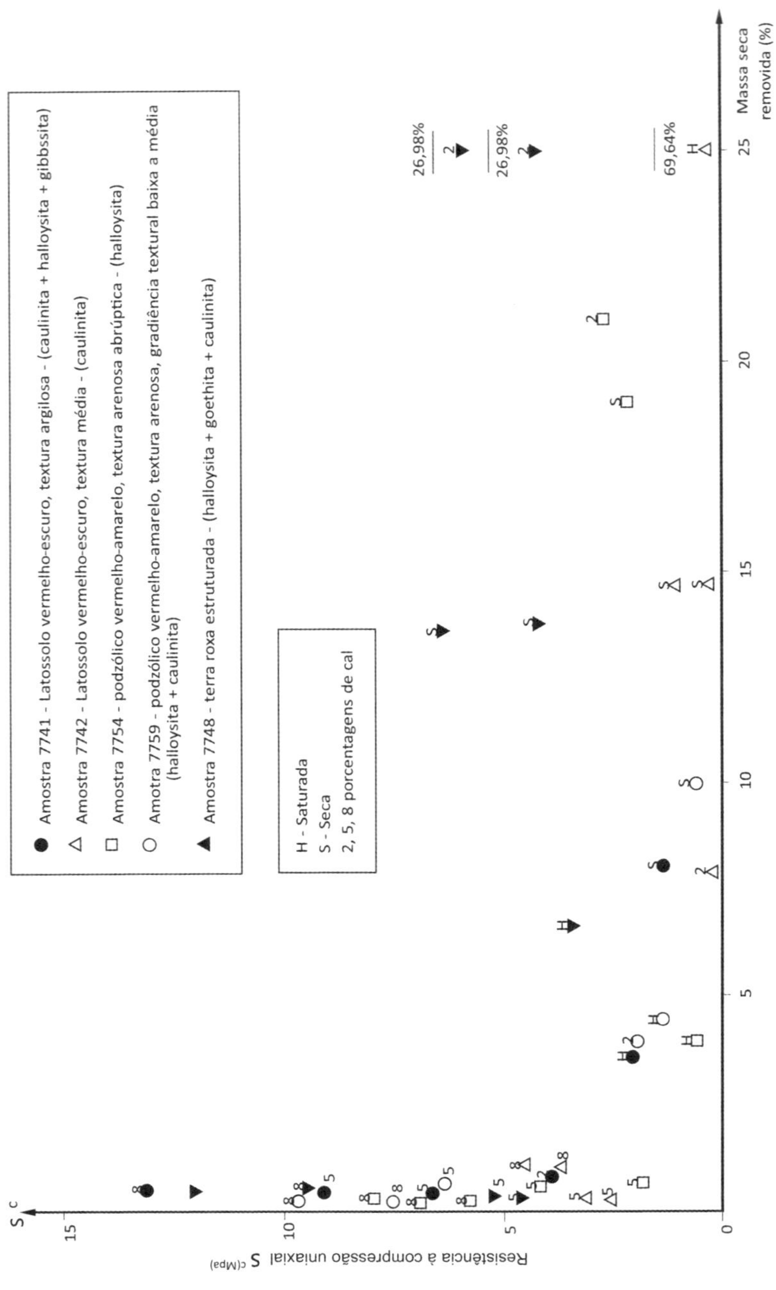

Figura 27: Variações da resistência à compressão simples dos solos estudos tratados com percentagens diferentes de cal

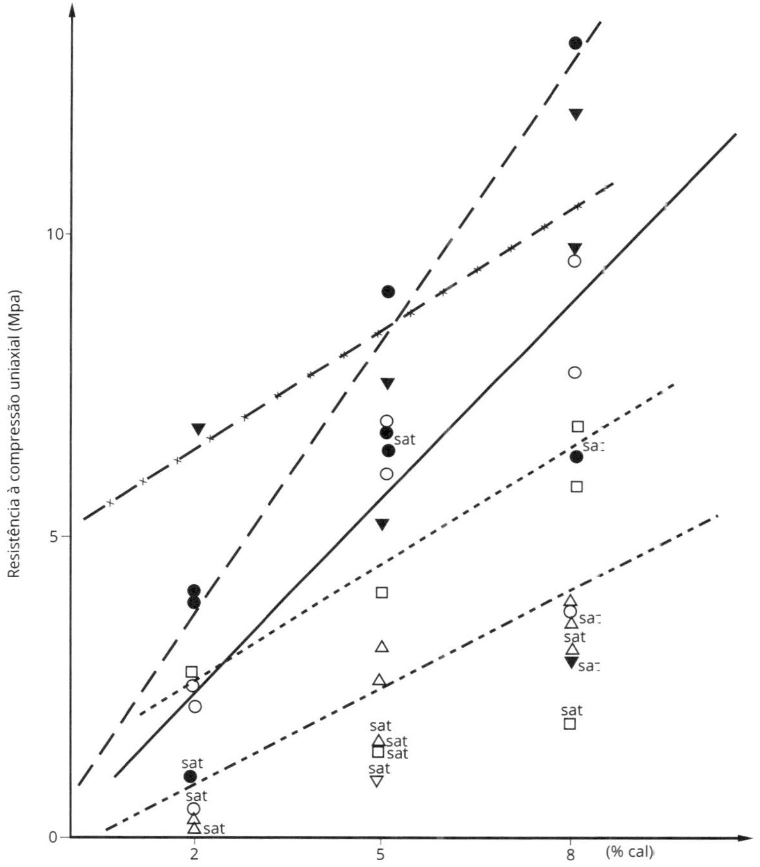

1 - ● Amostra 7741 - Latossolo vermelho-escuro, textura argilosa - (caulinita + halloysita + gibbssita)

2 - △ Amostra 7742 - Latossolo vermelho-escuro, textura média - (caulinita)

3 - □ Amostra 7754 - podzólico vermelho-amarelo, textura arenosa abrúptica - (halloysita)

4 - ○ Amotra 7759 - podzólico vermelho-amarelo, textura arenosa, gradiência textural baixa a média (halloysita + caulinita)

5 - ▲ Amostra 7748 - terra roxa estruturada - (halloysita + goethita + caulinita)

6 - Resistência à compressão uniaxial (MPa)

7 - Porcentagem de Cal (%)

Prismas não tratados

Para esses prismas, verificou-se que os resultados não são coerentes (tabelas 10 e 11). Esperava-se que todas os prismas secos apresentassem uma resistência à compressão simples maior que os úmidos, como é o caso da **amostra 7742**, prismas **2a** e **7a**; amostra **7754** – prismas **3a** e **8a**, **3b** e **8b**; amostra **7748** – prismas **5a** e **10a**, **5b** e **10b**. Entretanto, a amostra **7741** – prismas **1a** e **6a**, **1b** e **6b**; e a amostra **7759** – prismas **4a** e **9a**; **4b** e **9b**; e **4c** e **9c,** apresentaram resistências no estado seco menores do que no estado saturado, portanto anormal no que se refere à influência da água na resistência, o que é de difícil explicação.

Como todas as amostras foram compactadas, é possível que, no teor de umidade ótima do Proctor, forças capilares ou o complexo de adsorção tenham influenciado nos valores da resistência.

Prismas tratados

Para essas amostras o acréscimo da cal e Na_2CO_3 favoreceram, de modo geral, a resistência à compressão uniaxial. A exceção fica por conta da **amostra 7754** – prisma **18c**, que apresentou resistência menor com 5% da cal do que com 2%. No entanto, como os ensaios foram feitos em geral com três prismas, é possível que erros de leitura durante os testes possam explicar tais discrepâncias.

Prismas tratados saturados

Para esses prismas os resultados confirmam que a água sempre age diminuindo o valor da resistência à compressão, o que é normal (tabelas 12, 13, 14, 15 e 16). Algumas vezes a diferença entre os valores secos e saturados é insignificante, mas se mantém. Alguns prismas não puderam ser saturados, pois se desmanchavam na água, como é o caso dos **17a** – amostra **7754**, e **23a** – amostra **7748**, com 2% da cal. Isto significa que a adição de 2% da cal não representa nenhuma melhoria para esses solos. Verificou-se também que os valores da resistência foram evidenciados pelo deslocamento das bases aplainadas dos prismas **20a** – amostra **7759**, e **24a** – amostra **7748**, com 2% da cal, e outras ainda como as **12b** – amostra **7742**; **16c**, amostra **7742**; **18b** e **18c** – amostra **7754**; e **24b** – amostra **7748**, cujas bases não estavam perfeitamente paralelas.

Pode-se comparar os valores da resistência à compressão entre as amostras cilíndricas não amolgadas e no teor de umidade natural, com as amostras prismáticas compactadas no teor de umidade ótima do Proctor, e ainda aquelas secas (Tabela 16). Verifica-se que, devido aos valores muito baixos das primeiras, o aumento da resistência das demais é enorme. Isto pode ser explicado pela diferença entre a geometria e as dimensões entre os tipos de amostras, e também devido à compactação no Moule. As amostras cilíndricas tinham 9 cm de altura, enquanto as prismáticas tinham 5 cm, ainda que as áreas das duas superfícies sejam quase iguais, ou seja, 7,5 cm^2. Esse fato poderá ter modificado o estado de tensões que agiram nas duas superfícies.

É possível ainda a comparação entre as resistências obtidas nos ensaios das amostras tratadas relativamente àquelas não tratadas, secas e úmidas, e as tratadas com 2% da cal, relativamente àquelas tratadas com 5% e 8% da cal (tabelas 12, 13, 14 e 15). De maneira geral, a melhora com 8% é maior do que com 5%. Alguns valores anormais, como a queda da resistência, podem ser explicados por erros de leituras, defeitos das amostras ou mesmo um comportamento particular do solo.

Algumas amostras mostraram maior sensibilidade ao tratamento, tendo-se observado um acréscimo de resistência até 3.800% para amostras com 8% de cal, relativamente à proporção de 2% – amostra **7742**. A amostra **7748**, por exemplo, não se mostrou sensível ao tratamento, tendo apresentado um acréscimo de resistência no máximo de 160%, valor relativamente modesto se comparado com os demais valores de outras amostras.

Considerando-se as variações da resistência à compressão simples das amostras indeformadas cilíndricas ensaiadas no teor de umidade natural com aquelas prismáticas ensaiadas após compactação com a energia do Proctor úmidas e secas, nota-se uma variação das resistências a mais, para as últimas referidas, da ordem de 80% a 90%, com exceção das amostras **7742** e **7754**. Para a amostra **7742**, a variação foi de 52% a mais (amostras úmidas), e para a amostra **7754** houve uma queda de resistência das amostras prismáticas úmidas relativamente às amostras cilíndricas ensaiadas na umidade do Proctor, e um aumento de resistência de 37% a 44% das amostras prismáticas secas comparativamente às cilíndricas ensaiadas à energia e à umidade do Proctor.

A Foto 13 mostra as amostras destruídas após os ensaios de compressão simples. Nas tabelas 12, 13, 14 e 15 veem-se os valores das resistências em relação às porcentagens da cal, para todos os solos estudados. Os valores mais altos são anotados para o latossolo vermelho-escuro texturas argilosa e média, e para a terra roxa estruturada. Isso sem dúvida reflete a eficiência do tratamento, que fica clara quando é utilizado o gráfico sugerido por Toubeau (1987) relativamente aos domínios de estabilização (Figura 24). Verifica-se que a maior parte das amostras ensaiadas estão colocadas no domínio 2 – estabilização aceitável, e no domínio 3 – estabilização eficaz.

Foram correlacionados os ensaios de compressão simples e os ensaios de erodibilidade (Figura 25). Há uma divisão bem marcada na figura, onde se verifica que a maior parte das amostras tratadas com 5% e 8% da cal mostram uma pequena quantidade de material subtraído do solo no erodímetro, ainda que os valores da resistência à compressão simples sejam bem grandes. Mas pode-se concluir, sem dúvida, que o tratamento com 2% da cal seja realmente ineficaz, e que há uma grande dispersão quando se considera na figura as amostras tratadas com adição de 2% da cal e aquelas sem tratamento algum, secas ou úmidas. Esses resultados estão de acordo com aqueles apresentados por outros autores no decorrer deste trabalho. Por outro lado, vê-se que os valores obtidos com os solos estudados são da mesma ordem de grandeza daqueles mencionados por Toubeau (1987).

Conclusões e recomendações

Os solos estudados constituem depósitos cenozoicos, terciários ou quaternários (Fúlfaro; Suguio, 1974; Landim et al., 1974; Soares; Landim, 1970; Fúlfaro, 1979), (Figura 6, capítulo 1). Na parte superior dos mesmos, ocorrem areias pouco argilosas sem estrutura, revelando processos coluviais, e tendo, sobre formações mais antigas, depósitos de seixos ou uma linha de seixos de quartzo com raros fragmentos de limonita.

Enquadram-se nas análises registradas nesta publicação nos subitens "As coberturas dos platôs de Marília e Echaporã" e "Os depósitos cenozoicos", no Capítulo 1 deste livro. Sua existência foi cartografada e representada pelas letras PV: argissolos vermelhos; PVA: argilossolos vermelho-amarelos; LV: latossolos vermelhos; LVA: latossolos vermelho-amarelos, nas quadrículas 11 e 12 do *Mapa pedológico do estado de São Paulo*, escala 1:500.000 da Embrapa (1999), lembrando que a Embrapa (2006) previne quanto a algumas alterações na terminologia de solos definidos pelo Sistema Brasileiro de Classificação de Solos (SBCS).

Observa-se que a área estudada, na região compreendida pelos municípios de Sapezal, Paraguaçu Paulista, Cardoso de Almeida e Assis, é bastante representativa do meio físico paulista do Planalto Ocidental considerando os seus aspectos de relevo, substrato geológico e materiais de cobertura. Na área em questão, depósitos cenozoicos cobrem extensas áreas. São normalmente associados a níveis escalonados na paisagem e a relevos aplainados. Do ponto de vista geotécnico, materiais arenosos desses depósitos com fraca cimentação têm um interesse particular, pois apresentam, no estado natural, características de colapso. A região onde ocorrem tem uma temperatura média anual de 22 °C com médias de 25 °C no verão (janeiro) e 17 °C no inverno (julho). A pluviosidade é de 1.250 mm/ano com uma variação mensal de 30 mm a 40 mm, tendo sua concentração mais alta durante o verão (dezembro/março). O substrato geológico consiste de rochas sedimentares do Mesozoico (arenitos médios a grosseiros) e rochas magmáticas basálticas do Jurássico/Cretáceo da Formação Serra Geral, Grupo São Bento; e arenitos cretáceos, siltitos, arenitos ferruginosos e calcíferos mal selecionados, além de conglomerados, do Grupo Bauru. Esses materiais são fonte dos depósitos cenozoicos, os quais variam desde os tipos arenosos a argilosos. As características climáticas da região – subtropical, úmida, quente – favorecem os processos de alteração ferrífera, com lixiviação da sílica e das bases e concentração dos sesquióxidos de Fe e Al, com pedogênese bem desenvolvida. Os horizontes superiores de alteração profunda dos materiais originais são fortemente influenciados pelas condições climáticas citadas. Predominam os "solos tropicais vermelhos", de origem laterítica e não lateritos propriamente ditos (Nogami; Villibor, 1985). São latossolos e podzóis com horizonte B textural (ibid.).

Os materiais em questão podem ser classificados de acordo com Duchaufour (1982), que distingue três fases no desenvolvimento dos solos residuais, caracterizadas pelo aumento do intemperismo dos materiais primários, pela perda de sílica e predominância de argilominerais neoformados a partir dos minerais dissolvidos. Os solos assim originados são denominados "fersialíticos", "ferruginosos", "ferrisols" (transição) e "ferralíticos", sendo que se observa, dos primeiros para os últimos, um aumento na intensidade do intemperismo. A remoção das bases, e principalmente da sílica, origina uma decomposição posterior que finalmente produz a desordem dos argilominerais sílico-aluminosos e a formação dos sesquióxidos (Gidigasu, 1976). Valores baixos de pH causam a precipitação do ferro como uma cobertura sobre a caulinita, as quais podem ser mantidas juntas pela ação do hidróxido de ferro (Greenland et al., 1968). Os sesquióxidos de ferro e alumínio que cobrem os minerais e os unem na forma de uma agregação grosseira alteram o seu comportamento normal, enquanto as agregações conferem uma estrutura granular ao solo (Townsend et al., 1971).

A sucção em solos parcialmente saturados explica a existência de taludes íngremes, os quais instabilizam-se catastroficamente sob saturação durante chuvas torrenciais (Dearman et al., 1989). A importância dessa saturação parcial na resistência efetiva e no colapso está intimamente ligada às características de erodibilidade, dispersão e potencial de colapso para os solos ferrisols, ferruginosos e fersialíticos (Geological Society, 1990). A fase representada pelo perfil do solo num local particular é determinada: a) pela idade de sua formação; b) pelo clima (temperatura, umidade e dessecação sazonal) durante esse período; c) pela composição dos materiais originais: quantidade de minerais ricos em bases e ferro, do total de sílica e alumina; e d) pela topografia: controle lateral do transporte das bases, sílica e ferro em solução e rejuvenescimento dos perfis por erosão nos taludes mais íngremes (Campos, 1993; Bongiovani et al., 1994).

No escopo deste trabalho fica evidente a importância da colaboração entre a geologia, a pedologia e a geotecnia, com a ressalva, porém, de que as classificações de solos geotécnica, pedológica e de mecânica dos solos e a abordagem metodológica dos estudos e trabalhos não seguem exatamente o mesmo padrão. Isto não deve significar um problema, mas sim uma oportunidade para um aprofundamento proativo desse relacionamento, que poderá mostrar maior adequação entre áreas de atividade citadas.

Detectaram-se novos temas a pesquisar em profundidade, como o desdobramento dos ensaios executados.

Considerando-se um objetivo mais amplo voltado ao conhecimento das relações de origem e evolução dos depósitos cenozoicos e o respectivo comportamento em geologia de engenharia, serão necessários elementos que serão descritos a seguir.

Aprimoramento da conceituação de formações superficiais ou coberturas cenozoicas

- É necessário o aumento do conhecimento quanto à origem dos materiais de cobertura. Esses estudos exigirão um aprofundamento no que se refere aos processos geomorfológicos, sedimentológicos e pedológicos. Nesse sentido, é aconselhável, após abordagem regional sobre essas questões, selecionar microbacias representativas dos compartimentos de meio físico da região, no que se refere aos elementos de solo-relevo e substrato, e, para cada uma delas, estudar em detalhe a cobertura superficial, incluindo as camadas de transição solo-rocha, particularmente as suas relações de origem com o substrato;
- estudos direcionados à caracterização geotécnica de diferentes materiais de cobertura;

- abordagem regional a respeito da geologia, geomorfologia e pedologia, buscando situar a área objeto de pesquisa no contexto mais amplo do Planalto Ocidental;
- mapeamento, em escala de detalhe, do substrato geológico e do relevo;
- estudo da compartimentação integrada geológico-geomorfológica da área objeto, em escala de detalhe, buscando nessa compartimentação a delimitação de áreas relativamente homogêneas dentro dos objetivos geotécnicos;
- para cada compartimento relativamente homogêneo diagnosticar os diferentes solos e sua distribuição nas encostas;
- compartimentação integrada geológico-geomorfológica e pedológica, delimitando áreas relativamente homogêneas às características geotécnicas;
- coleta de amostras de solo em cada um dos compartimentos relativamente homogêneos definidos na etapa anterior, respeitando as diferenciações de camadas em profundidade;
- análise comparativa da mineralogia e análises químicas das rochas que deram origem aos depósitos, com a mineralogia e composição química dos mesmos, a fim de identificar os produtos formados na fase pedogenética, sempre com o suporte da microscopia eletrônica, da espectrometria de absorção atômica e outros meios modernos de análise qualitativa e quantitativa, química e mineralógica.

Geotecnia

- Caracterização mais precisa dos efeitos do tratamento com a cal, considerando-se as variações da resistência com o tempo e a verificação dos valores anômalos da queda de resistência com o tratamento, para alguns solos;
- ensaios mecânicos como o CBR com amostras tratadas ou não, e aperfeiçoamento quanto à utilização da classificação MCT para as unidades pedológicas;
- identificação dos produtos neoformados no tratamento com a cal e a sua responsabilidade nas variações da resistência mecânica dos

solos, estabelecendo protocolos rigorosos de acompanhamento dos produtos tratados, em condições operacionais;

- integração dos dados obtidos na prática da engenharia, proporcionando às universidades e institutos de pesquisas, bem como às autoridades municipais e estaduais, o acesso aos dados obtidos.

Referências bibliográficas

AB'SABER, A. N. Formações quaternárias em áreas de reverso de *cuestas* em São Paulo. *Geomorfologia*, São Paulo: Instituto de Geografia da USP (Igeo), n.16, p.1-11, 1969.

______. *Bases geomorfológicas para o estudo do Quaternário no estado de São Paulo*. São Paulo, 1968. Tese (Concurso de Cadeira de Geografia) – Faculdade de Filosofia, Ciências e Letras da Universidade de São Paulo.

______. (1960). Da necessidade de uma pluralidade de critérios para a melhor classificação do relevo brasileiro. *Notícia Geomorfológica*, Campinas, n.6, p.64-7, 1960. Faculdade de Filosofia, Ciências e Letras – FFCL, Universidade de São Paulo – USP.

ABELEV, Y. M. The Essentials of Designing and Building on Microporous Soils. *Stroitel'naya Promyshlemast*, Moscou, n.10, 1948.

ADAMS, G. *Planation Surfaces*: Peneplains, Pediplains, and Etchplains. Pensilvânia: Dowden, Hutchinson & Ross Inc., 1975. (Benchmark Papers in Geology, v.22.)

AFLITOS, A. O.; FERREIRA, H. C. Estabilização química de um solo laterítico com cal + traços de NaOH. In: CONGRESSO BRASILEIRO DE MECÂNICA DOS SOLOS E ENGENHARIA DE FUNDAÇÕES, 8. *Anais*... v.II. Porto Alegre: Associação Brasileira de Mecânica dos Solos (ABMS), 1986.

ALEXANDER, L. T.; CADY, J. G. *Genesis and Hardening of Laterite* Soils. Washington: United States Department of Agriculture, 1962. (Technical Bulletin, n.1282.)

ALMEIDA, F. F. M de. (1953) Fundamentos geológicos do relevo paulista. *Boletim do Instituto Geográfico e Geológico*, São Paulo, v.41, p.169-263, 1964.

______ et al. Geologia do oeste paulista e áreas fronteiriças dos estados do Mato Grosso do Sul e Paraná. In: CONGRESSO BRASILEIRO DE GEOLOGIA, 31, Camboriú. *Anais*... v.5. São Paulo: Sociedade Brasileira de Geologia (SBG), 1980.

ALMEIDA, F. F. M. de. (1980). Tectônica da Bacia do Paraná no Brasil. Instituto de Pesquisas tecnológicas de São Paulo – IPT. Publicação n.187, Relatório 14.091.

ALMEIDA, F. F. M.; BARBOSA, O. (1953). Geologia das quadrículas de Piracicaba e Rio Claro. Boletim da Divisão de Geologia e Mineralogia, v.143, p.1-96.

ALMEIDA, F. F. M. de; HASUI, Y.; BRITO NEVES, P. P. de; FUCK, R. A. (1981). Brazilian Structural Provinces: an Introduction. *Earth Sciences Review*. v.17, p.1-29.

ALMEIDA FILHO, G. S. (2015). Controles de erosão. *Revista Fundação & Obras Geotécnicas*, São Paulo (SP), edição n.54, p.72-83, março 2015.

ALMEIDA FILHO, G. S. de; RIDENTE JÚNIOR, J. L.; CANIL, K. (1999). Tecnologias para controle de erosão em áreas urbanas. In: XIII Simpósio Brasileiro de Recursos Hídricos. Belo Horizonte (MG), 16 p.

ANGULO FILHO, R. A.; ELLIOT, W. J.; DECHEN, S. C. F.; LOMBARDI NETO, F. (1992). Utilização do modelo WEPP para simulação de erosão no Brasil. Sociedade Brasileira de Ciências do Solo; IX Reunião Brasileira de Manejo e Conservação dos Solos, Jaboticabal (SP).

ARAÚJO FILHO, J. R. de; AB'SABER, A. N. (1969) A região de Marília: notas geomorfológicas. *Geomorfologia*, São Paulo: Instituto de Geografia (IGEO), n.14, p.2-6, 1969.

ARID, F. M. (1966). *A formação Bauru na região norte-ocidental do estado de São Paulo*. São José do Rio Preto. Tese (Doutorado) – Faculdade de Filosofia, Ciências e Letras, 100 p.

ARULANANDAN, K. (1969). Engineering Properties and Behaviour of Laterites. VII International Commision on Soils Mechanics and Foundation Engineering – ICSMFE, Specialty Session on the Engineering Properties Soils, v.2, p.163-179.

ASSOCIAÇÃO BRASILEIRA DE GEOLOGIA DE ENGENHARIA E AMBIENTAL (ABGE). (2012). Glossário de termos técnicos de geologia de engenharia e ambiental. Coord. Antonio Antenor Tognon. 2.ed. São Paulo: ABGE, 2012.

ASSOCIAÇÃO BRASILEIRA DE GEOLOGIA DE ENGENHARIA E AMBIENTAL (ABGE). (2009). VIII Simpósio Nacional de Controle de Erosão, São Paulo (SP).

ASSOCIAÇÃO BRASILEIRA DE GEOLOGIA DE ENGENHARIA – ABGE. (2001). VII Simpósio Nacional de Controle de Erosão. Goiânia (GO).

ASSOCIAÇÃO BRASILEIRA DE GEOLOGIA DE ENGENHARIA – ABGE. (1998). VI Simpósio Nacional sobre o Controle de Erosão. Presidente Prudente (SP).

AUBERT, G. (1954). La Classification pédologique utilisée en France. In: Symposium International sur la Classification des Sols, 3. Gand, 1965.

AUBERT, G. (1954). La Classification des sols utilisée dans les territoires tropicaux de "l'Union Française". In: Conférence Interfrançaise de Sols, 2. Léopoldville, 1954.

AUBERT. G. (1954). Les Sols Latéritiques. In: Conférence Générale n° 7, VI Congrès International des Sciences des Sols Latéritiques, Leopoldiville.

______; DUCHAUFOUR, P. Projet de classification des sols. In: CONGRÈS INTERNATIONAL DES SCIENCES DES SOLS, 6. Paris: E, 1956.

______; SEGALEN, P. Projet de classification des sols ferralitiques. *Cahiers de Orstom*, Pédologique, v.4, n.4, p.97-112, 1966.

ÁVILA, I. G. de et al. Algumas características geológicas e geotécnicas de depósitos coluvionares do estado de São Paulo. In: CONGRESSO BRASILEIRO DE GEOLOGIA DE ENGENHARIA, 3. Itapema-SC, 1981. *Anais*... Santa Catarina: ABGE, 1981.

BAGOLINI, B. Osservazioni geologique e geomorfologique suglie spandimenti basaltici del bacino dell alto Parana nel Bresile Meridionali. Memória. Museo Tudentino di Scilia. *Nat. Ireuts*, v.19, n.1, p.71-122, 1971.

BAKER, C. L. The Lava Field of the Paraná Basin, South America. *Journal of Geology*, Chicago, v.11, n.1, p.69-79, 1921.

BARATA, F. E. (1969). Landslides in The Tropical Region of Rio de Janeiro. 7 th ICSMFE, Mexico. Proceedings, v.2, p.507-516.

BARCELOS, J. H. *Reconstrução paleogeográfica da sedimentação do Grupo Bauru baseada na sua redefinição estratigráfica parcial em território paulista e no estudo preliminar fora do estado de São Paulo.* Rio Claro-SP, 1984. 190p. Tese (Livre-Docência) – Instituto de Geociências e Ciências Exatas (IGCE), Universidade Estadual Paulista "Júlio de Mesquita Filho" (Unesp), câmpus de Rio Claro.

BARELLI, N.; MELIOS, C. B. (1985). Soik-lime Fractions: A Comparison Study between Two Brazilian Red Soils. First International Conference on Geomechanics in Tropical Lateritic and Saprolitic Soils. Tropicals'85. International Society for Soil Mechanics and Foundation Engineering – ISSMFE.; Associação Brasileira de Mecânica dos Solos – ABMS. Brasília. *Anais*, v.2, p.271-281.

BARROS, F. P. (1981). Papel da Geologia de Engenharia no estabelecimento de critérios de projeto. 3° Congresso Brasileiro de Geologia de Engenharia – CBGE, Associação Brasileira de Geologia de Engenharia – ABGE, v.4, p.67-71, Ipanema (SC).

BASILICI, G.; SGARBI, G. N.; FUHR DAL' BÓ, P. F. A sub-bacia Bauru: um sistema continental entre deserto e cerrado. In: HASUI, Yociteru et al. (Orgs.). *Geologia do Brasil.* São Paulo: Beca, 2012.

BATEZELLI, A. *Estudo da sedimentação cretácea no Triângulo Mineiro e sua correlação com áreas adjacentes.* Rio Claro-SP, 2003. 183p. Tese (Doutorado) – Instituto de Geociências e Ciências Exatas (IGCE), Universidade Estadual Paulista "Júlio de Mesquita Filho (Unesp), câmpus de Rio Claro.

BEASLEY, D. B.; HUGGINS, L. F.; MONKE, E. J. Answers: A Model for Watershed Planning. *Transactions of the Asae*, v.23, n.4, p.938-944, 1980.

BELL, H. S. Armored Mud Balls, their Origin Propertis and Role in Sedimention. *Journal of Geology*, Chicago, v.48, n.1, p.1-31, 1940.

BENNEMA, J. et al. *Levantamento de reconhecimento dos solos do estado de São Paulo.* Rio de Janeiro: Serviço Nacional de Pesquisas Agronômicas, 1960. (Boletim do Serviço Nacional de Pesquisas Agronômicas, n.12.)

BENVENUTO, C. (1982). Uma avaliação teórico-experimental do comportamento de alguns solos colapsíveis. Msc. Thesis, Escola Politécnica da Universidade de São Paulo – EPUSP.

BERTONI, J.; LOMBARDI NETO, F. *Conservação do solo.* São Paulo: Ícone, 1990.

BIGARELLA, J. J.; AB'SABER, A. N. Paläogeographische und Paläoklimatische Aspekte das Känozoikumus in Südbrasilien. *Zeitschriff fur Geomorphologie*, Berlim, v.8, n.3, p.286-312, 1964.

______; ANDRADE, G. O. de. Contribution to the Study of the Brazilian Quaternary. In: WRIGHT JR., H. E.; FREY, D. G. (Orgs.). *International Studies on the Quaternary.* Nova York: Geological Society of America, 1965. (GSA, Special Paper, n.84.)

______; MAZUCHOWSKI, J. Z. *Visão integrada da problemática da erosão.* Maringá-PR: Associação Brasileira de Geologia de Engenharia (ABGE); Associação de Defesa e Educação Ambiental (Adea), 1985.

BJORNBERG, A. J. S.; LANDIM, P. M. B.; MEIRELLES FILHO, G. M. (1964b). Restos de plantas modernas em níveis elevados na região de Rio Claro (SP). Escola de Engenharia de São Carlos, Universidade de São Paulo – USP Geologia, n.11, p.37-57.

BJORNBERG, A. J. S. Sedimentos pós-cretácicos do leste do estado de São Paulo. São Carlos, 1965. 132p. Tese (Livre-Docência) – Escola de Engenharia de São Carlos, Universidade de São Paulo (USP).

______; LANDIM, P. M. B. Contribuição ao estudo da Formação Rio Claro (Neocenozoico). *Boletim da Sociedade Brasileira de Geologia (SBG)*, São Paulo, v.15, n.4, p.43-68, 1966.

______; LANDIM, P. M. B.; MEIRELLES FILHO, G. M. Restos de plantas modernas em níveis elevados na região de Rio Claro (SP). *Geologia*, Escola de Engenharia de São Carlos, Universidade de São Paulo (USP), n.11, p.37-57, 1964a.

______; MACIEL, A. C.; GANDOLFI, N. Notas sobre os depósitos modernos na região de Rio Claro, São Paulo. *Geologia*, Escola de Engenharia de São Carlos, Universidade de São Paulo (USP), n.11, p.21-36, 1964b.

BOISSEZON, P. de. Les Sols de la savane des Plateaux Batéké. *Cahiers de Orstom*, Pédologie, v.3, n.4, p.291-298, 1965.

BONGIOVANI, S.; CAMPOS, J. de O.; SALOMÃO, F. X. de. Tropical Environment and Geotechnical Behaviour of Cenozoic Deposits. In: INTERNATIONAL CONGRES, 7. *Proceedings*... v.5. Lisboa: Iaeg; SPG, 1994.

BORDEAUX, G. H. R. M.; GRAEEF, L. O.; CELERI, R. O. (1983). Saprolitos basálticos: uma alterntiva consagrada de materiais para a construção de barragens de terra e enrocamentos. 15 th Seminário Nacional de Grandes Barragens – SNGB, Rio de Janeiro (RJ).

BRADY, N. C.; WEIL, R. R. (2013). *Elementos da natureza e propriedades dos solos*. Editora Bookman, 716 p.

BRANDT NETO, A. M. (1977). Estratigrafia da Formação Bauru na região do baixo Tietê. São Paulo. 74p. (Dissertação de Mestrado) – Instituto de Geociências IG, Universidade de São Paulo (USP), 71 p.

BRYAN, K. The Formation of Pediments. In: INTERNATIONAL GEOLOGICAL CONGRESS REPORT, 16. Washington, 1935.

BRYAN, R. B. Considerations on Soil Erodibility Indices and Sheetwash. *Catena*, v.3, n.1, p.99-111, 1976.

BUCHANAN, F. (1807). *A Journey from Madras through the Countries of Mysore, Canara and Malabar*. V.3, Londres: East India Company.

BURGOS, P. C.; CONCIANI, W. Índices físicos, textura, consistência e classificação dos solos. In: CARVALHO, J. C. et al. (Orgs.). *Solos não saturados no contexto geotécnico*. São Paulo: Associação Brasileira de Mecânica dos Solos e Engenharia Geotécnica (ABMS), 2015.

CABANE, N. *Sols traités à la chaux et aux liants hydrauliques*: contribution à l'idenfication et à l'analyse des éléments perturbateurs de la stabilisation. Paris, 2004. 190p. Tese (Doutorado) – Centre des Matériaux de Grande Diffusion de l'École de Mines d'Alès, Université Jean Monet et École Supérieure des Mines de Saint-Etienne.

CABRERA, J.; NWAKANMA, C. A. (1979). Pozzolanic Activity and Mechanism of Reaction of Red Tropical Soil-Lime System. In: INTERNATIONAL CONFERENCE ON LOW-VOLUME ROADS, 2. *Proceedings*... Washington: National Academy of Sciences.

CAILLEUX, A. Écoulements liquides en nappe et aplainissements. *Revue da Geomorphologie*, Paris, v.6, p.243-270, 1950.

CAMARGO, M. N. et al. *Ensaio de estruturação de classes dos níveis hierárquicos de categorias II, III e IV, referentes à classe B (solos com B latossólico) do nível de categoria I*. Rio de Janeiro: Embrapa; SNLCS, 1984.

CAMARGO, M. N.; BENNEMA, J. (1966). Delineamento esquemático dos solos do Brasil. Brasília: Ministério da Agricultura/ Divisão de Pedolcgia e fertilidade do solo, Boletim Técnico, 1, 54 p.

CAMPOS, J. de O. (1990). Rapport de Stage. Laboratoire Central des Fonts et Chaussées, Paris, France. Inédito.

______. Vers l'Organisation intime pour comprendre le comportement géotechnique des sols d'origine tropical. In: MARINOS, P. G. et al. (Orgs.). *Engineering Geology and the Environement*. Roterdã: Brookfield, 1997.

______. Sols tropicaux brésiliens traitées avec la chaux et le carbonate de sodium. In: INTERNATIONAL SYMPOSIUM GEOTECHNICAL ENGINEERING OF HARD SOILS – SOFT ROCKS. Atenas, 1993. *Proceedings*... v.2. Grécia: Iaeg; ISRM, 1993.

______. Formação Rio Claro: aspectos geotécnicos. In: SIMPÓSIO REGIONAL DE GEOLOGIA, Rio Claro-SP. *Atas*... v.2. São Paulo: Sociedade Brasileira de Geologia (SBG), 1979.

CARVALHO, A. M. V. Contribuição ao estudo petrográfico do Arenito Botucatu no estado de São Paulo. *Boletim da Sociedade Brasileira de Geologia*, São Paulo, v.3, n.1, p.51-72, 1954.

CARVALHO, C. de; LEROEIL, S. Modelo de normalização da curva característica. In: *Reunião Anual de Pavimentação*, 32. v.1. Brasília-DF: DNER, 2000.

CARVALHO, J. B. Q.; MEDINA, J.; NOGAMI, J. S. Characterization, Identification and Classification of Tropical Lateritic and Saprolitic Soils for Geotechnical Purposes: Caracterization and Identification. In: *Pecularities of Geotechnical Behaviour of Tropical and Lateritic Soils. Progress Report*. São Paulo: ISSMFE; ABMS, 1985.

CARVALHO, J. B. Q. de (1981). Classification of Lateritic Soils Based on the Lime Stabilization Process. Simpósio Brasileiro de Solos Tropicais em Engenharia. Coordenação de Pós-Graduação e Pesquisas em Engenharia – COPPE, Universidade Federal do Rio de Janeiro – UFRJ. Rio de Janeiro (RJ); Conselho Nacional de Desenvolvimento Científico e Tecnológico – CNPq., p.442-452.

CASAGRANDE, A. Classification and Identification of Soils. *Transactions of the American Society of Civil Engineers (Asce)*, Nova York, v.113, p.901-991, 1948.

CAVALCANTE, J. C. et al. *Projeto Sapucaí*: estados de São Paulo, Minas Gerais e Rio de Janeiro. Brasília: Departamento Nacional da Produção Mineral (DNPM), 1979. (Série Geologia, n.5, Seção Geologia Básica, n.2.)

CHATELIN, Y. Les Sols ferralitiques: historique, développement des connaissances et formation des concepts actuels. *Cahiers de Orstom*, Centre de Bangui, 1969.

______. Essai de classification des sols ferralitiques du Gabon. *Cahiers de Orstom*, Pédologie, v.4, n.4, p.45-60, 1966.

CHATELIN, Y. (1964). Notes de pédologie gabonaise. 3. Examen de quelques caractères physico-chimiques de sols typiques du Gabon. Office de la Recherche Scientifique et Technique Outre Mer – ORSTOM, Cahiers, Série Pédolgique, 2, 4, p.17-28.

CHAVES, H. M. L. O modelo WEPP e sua aplicação no Brasil: descrição do modelo. *Boletim Informativo da Sociedade Brasileira de Ciência do Solo*, Campinas, v.17, n.2, p.41-43, 1992.

CHRISTOFOLETTI, A. As teorias geomorfológicas. *Notícia Geomorfológica*, v.13, n.25, p.3-42, 1973.

______; QUEIROZ NETO, J. P. Os sedimentos da Serra de Santana (SP). In: CONGRESSO BRASILEIRO DE GEOLOGIA, 14. Brasília-DF, 1960. (não publ.)

CHUKWEZE, O. H. Comparison between the Compaction and Strength Parameters of Soils with Charged and Uncharged Poly Saccharides Admixed. In: INTERNATIONAL CONFERENCE ON GEOMECHANICS IN TROPICAL LATERITIC AND SAPROLITIC SOILS. TROPICALS'85, 1. *Anais...* v.2. Brasília: ISSMFE; ABMS, 1985.

COIMBRA, A. M. (1976). *Arenitos da Formação Bauru, estudo das áreas fonte*. Dissertação de Mestrado. Instituto de Geociências IG, Universidade de São Paulo USP. 2 vols.

COLLINS, K. Towards Characterization of Tropical Soil Microstructure. In: INTERNATIONAL CONFERENCE ON GEOMECHANICS IN TROPICAL LATERITIC AND SAPROLITIC SOILS. TROPICALS'85, 1. *Anais...* v.1. Brasília: ISSMFE; ABMS, 1985.

______; MCGOWN, A. Micromorphological Studies in Soil Engineering. In: BULLOCK, P.; MURPHY, C. P. (Orgs.). *Soil Micromorphology*. v.1: Techniques and Applications. Berkhamsted: A. B. Academic Publishers, 1983.

______; ______. The Form and Function of Microfabric Features in a Variety of Natural Soils. *Géotechnique*, v.24, n.2, p.223-254, 1974.

COTTON, C. A. *Geomorphology*. 6.ed. Londres: Whitcombe & Tombs Ltda., 1952.

CRUZ, P. T. da. Solos residuais: algumas hipóteses de formulações teóricas de comportamentos. In: SEMINÁRIO EM GEOTECNIA DE SOLOS TROPICAIS. *Anais...* Brasília: Editora UnB, 1987.

______; MARINHO, F. A. M. The Role of Structure on the Equilibrium of Unsaturated Colluvial and Saprolitic Soils. In: ENCONTRO SOBRE SOLOS NÃO SATURADOS. *Anais...* Porto Alegre: Associação Brasileira de Mecânica dos Solos (ABMS), 1995.

CUNHA, M. A. (1984). *Mecanismo de escorregamento translacional em solo ocorrido em dezembro de 1979 nos morros de Santos e São Vicente*. Dssertação de Mestrado, Instituto de Geociências da Universidade de São Paulo – IGUSP, São Paulo.

DAVIS, W. M. The Geographical Cycle. *Geographical Journal*, v.14, n.5, p.481-504, 1899.

DE MELLO, V. F. B. *Mecânica dos solos*. Anotações de apoio às aulas. São Paulo: Escola Politécnica, Universidade de São Paulo (USP), 1973. (datil.)

______. Thoughts on Soil Engineering Applicable to Residual Soils. In: SOUTHEAST ASIAN CONFERENCE ON SOIL ENGINEERING, 3. *Proceedings...* Hong Kong: Asian Institute for Soil Mechanics and Civil Engineering, 1972.

DEARMAN, W. R.; SERGEEV, E. M.; SHIBAKOWA, V. S. *Engineering Geology of the Earth*. Moscou: Nauka Publishers, 1989.

DEERE, D. U.; PATTON, F. D. (1971). Slope Stability in Residual Soils. 4th. Panamamian Conference on Soils Mechanics and Foundation Engineering. Proceedings, v.1.

DEJOU, J. et al. Nouvelles données concernants à présence de gibbsite dans les formations d'altérations superficielles des massifs granitiques. *C. R. Acad. Sci.*, Paris, v.266, n.18, p.1.825-1.827, 1968.

______; GUYOT, J.; CHAUMONT, H. Présence de gibbsite et des gels aluminosiliciques dans la fraction argileuse extraite de quelques arènes et sols du massif de granite à deux micas de la Pierre Qui-Vire (Yonne, Nièvre). *C. R. Acad. Sci.*, Paris, v.264, n.16, p.1.973-1.96, 1967.

______; PEDRO, J. Note sur l'Évolution superficielle des granites A propos de la formation des arènes dans les pays tempérés et de la présence de kaolinite au sein de la zone d'altération. *Bullettin de l'Association Française Étude Sol*, n.1, p.9-12, 1967.

DENISOV, N.Y. *Engineering Properties of Loessand Loess Loama*. Moscou: Gosstroirzdat, 1951.

DEPARTAMENTO DE ÁGUAS E ENERGIA ELÉTRICA – DAEE, SECRETARIA DE ENERGIA E SANEAMENTO, SÃO PAULO; INSTITUTO DE PESQUISAS TECNOLÓGICAS DE SÃO PAULO – IPT. (1989). Controle de erosão: bases conceituais e técnicas; diretrizes para o planejamento urbano e regional, orientações para o controle do boçorocas urbanas. São Paulo, 92 p.

DEPARTAMENTO NACIONAL DA PRODUÇÃO MINERAL – DNPM. (1971). Mapa Geológico do Brasil, escala 1:5.000.000. Contribuição: Fernando Flávio Marques de Almeida; Gilberto Ruy Derze; Carlos Alberto Guimarães da Vinha (Seção de Cartografia Geológica). Rio de Janeiro.

DIAS, R. D. (1989). Geomecânica dos solos lateríticos do Sul do Brasil. II Colóquio de Solos Tropicais e Subtropicais e suas aplicações em Engenharia Civil., Curso de Pós-Graduação em Engenharia Civil, CPGEC; Universidade Federal do Rio Grande do Sul, UFGRS, Porto Alegre (RS), p.96-120.

DIAS, R. D.; GONZALES, M. D. (1985). Stress-strain Strenght Behaviour of a Brazilian Amazon Yelow Latosol. In: First International Conference on Geomechanics in Tropical Lateritic and Saprolitic Soils. Tropicals'85. International Society for Soil Mechanics and Foundation Engineering – ISSMFE.; Associação Brasileira de Mecânica dos Solos – ABMS. Brasília. *Anais*, v.1, p.239-253.

DIAS, R. D.; GHELING, W. Y. Y. (1985). Influence of the Macrostructure Originated from Pedologic processo on the mechanical Bhaviour of Lateritic Porous Soils in South Brazil. In: First International Conference on Geomechanics in Tropical Lateritic and Saprolitic Soils. Tropicals'85. International Society for Soil Mechanics and Foundation Engineering – ISSMFE.; Associação Brasileira de Mecânica dos Solos – ABMS. Brasília. *Anais*, v.1, p.255-268.

______; GASPARIN, P. Estudo da macroestrutura dos solos lateríticos. In: CONGRESSO BRASILEIRO DE MECÂNICA DOS SOLOS E ENGENHARIA DE FUNDAÇÕES, 7. *Anais*... v.1. Porto Alegre: Associação Brasileira de Mecânica dos Solos (ABMS), 1986.

______; SANTOS, G. T. Discussão dos universos de solos não saturados brasileiros através da Pedogênese. In: ENCONTRO SOBRE SOLOS NÃO SATURADOS. *Anais*... Porto Alegre: Associação Brasileira de Mecânica dos Solos (ABMS), 1995.

DUARTE, L.; REZENDE-MARTINS, A. F. P. de. *Contribuição ao conhecimento da flora cenozoica do Brasil*: jazigo Vargem Grande do Sul (SP). Brasília: Departamento Nacional da Produção Mineral (DNPM), 1985. (Série Geologia, n.27, Seção Paleontologia e Estratigrafia, n.2.)

DUCHAUFOUR, P. (1982). *Pedology, Pedogenesis and Classification*. (English Edition, Transcription by T. R. Paton.) Londres: George Allen and Unwin.

EKLU MATEI, D. E.; MULLER, B. (1981). Contribution to the Geotechnical Classification of Tropical Soils. Simpósio Brasileiro de Solos Tropicais em Engenharia. Coordenação de Pós-Graduação e Pesquisas em Engenharia – COPPE, Universidade Federal do Rio de Janeiro – UFRJ, Conselho Nacional de Desenvolvimento Científico e Tecnológico – CNPq, Associação Brasileira de Mecânica dos Solos – ABMS, p.139-146.

ELLABADI, A. (1986). Mécanisme de durcissement des briques de terre stabilisées à lachaux. Conditions de cure et choix des terres. Thèse de Docteur em Géologie de l'Engénieur. ENSM Paris, et Université Paris VI.

EL-SWAIFY, S. A.; DANGLER, E. W.; ARMSTRONG, C. L. Soil Erosion by Water in the Tropics. Havaí: University of Hawaii; College of Tropical Agriculture and Human Resources, 1982. (Research Extension Series, n.24.)

EMPRESA BRASILEIRA DE PESQUISAS AGROPECUÁRIAS – EMBRAPA (2006). Sistema Brasileiro de Classificação de Solos. 2.ed., Rio de Janeiro, (RJ), Embrapa Solos, 286 p.

EMPRESA BRASILEIRA DE PESQUISA AGROPECUÁRIA – EMBRAPA. (1999). Mapa Pedológico do Estado de São Paulo – Legenda Expandida, quadrículas 11 e 12, escala 1: 500.000. Autores: João Bertoldo de Oliveira, Marcelo Nunes Camargo, Marcio Rossi, Braz Calderaro Filho. Centro Nacional de Pesquisas de Solos. Campinas (SP).

EMPRESA BRASILEIRA DE PESQUISAS AGROPECUÁRIAS – EMBRAPA. (1981). Mapa de Solos do Brasil, escala 1.5.000.000. Editor: Marcelo Nunes Camargo CNPS. EMBRAPA/SNLCS, Rio de Janeiro.

EMPRESA BRASILEIRA DE PESQUISAS AGROPECUÁRIAS – EMBRAPA (1979).

Manual de Métodos de Análise de Solo. Ministério da Agricultura, Serviço Nacional de Levantamento e Conservação de Solos, Rio de Janeiro (RJ), Brasil, 233 p.

EMPRESA BRASILEIRA DE PESQUISAS AGROPECUÁRIAS – EMBRAPA. (1960). Levantamento de reconhecimento dos Solos do Estado de São Paulo (contribuição à carta de solos do Brasil). Escala 1:500.000. Rio de Janeiro, Serviço Nacional de Pesquisas Agronômicas.

ETCHEBEHERE, M. L. *Terraços neoquaternários no Vale do Rio do Peixe, Planalto Ocidental Paulista*: implicações estratigráficas e tectônicas. Rio Claro-SP, 2000. 264p. Tese (Doutorado em Geociências) – Instituto de Geociências e Ciências Exatas (IGCE), Universidade Estadual Paulista "Júlio de Mesquita Filho" (Unesp).

______ et al. Revisão estratigráfica da cobertura sedimentar pós-basáltica do Planalto Ocidental Paulista: a contribuição do século XX. *Geociências, Revista Universidade de Guarulhos*, v.IX, n.6, p.69-88, 2004.

______; SAAD, A. R.; FÚLFARO, V. J. Neotectônica no Vale do rio do Peixe, SP: evidências de deformação em sedimentos neocenozoicos. In: SIMPÓSIO SOBRE GEOLOGIA DO SUDESTE, 6. *Anais*... São Paulo: Sociedade Brasileira de Geologia (SBG), 1999.

EVANS, R. Mechanics of Water Erosion and their Spatial and Temporal Controls: An Empirical Viewpoint. In: KIRKBY, M. J.; MORGAN, R. P. C. (Orgs.). *Soil Erosion*. Chichester: John Wiley & Sons, 1980.

FAO-UNESCO 1991. Mapa Mundial de Suelos, Leyenda Revisada. Santiago de Compostela, Espanha: FAO-UNESCO.

FERNANDES, L. A. *Estratigrafia e evolução geológica da parte oriental da Bacia Bauru (Ks, Brasil)*. Rio Claro-SP, 1998. 232p. Tese (Doutorado) – Instituto de Geociências e Ciências Exatas (IGCE), Universidade Estadual Paulista "Júlio de Mesquita Filho" (Unesp), câmpus de Rio Claro.

______; COIMBRA, A. M. A cobertura cretácica suprabasáltica no estado do Paraná e Pontal do Paranapanema (SP): os grupos Bauru e Caiuá. In: CONGRESSO BRASILEIRO DE GEOLOGIA, 37. *Boletim de Resumos Expandidos*. v.2. São Paulo: Sociedade Brasileira de Geologia (SBG), 1992.

______; ______. (1994). O Grupo Caiuá (ks): Revisão estratigráfica e contexto deposicional. In: *Revista Brasileira de Geociências, Sociedade Brasileira de Geologia – SBG*, v.24, n.3, p.164-176.

FERNANDES, M. de M. *Mecânica dos solos*. 2v. São Paulo: Oficina de Textos, 2014-2016.

FERREIRA, C. S. de M. Erosão: investigação de campo e laboratório desenvolvidas pelo Instituto de Pesquisas Rodoviárias. In: SIMPÓSIO SOBRE CONTROLE DE EROSÃO, 2. *Anais*... v.1. São Paulo: Associação Brasileira de Geologia de Engenharia (ABGE), 1981.

FLORENCE, G.; PACHECO, J. *Carta geológica do estado de São Paulo, Brasil*. Escala 1:2.000.000. São Paulo: Comissão Geográfica e Geológica do Estado de São Paulo, 1929.

FONSECA, A. M. M. C. C. Técnicas para previsão, prevenção e contenção de erosão em taludes e encostas. In: SIMPÓSIO SOBRE CONTROLE DE EROSÃO, 2. *Anais*... v.1. São Paulo: Associação Brasileira de Geologia de Engenharia (ABGE), 1981.

FONSECA, A. V. da; CRUZ, J.; SILVA, S. R. (Orgs.). *Tractica 2008*. Curso de tratamento de materiais com cal e/ou cimento para infraestruturas de transportes. Porto, Portugal: Faculdade de Engenharia da Universidade do Porto (Feup); Departamento de Engenharia Civil; Instituto de Construção, 2008.

FONTAINE. D. (1983). Essai de valorisation d'arènes granitiques. CR 34 EG 83, ENSM Paris, 2 t.

______. *Essai de valorisation d'arènes granitiques*: Mise au point d'um mode opératoire de durcissement accéléré des arènes granitiques traitées. Contrat TPG n.34, EG-83. 2t. Paris: ENSM, 1983.

FONTES, M. P. F. (2012). Intemperismo de rochas e minerais. In: KERR, J. C.; SHAEFER, C. G. E. R.; VIDAL TORRADO, P. *Pedologia, fundamentos* Sociedade Brasileira de Ciência do Solo, (2012), p.171-205, VIÇOSA (MG).

FOOD AND AGRICULTURE ORGANIZATION OF THE UNITED NATIONS (FAO). La erosion del suelo por el agua; algunas medidas para combatir-la em las tierras de cultivo. Roma: FAO, 1978. (Coleccion FAO, Fomento de Tierras y Agua, n.7.)

______. *Soil Conservation and Management in Developing Countries*. Roma: FAO, 1977. (FAO Soils Bulletin, n.33.)

______. Lucha contra las carvacas. Conservation del suelo para los países em desarrollo. *Boletin de Suelos de la FAO*, Roma, n.30, p.83-86, 1976.

______. *FAO in 1974*. Roma: FAO, 1974.

FORTUNATO, E. Tratamento de solos: uma alternativa de elevado potencial. In: TRACTICA 2008. Curso de tratamento de materiais com cal e/ou cimento para infraestruturas de transportes. *Anais...* Porto, Portugal: Faculdade de Engenharia da Universidade do Porto (Feup); Departamento de Engenharia Civil; Instituto de Construção, 2008.

FOSTER, G. R.; LANE, L. J. *User Requirements*: United States Department of Agriculture (Usda): Water Erosion Prediction Project (WEPP). National Science and Engineering Research Laboratory (NSERL), Report 1. Indiana: Usda, 1987.

FREITAS, R. O. de Sedimentação, estratigrafia e tectônica da Série Bauru (estado de São Paulo). *Geologia: Boletim da Faculdade de Filosofia, Ciências e Letras Universidade de São Paulo (USP)*, n.194, n.14, p.9-187, 1955.

______ et al. Projeto levantamento de formações geológicas superficiais. In: SIMPÓSIO REGIONAL DE GEOLOGIA, 2, Rio Claro. *Atas...* v.2. São Paulo: Sociedade Brasileira de Geologia (SBG), 1979.

FRENZEL, N. Medidas preventivas contra os processos erosivos. In: SIMPÓSIO SOBRE O CONTROLE DA EROSÃO, 1. Curitiba: Associação Brasileira de Geologia de Engenharia (ABGE), 1980.

FROUIN, L. Étude expérimentale des interactions surfaces minérales-bitume, cas particulier des argiles. Paris, 1987. Tese (Doutorado em Ciências) – École Nationale des Ponts et Chaussées (ENPC).

FÚLFARO, V. J. O cenozoico da Bacia do Paraná. In: SIMPÓSIO REGIONAL DE GEOLOGIA, 2, Rio Claro-SP. *Atas...* São Paulo: Sociedade Brasileira de Geologia (SBG), 1979.

______; BARCELOS, J. H. Grupo Bauru no Triângulo Mineiro: uma nova visão litoestratigráfica. In: SIMPÓSIO DE GEOLOGIA DO SUDESTE, 2, São Paulo. *Atas...* São Paulo: Sociedade Brasileira de Geologia (SBG), 1991.

______; BJORNBERG, A. J. S. Geologia. In: FERREIRA, A. A. et al. (Orgs.). *Solos do interior de São Paulo*: mesa-redonda. São Paulo: Associação Brasileira de Mecânica dos Solos (ABMS); Escola de Engenharia de São Carlos (EESC), 1993.

______; PERINOTTO, A. J. A Bacia Bauru: estado da arte. In: SIMPÓSIO SOBRE O CRETÁCEO DO BRASIL, 4, Águas de São Pedro-SP. *Boletim...* Rio Claro: Universidade Estadual Paulista (Unesp), 1996.

______; SUGUIO, K. O Cenozoico Paulista: gênese e idade. In: CONGRESSO BRASILEIRO DE GEOLOGIA, 28, Porto Alegre-RS. *Anais...* v.2. São Paulo: Sociedade Brasileira de Geologia (SBG), 1974.

______; ______. A Formação Rio Claro, neocenozoico e seu ambiente de deposição. *Boletim do Instituto Geográfico e Geológico*, São Paulo, v.20, p.45-60, 1968.

GAIOTO, N.; QUEIROZ, R. da C. (1992). Taludes naturais em solos. In: *Solos do Interior do Estado de São Paulo*, editores: Cintra, J. C. A.; Albiero, J. H. Departamento de Geotecnia da Escola de Engenharia de São Carlos – EESC; Associação Brasileira de Mecânica dos Solos – Núcleo Regional de São Paulo – ABMS. P. 207-242.

GEOLOGICAL SOCIETY. Engineering Group Working Party Report: Tropical Residual Soils. *Quarterly Journal of Engineering Geology and Hydrogeology*, v.23, n.1, p.4-101, 1990.

GIBBS, H. J. *Properties which Divide Loose and Dense Uncemented Soils*. Denver, Colorado: Bureau of Reclamation Report, n.EM-608, 1961.

______; BARA, J. P. Predicting Surface Subsidense from Basic Soil Tests. *American Society for Testing Materials* (ASTM), Filadélfia, n.322, p.231-247, 1962.

GIDIGASU, M. D. *Laterite Soil Engineering*: Pedogenesis and Engineering Principles. Amsterdã: Elsevier Scientific Publishing Co., 1976. (Col. Developments in Geothecnical Engineering, v.9.)

______. (1971). Paameters for classification of Fine-Grained Soils of Ghana. Hifgway Research Record, n.497, p.96-111.

GOUDIE, P. J. (1973). Duricrusts in Tropical Soils and Sub-Tropical Landscapes. Clarendon, Oxford.

GOUDIE, P. J.; PYE, K. (Editors). (1983). *Chemical Sediments and Geomorphology*. Londres: Academic.

GREENLAND, D. J.; OADES, J. M.; SHERWIN, T. W. Electronmicroscope Observations of Iron Oxides in some Red Soils. *Journal of Soils and Science*, v.19, n.1, p.123-126, 1968.

GUIDICINI, G.; NIEBLE, C. M. (1983). *Estabilidade de taludes naturais e de escavação*. São Paulo: Editora Edgard Blucher, 196 p.

GOUDIE IWASA, O. Y. (1970). Tentative Correlation between Rainfall in a Humid Tropical Environnement. Symposium on Landslides and other Mass Movements, Prague. Bulletim of the of the International Association of Engeering Geology – IAEG, Krefeld (16), p.13-20, il.

______; CAMPOS, J. de O. Notas sobre a morfogênese de derrames basálticos. *Boletim da Sociedade Brasileira de Geologia (SBG)*, São Paulo, v.17, n.1, p.15-28, 1968.

GUIMARÃES, J. E. P. *A cal*: fundamentos e aplicações em Engenharia Civil. São Paulo: Associação Brasileira de Produtores de Cal; Pini, 1997.

HACK, J. T. Interpretation of Erosional Topography in Humid Temperate Regions. *American Journal of Science*, v.258, p.80-97, 1960.

HAMILTON, R. (1964). Microscope studies of laterite formation. In: A. Jungerius (Editor). *Soil Micromorphology*, Elsevier, Amsterdam, Netherlands, p.269-278.

HÉNENSAL, P.; DUCHATEL, F. L'Érodimètre à jets mobiles. *Bulletin de Liaison Laboratoire Central des Ponts et Chaussées*, n.167, p.47-52, 1990.

______; MILLON-DEVIGNE, P.; DUCHATEL, F. *L'Érodimètre à jets mobiles*. Rapport. Paris, França: Laboratoire Central des Ponts et Chaussées (LCPC), 1987. (Pesquisa interna.)

HOEK, E. (1971). Influence of Rock Structure on the Stablity of Rock Slopes. In: First International Conference on Stability in Open Pit Mines, Vancouver. The American Institute of Mining, Metallurgical and Petroleum Engineers. Proceedings, p.49-63, il.

HOEK, E.; BRAY, J. (1974). *Rock Slope Engineering*. London Institution of Mining and Metallurgy, 309 p., il.

HUAT, B. B. K.; TOLL, D. G.; PRASAD, A. (Eds.). *Handbook of Tropical Residual Soils Engineering*. Estados Unidos: CRC Press, 2013.

IGNATIUS, S. G. (1991). Solos Tropicais: Uma proposta de índice classificatório. *Revista Solos e Rochas*, São Paulo (SP), v.14, n.2, p.89-93.

______. (1990a). Limites de Atterberg, granulometria e classificação MCT de solos tropicais. In: 6° Congresso Brasileiro de Geologia de Engenharia -CBGE, Associação Brasileira de Geologia de Engenharia – ABGE; 9° Congresso Brasileiro de Mecânica dos Solos e Engenharia de Fundações – COBRAMSEF, Associação Brasileira de Mecânica dos Solos – ABMS, Salvador (BA). *Anais*, v.2, p.271-279.

______. Caracterização geotécnica e pedológica de solos tropicais. In: INSTITUTO DE PESQUISAS TECNOLÓGICAS DE SÃO PAULO (IPT). *Relatório Técnico n.27.997*: caracterização geotécnica e pedológica de solos tropicais. 2v. São Paulo: IPT, 1990.

______. *Uso dos Limites de Atterberg e de Análise Granulométrica na identificação e classificação de solos tropicais para fins de Engenharia Civil*. São Paulo, 1989. Dissertação (Mestrado) – Escola Politécnica, Universidade de São Paulo (USP).

INDERBITZEN, A. L. An Erosion Test for Soils. *Materials Research and Standards*, Filadélfia, v.1, n.7, p.553-554, 1961.

INSTITUT DES ROUTES, DES RUES ET DES INFRASTRUCTURES POUR LA MOBILITÉ (Idrrim). *Propositions de Compléments au Guide Traitement des Sols*. Paris: Idrrim; ANR, 2015.

INSTITUTO AGRONÔMICO DE CAMPINAS (IAC). *Carta de utilização da terra no estado de São Paulo*. Escala 1:250.000. Campinas: Plano Cartográfico do Estado de São Paulo, 1989.

INSTITUTO DE PESQUISAS TECNOLÓGICAS DE SÃO PAULO – IPT. (2017). Modelo e classificação de processos erosivos lineares através de algoritmo de área de decisão e geotecnologia. *Boletim de Ciências Geodésicas*, v.23, n.1, 15 p.

______. (2012). Exemplo de aplicação da Geologia de Engenharia no controle preventivo e corretivo dos processos erosivos. *Revista Brasileira de Geologia de Engenharia e Ambiental*, v.2, n.2, p.29-56.

______. 1992.

______. *Relatório Técnico n.27.997*: caracterização geotécnica e pedológica de solos tropicais. 2v. São Paulo: IPT, 1990.

______. 1988.

______. 1986.

______. *Mapa geológico do estado de São Paulo*. Escala 1:500.000. v.1. São Paulo: IPT, 1981. (Série Monografias, n.6.)

INTERNATIONAL SOCIETY FOR SOIL MECHANICS AND FOUNDATION ENGINEERING (ISSMFE); ASSOCIAÇÃO BRASILEIRA DE MECÂNICA DOS SOLOS (ABMS). *Peculiarities of Geotechnical Behaviour of Tropical Lateritic and Saprolitic Soils*: Progress Report. São Paulo: ISSMFE; ABMS, 1985.

IWASA, O. Y.; PRANDINI, F. L. (1980). Diagnóstico da origem e evolução das boçorocas: condição fundamental para a prevenção e correção. In: Simpósio sobre o Controle da

Erosão, Curitiba (PR), Relato sobre o tema. Associação Brasileira de Geologia de Engenharia – ABGE. *Anais*, Tema 2, p.5-34.

JENNINGS, J. E.; KNIGHT, K. (1957a). The Predicton of Total Heave from the Double Oedometer Test. Symposium on Expansive Clays. S.A. Institut of Civil Engineers, South Africa, January, p.3-12.

______; ______. A Guide to Construction with Materials Exhibiting Adicional Settlement Dueto a Colapse of Grain Structure. In: REGIONAL CONFERENCE FOR AFRICA AND SOIL MECHANICS AND FOUNDATION ENGINEERING, 4. *Proceedings*... Durban: ISSMFE, 1975.

______; ______. The Addicional Settlement of Foundations Due to a Colapse of Structure of Sandy Subsoils on Wetting. In: INTERNATIONAL CONFERENCE ON SOIL MECHANICS AND FOUNDATION ENGINEERING, 4. *Proceedings*... Londres: ISSMFE, 1957b.

JENNY, H. *Factors of Soil Formation*: A System of Quantitative Pedology. Nova York: McGraw-Hill, 1941.

KADRY, L. T. Environmental Perspectives of Land Use Policy in Relation to Soil and Water Conservations. In: FOOD AND AGRICULTURE ORGANIZATION OF THE UNITED NATIONS (FAO). *Soil Conservation and Management in Developing Countries*. Roma: FAO, 1977. (FAO Soils Bulletin, n.33.)

KÄMPF, N.; CURI, N. Formação e evolução do solo (pedogênese). In: KER, J. C. et al. *Pedologia*: fundamentos. Viçosa-MG: Sociedade Brasileira de Ciência do Solo, 2012.

KANJI, M. A. (2006). Estabilidade de maciços rochosos em obras civis. 13° Congresso de Mecânica dos Solo – CBMS, Associação Brasileira de Mecânica dos Solos e Engenharia de Fundações – ABMS, Curitiba (PR), 16 p.

______; WOLLE, C. M. (1977). Residual Strenght – New Testing and Microstructure. 9th. International Congress of Soil Mechanics and Foundation Engineering-ICSMFE, Tokyo. Proceedings, v.1, p.153-154.

______. (1974). Condicionamentos geológicos na estabilidade de taludes. 5° Congresso Brasileiro de Mecânica dos Solos – CBMS, Associação Brasileira de Mecânica dos Solos – AMBS, São Paulo (SP), v.4, p.332-341.

KERTZMAN, F. F.; OLIVEIRA, A. M. S.; SALOMÃO, F. X. T.; IWASA, O. Y.; GOUVEIA, M. I. (1992). Mapa de erosão no Estado de São Paulo. 9ª Reunião Brasileira de Manejo e Conservação do Solo e da Água. Universidade Estadual Paulista – UNESP, Jaboticabal (SP); Sociedade Brasileira de Ciência do Solo – SBCS. Programas e Resumos, 63 p.

KING, L. C. A geomorfologia do Brasil Oriental. *Revista Brasileira de Geografia*, Rio de Janeiro, v.18, n.2, p.147-265, 1956.

KIRKBY, M. J.; MORGAN, R. P. C. (Orgs.). *Soil Erosion*. Chichester: John Wiley & Sons, 1980.

KLEIN, C. *L'Évolution géomorphologique de l'Europe Ercynnienne Occidentale et Centrale*: aspects régionaux et essay de synthèse. Paris: CNRS; Mémoires et Documents de Géographie, 1990.

______. La Notion de cycle em géomorpologie. *Revue de Géologie Dynamique et Géographie Physique*, v.26, n.2, p.95-107, 1985.

KRUMBEIN, W. C.; SLOSS, L. L. *Stratigraphy and Sedimentation*. 2.ed. São Francisco: W. H. Freeman ad Co., 1963.

LABORATOIRE CENTRAL DES PONTS ET CHAUSSÉES (LCPC); SERVICE D'ÉTUDES TECHNIQUES DE ROUTES ET AUTOROUTES (Setra). *Guide technique pour le traitement de sols à la chaux et aux liants hydrauliques*: application à la réalisation des remblais et descouches de forme. Paris: Bagneux, 2000.

LADEIRA, F. L. (1981). Papel da Geologia de Engenharia no estabelecimento de critérios de projeto. 3º Congresso Brasileiro de Geologia de Engenharia – CBGE, Associação Brasileira de Geologia de Engenharia – ABGE, v.4, p.67-71. Ipanema (SC).

LAL, N. B.; BINDRA, M. R. (1981). A simple Mechanical Test for the Classification and Determination of Compacion Chaacteristics for the Tropical Soils of India. Simpósio Brasileiro de Solos Tropicais em Engenharia. Coordenação de Pós-Graduação e Pesquisas em Engenharia – COPPE, Universidade Federal do Rio de Janeiro – UFRJ, Conselho Nacional de Desenvolvimento Científico e Tecnológico – CNPq, Associação Brasileira de Mecânica dos Solos – ABMS, p.42-52.

LANDIM, P. M. B.; SOARES, P. C. Estratigrafia da Formação Caiuá. In: CONGRESSO BRASILEIRO DE GEOLOGIA, 29, Ouro Preto. *Anais*... v.2. São Paulo: Sociedade Brasileira de Geologia (SBG), 1976.

______; ______; FÚLFARO, V. J. Cenozoic Deposits in South-Central Brazil and the Engineering Geology. In: IAEG INTERNATIONAL CONGRESS, 2. *Proceedings*... v.1. São Paulo: IAEG; ABGE, 1974.

LATORRE, C.; BARROSO, J. A. (1984). Condicionantes Geológico-Estruturais na Estabilidade de Taludes em Corte da BR-40. 4° Congresso Brasileiro de Geologia de Engenharia – CBGE, Associação Brasileira de Geologia de Engenharia – ABGE. Belo Horizonte (MG). *Anais*, v.3, p.433-449.

LE ROUX, A. Méthodes spetrographiques sur l'étude de álcali réaction. *Bulletin de l'Association International de Géologie de l'Ingénieur*, n.44, p.47-54, out. 1991.

______. Classification des differentes textures de roches argileuses et marneuses en rélation avec leur comportement. *Bulletin de Liaison Ponts et Chaussées*, n.esp., p.39-48, 1976.

______. Traitement des sols argileux par la chaux. *Bulletin de Liaison Laboratoire Central des Ponts et Chaussées*, n.40, p.59-69, 1969.

______; TOUBEAU, Ph. Mise em évidence du seuil de nocivité au traitement des sols argileux. In: CONFÉRENCE GÉOTECHNIQUE D'ASIE DU SUD-EST, 9. *Anais*... Bangkok: Asian Institute of Technology, 1987.

______; ______. Importance des minéraux acessoires dans la terre stabilisée. In: INTERNATIONAL CONGRESS OF ENGINEERING GEOLOGY, 5. *Proceedings*... v.3. Buenos Aires: Iaeg, 1986.

LEINZ, V. Contribuição à geologia dos derrames basálticos do sul do Brasil. *Geologia: Boletim da Faculdade de Filosofia, Ciências e Letras, Universidade de São Paulo*, n.5, p.1-59, 1949.

LEONARDI, G. Two New Ichnofaunas, Vertebrates and Invertebrates in the Eolian Cretaceous Sandstones of the Caiuá Formation in Northwest Paraná. In: SIMPÓSIO REGIONAL DE GEOLOGIA, 1, São Paulo. *Atas*... São Paulo: Sociedade Brasileira de Geologia (SBG), 1977.

LEPSCH, I. F. Superfícies geomorfológicas e depósitos neocenozoicos em Echaporã, SP. *Boletim Paulista de Geografia*, São Paulo, v.53, p.5-34, 1977.

LITTLE A. L. (1967). "Laterites" 3rd. Asian Regional Conference on Soil Mechanics and Foundation Engineering. Proceedings, v.II, 61 p.

______. (1969). The Engineering Classification of Residual Tropical Soils. VII International Engineering Properties of Lateritic Soils. Specialty Section, Proceedings. Edited by Za-Chienh Moh, from Asian Institute of Technology, v.1, p.1-10.

LOHNES, R. A.; DEMIREI, T. (1973). Strength and Structure of Lateritic Soils. *Engineering Geology*, v.7, n.1, p.13-33.

LOHSE, E. A. A Theorical Curve for Statitical Analysis of Sediments. *Journal of Sedimentology and Petrography*, Madison, v.25, n.4, p.293-296, 1955.

LOMBARDI NETO, F.; BERTONI, J. Erodibilidade de solos paulistas. *Boletim Técnico*, Instituto Agronômico de Campinas (SP), n.27, 1975.

______; SILVA, I. R.; CASTRO, O. M. Potencial de erosão das chuvas do estado de São Paulo. In: ENCONTRO NACIONAL DE PESQUISA SOBRE CONSERVAÇÃO DO SOLO, 3. *Anais*... Recife: Sociedade Brasileira de Ciência do Solo, 1980.

LOZET, J.; MATHIEU, C. *Dictionaire de science du sol*: technique et documentation. Paris: Lavoisier, 1990.

LUMB, P. The Properties of Decomposed Granite. *Géotechnique*, v.12, n.3, p.226-243, 1962.

LUTENEGGER, A. J.; SABER, R. T. Determination of Collapse Potencial of Soils. *American Standard for Testing Materials* (ASTM), v.11, n.3, p.173-178, 1988.

MACCARINI, M. (1980). Triaxial and Direct Shear Tests on a Young Residual Soil from Gneiss. Report, Pontíficia Universidade Católica do Rio de Janeiro – PUC, Rio de Janeiro (RJ), Brasil.

MAIGNIEN, R. Les Sols ferrugineux tropicaux: unités pédologiques. In: OFFICE DE LA RECHERCHE SCIENTIFIQUE ET TECHNIQUE OUTREMER (ORSTOM). *Réunion Annuelle des Pédologues*. Yaoundé, 1968.

______. *Compte rendu de recherches sur les latérites*. Paris: Unesco, 1966. (Col. Recherches sur les Ressources Naturelles, n.IV.)

MARIANO, I. B.; BARNER, U. (1976). Poço profundo na cidade de Bauru muda conceito sobre a estrutura geológica da região. *Revista DAE*, n.108, p.49-57.

MARQUES FILHO, P. L.; CORREA, P. C.; LEVIS, P.; ANDRADE, A. C. (1981). Características Usuais e Aspectos Peculiares do Manto de Alteração e Transição Solo-Rocha em Basaltos. 3° Congresso Brasileiro de Geologia de Engenharia CBGE, Associação Brasileira de Geologia de Engenharia – ABGE Itapema (SC). *Anais*, v.2, p.53-72.

MARTINET, G. L.; LE ROUX, A.; MARTINEAU, F. Mise au point et optimization des mortiers pour la restauration des monuments de Haute-Egypte. *Bulletin de l'Association International de Géologie de l'Ingénieur (Iaeg)*, n.44, p.55-67, 1991.

MARTINS-NETO, R. G. Novos insetos terciários do estado de São Paulo. *Revista Brasileira de Geociências*, v.19, n.3, p.375-386, 1989.

MASSAD, F. (1984). Escavações a céu aberto. In: AECESP, Associação Brasileira de Mecânica dos Solos e Engenharia de Fundações – ABMS. 31 p., São Paulo, (SP).

MCGEE, W. J. Sheetflood Erosion. *Geological Society of America Bulletin*, v.8, n.2, p.87-112, 1897.

MCINTYRE, D. S. (1956). Effect of Free Ferric Oxide on Soil Structure. *Journal of Soil Science*, v.7, p.302.

MEDINA, J.; PREUSSLER, E. S.; PINTO, S.; MOTTA, L. O. (1982). A Study of Resiliency for Pavement Design in Brazil. Fifth International Conference on Structural Design of Asphalt Pavements, Netherlands.

MEDINA, J.; PREUSSLER, E. S. (1980). Resilient Characteristics of Soils for Pavement Purposes. *Revista Solos e Rochas*, v.3, n.1, p.3-26, Rio de Janeiro (RJ).

MEIRA, F. F. D. de A. (2008). *Estudo do processo erosivo em encostas ocupadas*. Tese de Doutorado. Universidade Federal de Pernambuco, Centro de Tecnologia em Geociências, Departamento de Engenharia Civil, 189 p.

MELFI, A. J. (1994). Lateritas e processos de laterização. Aula inaugural. Departamento de Geotecnia, Escola de Engenharia de São Carlos – EESC, Universidade de São Paulo – USP.

MELO, M. S. de. A Formação Rio Claro e depósitos associados: sedimentação neocenozoica na Depressão Periférica Paulista. São Paulo, 1995. Tese (Doutorado em Geociências – Geologia Sedimentar) – Instituto de Geociências, Universidade de São Paulo (USP).

______; COIMBRA, A. M.; CHICHIERATO, G. Fácies sedimentares da Formação Rio Claro, neocenozoico da Depressão Periférica Paulista. *Revista do Instituto Geológico*, São Paulo, v.18, n.1/2, p.51-65, 1997.

______; PONÇANO, W. L. *Gênese, distribuição e estratigrafia dos depósitos cenozoicos no estado de São Paulo*. São Paulo: Instituto de Pesquisas Tecnológicas de São Paulo (IPT), 1983. (Série Monografias, n.9.)

MENEZES, S. M.; SEGANTINI, A. A. da Silva; CARVALHO, D. de. Análise da colapsividade de um solo arenoso característico da região Noroeste do estado de São Paulo. In: SIMPÓSIO BRASILEIRO DE SOLOS NÃO SATURADOS, 4. *Anais*... Porto Alegre: ABMS, 2001.

MEZZALIRA, S. (1964). Novas ocorrências de vegetais fósseis cenozoicos no estado de São Paulo. *Revista do Instituto Geográfico e Geológico*, São Paulo, v.15, p.73-94.

MEZZALIRA, S. ______. (1974). Contribuição ao conhecimento da estratigrafia e paleontologia do Arenito Bauru. *Boletim do Instituto Geográfico e Geológico*, v.51, p.1-161.

______. Nota preliminar sobre as recentes descobertas paleontológicas no estado de São Paulo no período 1958-1959. *Notas Prévias do Instituto Geográfico e Geológico*, São Paulo, v.2, p.1-9, 1959.

______. Nota preliminar sobre a ocorrência de vegetais fósseis no município de Piracaia (SP). *Rev. Mineração e Metalurgia*, Rio de Janeiro, v.13, n.73, p.36-37, 1948.

MIDDLETON, H. E. Properties of Soils with Influence Soil Erosion. *Technical Bulletin*, United States Department of Agriculture, n.178, p.1-16, 1930.

MITCHELL, J. K.; BUBENZER, G. D. Soil Loss Estimation. In: KIRKBY, M. J.; MORGAN, R. P. C. (Orgs.). *Soil Erosion*. Chichester: John Wiley & Sons, 1980.

MITTELSTAEDT, C. Enfoque técnico das experiências para o controle da erosão urbana. In: SIMPÓSIO SOBRE O CONTROLE DA EROSÃO, 3. *Anais*... Maringá: Associação Brasileira de Geologia de Engenharia (ABGE), 1985.

MOORE, W. L.; MASCH, F. D. Experiments on the Scour Resistance of Cohesive Sediments. *Journal of Geophysical Research*, v.67, n.4, p.1.437-1.446, 1962.

MORI, R. T. (1983). Propriedades de engenharia de solos saprolíticos. Simpósio de Geotecnia da Bacia do Alto Paraná. Associação Brasileira de Geologia de Engenharia – ABGE, Associação Brasileira de Mecânica dos Solos e Engenharia de Fundações – ABMS. São Paulo, V. IA.

NETERBERG, M. J. (1975). Pedogenic Materials. Regioal Conference for Africa. Soil Mechanics and Foundation Engineering. *Proceedings*, v.1, n.6, p.291-295.

NETTEBERG, F.; WEINWERT, J. H. (1983). Towards a Unified Soil and Rock Classification System. Association of Engineering Geologists. *Bulletin* n.20, p.98-100.

NIEBLE, C. M.; SERMAN, C. (1982). Observação, Instrumentação e Interpretação da obra. Simpósio sobre escavações subterrâneas, Rio de Janeiro.

______; ROCHA, dos S.; REIS, A. de O. (1978). Uma sistemática para análise de estabilidade de taludes de mineração em maciços de rocha alterada e solos. 2° Congresso Brasileiro de Geologia de Engenharia – CBGE, Associação Brasileira de Geologia de Engenharia. *Anais*, v.2, p.281-296.

______; TAKAHASHI, H.; BERTIN NETO, S.; VALÉRIO, A. (1974). Sobre o deslocamento de paredes de escavações em maciços basálticos. 5° Congresso Brasileiro de Mecânica dos Solos – CBMS, Associação Brasileira de Mecânica dos Solos – ABMS, v.1, tema 3, p.373-382, il.

NÓBREGA, M. T. *Estabilização solo-cal*. São Paulo: Associação Brasileira dos Produtores de Cal, 1981. (Boletim 13.)

______; GUIMARÃES, J. E. P. *Estabilização de latossolo vermelho escuro argiloso com cal e proposição do* Manual Brasileiro de Construção de Solos Estabilizados com Cal. São Paulo: Associação Brasileira dos Produtores de Cal, 1981. (Boletim 13.)

NOGAMI, J. S.; VILLIBOR, D. F. (1985a). Additional Considerations about a New Geotechnical Classification for Tropical Soils. First International Conference on Geomechanics in Tropical Lateritic and Saprolitic Soils. TropicaLS' 85 – ISSMFE; Brazilian Society for Soil Mechanics – ABMS, Brasília. *Anais*. V.1, p.165-174.

NOGAMI, J. S.; BANERJI, P. K.; NETTERBERG, F.; SCHELMANN, W. Preliminary Remarks. In: COMMITTEE ON TROPICAL SOILS OF THE INTERNATIONAL SOCIETY FOR SOIL MECHANICS AND FOUNDATION ENGINEERING (ISSMFE). *Peculiarities of Geotechnical Behaviour of Tropical Lateritic and Saprolitic Soils*: Progress Report São Paulo. São Paulo: ABMS, 1985.

______; VILLIBOR, D. F. Identificação tecnológica de solos tropicais pela metodologia MCT. In: CONGRESSO BRASILEIRO DE MECÂNICA DOS SOLOS E ENGENHARIA DE FUNDAÇÕES (Cobramsef), 6. *Anais*... v.2. Salvador: Associação Brasileira de Mecânica dos Solos e Engenharia de Fundações (ABMS); Associação Brasileira de Geologia de Engenharia (ABGE), 1990.

______; ______. Additional Considerations about a New Geotechnical Classification for Tropical Soils. In: INTERNATIONAL CONFERENCE ON GEOMECHANICS IN TROPICAL LATERITIC AND SAPROLITIC SOILS. TROPICALS'85 – ISSMFE, 1. *Anais*... v.1. Brasília: ABMS, 1985.

NOGAMI, J. S.; VILLIBOR, D. F. ______; ______. (1981). Uma nova classificação de solos para finalidades rodoviárias. Simpósio Brasileiro de Solos Tropicais em Engenharia. Coordenação de Pós-Graduação e Pesquisas em Engenharia – COPPE, Universidade Federal do Rio de Janeiro – UFRJ. Rio de Janeiro.

NOGUEIRA, J. B.; LIMA SOBRINHO, O. O.; GANDOLFI, N. (1985). Characteristics of Compressibility of Soil From Cenozoic Sediments. First International Conference on Geomechanics in Tropical Lateritic and Saprolitic Soils. TropicaLS' 85 – ISSMFE; Brazilian Society for Soil Mechanics – ABMS, Brasília. *Anais*. V.1, p.471-475.

O'REILLY, M. P. Investigação sobre a prática da construção de estradas de rodagem nos trópicos. Rio de Janeiro: Departamento Nacional de Estradas de Rodagem (DNER); Instituto de Pesquisas Rodoviárias (IPR), 1970.

OKA-FIORI, C. Mapeamento das formações superficiais entre Piracicaba e São Carlos (SP). *Boletim Paranaense de Geociências*, v.37, p.53-64, 1987.

OLA, S. A. Stabilization of Nigerian Lateritic Soils with Cement, Bitumen and Lime. In: REGIONAL CONFERENCE FOR AFRICA ON SOIL MECHANIC & FOUNDATION ENGINEERING DURBAN, 6. *Anais*... África do Sul: Balkema, 1975.

OLIVEIRA, A. M. dos S. Depósitos tecnogênicos associados à erosão atual. In: CONGRESSO BRASILEIRO DE GEOLOGIA DE ENGENHARIA, 6. *Anais*... Salvador: Associação Brasileira de Geologia de Engenharia (ABGE), 1990.

OLIVEIRA, J. B. de. *Solos do estado de São Paulo*: descrição das classes registradas no mapa pedológico. Campinas: Instituto Agronômico; Embrapa, 1999. (Boletim Científico, n.45.)

______; CAMARGO, M. N. de; ROSSI, M.; CALDERO FILHO, B. *Mapeamento pedológico do estado de São Paulo*. Escala 1:500.000, quadrículas K e L. São Paulo: Instituto Agronômico de Campinas; Embrapa, 1999.

ORGANISATION DE LAS NACIONES UNIDAS PARA LA AGRICULTURA Y LA ALIMENTACION (FAO). La erosion del suelo por el agua; algunas medidas para combatir-la em las tierras de cultivo. Roma: FAO, 1978. (Coleccion FAO, Fomento de Tierras y Agua, n.7.)

______. Lucha contra las carvacas. Conservation del suelo para los países em desarrollo. *Boletin de Suelos de la FAO*, Roma, n.30, p.83-86, 1976.

ORGANIZAÇÃO DOS ESTADOS AMERICANOS (OEA). *Relatório de estudo para o controle da erosão no nordeste do estado do Paraná*. Curitiba: Departamento Nacional de Obras e Saneamento (DNOS), 1972.

PAIGE, S. Rock-Cut Surfaces in the Desert Ranges. *Journal of Geology*, v.20, p.442-450, 1912.

PARODI, L. H.; MOZETICH, J. Estabilisation de suelos en República Argentina. In: INTERNATIONAL WORLD MEETING, 10. *Anais*... v.2. Rio de Janeiro: International Road Federation (IRF), 1984.

PASTORE, E. L. (1992). *Maciços de Solos Saprolíticos como Fundações de Barragens de Concreto Gravidade*. Tese de Doutorado, Escola de Engenharia de São Carlos (SP) – EESC; Universidade de São Paulo -USP. 290 p.

______. *Traitement des sols aux produits hydrofants en vue des applications routières*. Paris, 1983. 86p. Relatório de estágio – Laboratoire Central des Ponts et Chaussées.

PASTORE, E. L. et al. Correlações entre as classificações pedológicas e geotécnicas de alguns solos do interior do estado de São Paulo. In: CONGRESSO BRASILEIRO DE GEOLOGIA DE ENGENHARIA (CBGE), 6; CONGRESSO BRASILEIRO DE MECÂNICA DOS SOLOS E ENGENHARIA DE FUNDAÇÕES, 9. *Anais...* v.2. Salvador: Associação Brasileira de Geologia de Engenharia (ABGE); Associação Brasileira de Mecânica dos Solos (ABMS), 1990.

PATTON, F. D.; DEERE, D. U. (1971). Geological Factors controlling Slope In Open Pit Mines. First International Conference on Open Pit Mines. Vancouver, 1970.The American Institute of Mining, Metallurgical and Petroleum Engineers. New York, Proceedings, p.23-47, il.

______; ______. (1970). Significant Geological factors in Rock Slope Stability. In: Symposium ono the Theoretical Background to the Planning of Open Pit Mines in Special References to Slope Stability. Johannesburg, p.143-151.

______; HENDRON Jr., A. J. (1974). General Repport on Mass Movements. In: 2nd. International Congress of the International Association of Engineering Geology – IAEG, Associação Brasileira de Geologia de Engenharia – ABGE, São Paulo (SP). *Anais,* v.2, tema 5, p.1-57, il.

PAVINATO, P. S.; ROSOLEM, C. A. (2008).Disponibilidade de nutrientes no solo: decomposição e liberação de compostos orgânicos de resíduos vegetais. *Revista Brasileira de Ciência do Solo,* Viçosa, v.32, n. 3, p.911-920.

PEDRO, G.; MELFI, A. J. (1983). The Superficial Alteration in Tropical Region and the Lateritization Processes. II International Seminar on Lateritization Processes. Instituto Astronômico e Geológico – IAG, Universidade de São Paulo – USP, São Paulo (SP), p.3-13.

PEJON, O. J. *Mapeamento geotécnico da Folha de Piracicaba (SP).* Escala 1.100.000. Estudos de aspectos metodológicos, de caracterização e de apresentação dos atributos. São Carlos-SP, 1992. 2v. Tese (Doutorado) – Escola de Engenharia de São Carlos (Eesc), Universidade de São Paulo (USP).

______; ZUQUETTE, L. V. Carta do potencial de risco à erosão acelerada por escoamento concentrado da Folha de Piracicaba (SP). In: CONGRESSO BRASILEIRO DE GEOLOGIA DE ENGENHARIA (CBGE), 7, Poços de Caldas, 1993. *Anais...* v.2. São Paulo: Associação Brasileira de Geologia de Engenharia (ABGE), 1993.

______; ______. Carta do potencial de risco à erosão acelerada por escoamento concentrado da região de Piracicaba (SP). In: REUNIÃO BRASILEIRA DE MANEJO E CONSERVAÇÃO DO SOLO E DA ÁGUA, 9. *Programa e Resumos.* Jaboticabal: Sociedade Brasileira de Ciência do Solo (SBCS); Universidade Estadual Paulista (Unesp), 1992a.

______; ______. A importância do estabelecimento de cartas de potencial de risco à erosão acelerada. In: CONGRESSO BRASILEIRO DE GEOLOGIA (CBG), 37. *Boletim de Resumos Expandidos...* v.1. São Paulo: Sociedade Brasileira de Geologia (SBG), 1992b.

PENALVA, F. Sedimentos neocenozoicos dos rios Jundiaí, Atibaia e Jaquari, SP. In: CONGRESSO BRASILEIRO DE GEOLOGIA, 18, Poços de Caldas-MG, 1964. (não publ.)

PENTEADO, M. M. *Geomorfologia do setor centro-ocidental da Depressão Periférica Paulista.* São Paulo, 1976. 86p. Tese (Doutorado em Geografia Física) – Instituto de Geografia, Universidade de São Paulo (USP). (Teses e Monografias, n.22.)

______; RANZANI, G. Problemas geomorfológicos relacionados com a gênese dos solos podzolizados, Marília. *Sedimentologia e Pedologia,* São Paulo: Instituto de Geografia, v.6, p.1-23, 1973.

PEREIRA, N. A. M.; LANDIM, P. M. B. Determinação de paleocorrentes em cascalheiras da Formação Rio Claro (Neocenozoico). *Revista Brasileira de Geociências,* v.5, n.2, p.56-63, 1975.

PEREIRA, M. G.; ANJOS, L. H. C. dos; PINHEIRO JÚNIOR, C. R.; PINTO, L. A. da S. R.; NETO, E. C. da S.; FONTANA, A. (2019). Formação e Caracterização de Solos. In: Capítulo 1, Formação, Classificação e Cartografia dos Solos, Leonardo Tullio (Organizador). Editora Atena, Ponta Grossa, Paraná.

PERINOTTO, J. A. de J.; ETCHEBEHERE, M. L. de C.; ZAINE, J. E.; SAAD, A. R. (2006). Nova contribuição ao conhecimento da Formação Rio Claro (T) na folha de Rio Claro (SP). *Revista Geociências,* Universidade Estadual Paulista – UNESP, p.297, v.25, n.3.

PETTIJOHN, F. J. *Sedimentary Rocks.* Nova York: Harper & Brothers, 1949.

PHILIPPONAT, G. Étude expérimentale de l'érosion de sols et du drainage superficiel a Madagascar. *Révue Générale des Routes et des Aérodromes,* Institut Français des Sciences et Technologies des Transports, de l'Aménagement et des Reseaux, n.489, 1973.

______. Problèmes routiers de lutte contre l'erosion en zone tropicale. *Annales de l'Institut du Bâtiment et des Travaux Publiques,* v.23, n.276, 1970.

PICHLER, E. Boçorocas. *Revista Brasileira de Geologia de Engenharia e Ambiental,* São Paulo: Associação Brasileira de Geologia de Engenharia e Ambiental (ABGE), ed.esp., p.9-16, nov. 2011.

PINTO, C. S. Fundações de barragens em solos compressíveis e/ou de baixa resistência. In: SEMINÁRIO NACIONAL DE GRANDES BARRAGENS, 12. *Anais...* v.3. São Paulo: Comitê Brasileiro de Grandes Barragens, 1978.

PONÇANO, W. L. et al. *Mapa geomorfológico do estado de São Paulo.* v.1. São Paulo: Instituto de Pesquisas Tecnológicos de São Paulo (IPT), 1981.

______; PRANDINI, (1987). Boçorocas no Estado de São Paulo: uma revisão. In: 4° Simpósio de Controle de Erosão. Associação Brasileira de Geologia de Engenharia – ABGE; Departamento de Águas e Energia Elétrica – DAEE. Marília (SP). *Anais,* p.149-177.

PRANDINI, F. L.; SEAONE, J. C. S.; SALOMÃO, F. X. T.; GOUVEIA, M. I. F.; FURLANI, G. M. (1990). Susceptibilidade à erosão por boçorocas como condicionantes ao uso planejado do território: plano diretor do município de Casa Branca (SP). 6° Congresso Brasileiro de Geologia de Engenharia CBGE, Associação Brasileira de Geologia de Engenharia; 9° Congresso Brasileiro de Engenharia de Fundações – COBRAMSEF, Associação Brasileira de Mecânica dos Solos – ABMS. Salvador (BA). *Anais,* v.1, p.269-278.

______; GUIDICINI, G.; BOTTURA, J. A.; PONÇANO, W.; SANTOS, A. R. dos (1976). Atuação da cobertura vegetal na estabilidade de encostas: uma resenha crítica. 2° Congresso Brasileiro de Florestas Tropicais, Mossoró (CE). Instituto de Pesquisas Tecnológicas de São Paulo – IPT (1976) publicação 1074, 22 p. il; *Revista Construção Pesada,* São Paulo (SP), outubro 1976, n.6 (69), p.46-70, ll.

QUEIROZ DE CARVALHO, J. B. (1987). Estabilização de solos lateríticos: propriedades e comportamento. Seminário em Geotecnia de Solos Tropicais. Conselho Nacional de Desenvolvimento Científico e Tecnológico CNPq; Serviço Nacional da Indústria SENAI; Universidade de Brasília UNB, Themag Engenharia. Brasília, p.209-221.

QUEIROZ DE CARVALHO, J. B. Estabilização de solos lateríticos: propriedades e comportamento. In: SEMINÁRIO EM GEOTECNIA DE SOLOS TROPICAIS. *Anais*... Brasília: Associação Brasileira de Mecânica dos Solos (ABMS); Conselho Nacional de Desenvolvimento Científico e Tecnológico (CNPq); Serviço Nacional da Indústria (Senai); Universidade de Brasília (UnB); Themag Engenharia, 1987.

______. (1981). Classification of Lateritic Soils Based. On the Lime Stabilization Process. SimpósioBrasileiro de Solos Tropicais em Engenharia, Rio de Janeiro: Coordenação de Pós-Graduação e Pesquisas em Engenharia (Coppe); Universidade Federal do Rio de Janeiro (UFRJ); Conselho Nacional de Desenvolvimento Científico e Tecnológico – CNPq; Associação Brasileira de Mecânica dos Solos – ABMS. P. 442-452.

______. (1979). Soils Properties Affecting the Lime Stabilization of Red Tropicals Soils from North East Brazil. Ph. D. Thesis, Universitity of Leeds, England, 344 p.

______; MEDINA, J. de; NOGAMI, J. S. Characterization, Identification and Classification of Tropical Lateritic and Saprolitic Soils for Geotechnical Purposes: Geotechnical Classification. In: ASSOCIAÇÃO BRASILEIRA DE MECÂNICA DOS SOLOS; INTERNATIONAL SOCIETY OF SOIL MECHANICS AND FOUNDATION ENGINEERING; COMMITTEE ON TROPICAL SOILS. *Pecularities of Geotechnical Behavior of Tropical and Lateritic and Saprolitic Soils*: Progress Report, 1982-1985. São Paulo: Associação Brasileira de Mecânica dos Solos (ABMS), 1985.

QUEIROZ NETO, J. P. de et al. Formações superficiais da região de Marília (SP). *Sedimentologia e Pedologia*, São Paulo: Instituto de Geografia/USP, v.8, p.1-39, 1977.

______; JOURNAUX, A. (Coords.). Carta geomorfológica do vale do rio do Peixe em Marília, SP. *Sedimentologia e Pedologia*, São Paulo: Instituto de Geografia/USP, v.10, p.1-20, 1978.

QUEIROZ, L. A. (1963). Problema especial de deslizamento de terreno natural, em parte da ombreira direita, a montante do eixo da barragem. In: 2° Seminário Brasileiro de Grandes Barragens, Rio de Janeiro (RJ). *Anais*. Comitê Brasileiro de Grandes Barragens (1963). Sanevia, Rio de Janeiro (26), maio (1964), p.103-107, il.

RESENDE, L. R. de et al. Curvas características de um solo fino laterítico estabilizado com cal. In: SIMPÓSIO BRASILEIRO DE SOLOS NÃO SATURADOS, 4. *Anais*... Porto Alegre: ABMS; Comissão Brasileira de Solos Não Saturados; PPGEC; Deciv; UFRGS, 2001.

RICCOMINI, C. *Tecnonismo gerador e deformador dos depósitos pós-gondwânicos da porção centro-oriental do estado de São Paulo e áreas vizinhas*. São Paulo, 1995. 100p. Tese (Livre-Docência) – Instituto de Geociências, Universidade de São Paulo (USP).

RODRIGUES, J. E.; VILAR, O. M. (1984). Estudo de erosão interna de boçorocas através da teoria de carregamento. 4° Congresso Brasileiro de Geologia de Engenharia – CBGE, Associação Brasileira de Geologia de Engenharia – ABGE, Belo Horizonte (MG). *Anais*, v.2, p.163-168.

______. (1982). *Estudo de fenômenos erosivos acelerados*. Tese de Doutorado, Escola de Engenharia de São Carlos – EESC, Universidade de São Paulo – USP. 162 p.

ROSSI, P. L.; ILDEFONSE, P.; NÓBREGA, M. T. de; CHAUVEL, A. Transformations minéralogiques et structurales d'argiles latéritiques brésiliennes provoquées par l'addition de chaux. In: SÉMINAIRE ORSTOM 90: ORGANISATION ET FONCTIONNEMENT DES ALTÉRITES ET DES SOLS. Paris: Office de la Recherche Scientifique et Technique Outre Mer (Orstom), 1990.

RUDDOCK, E. C. (1969). Properties and Position in Lateritic Ground. VII ICSMFE, Specialty Section on Engineering Properties of Lateritic Soils. Mexico, Proceedings, v.1. P.11-21.

RUIZ, M. D. (1974). Rock Slope Stability Analysis: Discontinuities Sheer Strenght Parameters and Prestressing Costs. In: 2nd. International Congress of the International Association of Engineering Geology – IAEG, Associação Brasileira de Geologia de Engenharia – ABGE, São Paulo (SP). *Anais*, v.2, tema 5, trabalho PC-3, 13 p. il.

SALLUN, A. E. M.; SUGUIO, K. Depósitos quaternários da região entre Marília e Presidente Prudente (SP). *Revista Brasileira de Geociências*, v.36, n.3, p.385-395, 2006.

SANTOS OLIVEIRA, A. M. dos S. *Depósitos tecnogênicos e assoreamento de reservatórios*: exemplo do Reservatório de Capivara, rio Paranapanema, SP. São Paulo, 1994. 211p. Tese (Doutorado) – Departamento de Geografia, Faculdade de Filosofia, Ciências e Letras e Ciências Humanas, Universidade de São Paulo (USP).

SANTOS, A. R. dos (1981). Aspectos metodológicos da análise geológico-geotécnica na estabilidade de taludes. 3° Congresso Brasileiro de Geologia de Engenharia – CBGE, Associação Brasileira de Geologia de Engenharia – ABGE. Itapema (SC). *Anais*, v.2, p.409-412.

______. (1972). Conceituação geológica e geotécnica dos diferentes horizontes de solos e rochas típicas do maciço metamórfico da Serra do Mar. Seminário Paulista de Geologia Aplicada – SPGA, Associação Paulista de Geologia Aplicada – APGA, v.4, p.265-274, São Paulo (SP).

SANTOS, H. G. dos et al. (Orgs.). *Sistema brasileiro de classificação de solos*. 2.ed. Rio de Janeiro: Embrapa Solos, 2006.

SCHELLMANN, W. (1979). Considerations on the Definition and Classification of Laterites. Proceedings of International Seminar on Lateritization Processes. Trivandrum, India. Balkema Publishers, 1981, p.1-10.

SHERARD, J. L.; DUNNIGAN, M. P.; DECKER, R. S. Identification and Nature of Dispersive Soils. *Geotechnical Journal*, American Society of Civil Engineers (Asce), v.102, GT4, p.287-301, 1976.

SILVA, R. F. da (Coord). Peculiarities of *in situ* Behaviour of Tropical Lateritic and Saprolitic Soils in their Natural Conditions. In: *Peculiarities of Geotechnical Behavior of Tropical Lateritic and Saprolitic Soils*: Progress Report, 1982-1985. São Paulo: ABMS, 1985.

SISTEMA INTEGRADO DE GESTÃO PÚBLICA (Sigep). *Glossário geológico (dinâmico) ilustrado*. Disponível em: <https://sigep.eco.br/glossario/>. Acesso em: 24 abr. 2024.

SKEMPTON, A. W. The Coloidal "Activity" of Clays. In: INTERNATIONAL CONFERENCE ON SOIL MECHANICS AND FOUNDATION ENGINEERING, 3. *Proceedings*... v.1. Zurique: SIMSG; ISSMGE, 1953.

SOARES, P. C. et al. Ensaio de caracterização estratigráfica no estado de São Paulo: Grupo Bauru. *Revista Brasileira de Geociências*, São Paulo: Sociedade Brasileira de Geologia (SBG), v.10, n.3, p.177-185, 1980.

SOARES, P. C. Geologia da região Sudoeste do estado de São Paulo. In: SIMPÓSIO REGIONAL DE GEOLOGIA, 2, Rio Claro-SP. *Atas*... v.2. São Paulo: Sociedade Brasileira de Geologia (SBG), 1979.

______; LANDIM, P. M. B. Depósitos cenozoicos na região centro-sul do Brasil. *Notícias Geomorfológicas*, Campinas-SP, v.16, n.31, p.17-39, 1970.

SOCIEDADE BRASILEIRA DE GEOLOGIA (SBG). *A Formação Bauru no estado de São Paulo e regiões adjacentes*: mesa-redonda. São Paulo: SBG, 1980. (Publ. esp. n.7.)

SOIL SURVEY STAFF. *Soil Survey Manual*. Washington: United States Department of Agriculture, 1951.

SOUZA JR., N. N. de (1986). *Feições Lito-Estruturais de Interesse Geológico e Geotécnico em Maciços Basálticos*. Dissertação de Mestrado. Programa de Pós-Graduação em Geotecnia, Curso de Mestrado, Escola de Engenharia de São Carlos da USP – EESP.

STEIN, D. P.; MELO, M. S. de; BISTRICHI, C. A.; ALMEIDA, M. A. de; HASUI, Y.; PONÇANO, W.; ALMEIDA, F. F. M. de. (1979). Geologia de parte dos vales dos rios Paraná e Paranapanema. In: Simpósio Regional de Geologia, 2. Rio Claro, 1979. *Atas*... Rio Claro, Sociedade Brasileira de Geologia SBG, Núcleo SP. v.2, p.291-306.

STEVAUX, J. C. *O rio Paraná: geomorfogênese, sedimentação e evolução quaternária do seu curso superior (região de Porto Rico, PR)*. São Paulo, 1991. 242p. Tese (Doutorado) – Instituto de Geociências, Universidade de São Paulo (USP).

STRAHLER, A. N. *Physical Geography*. 2.ed. Nova York: John Wiley & Sons, 1960.

STRAKHOV, N. M. (1962). *The Principles of Lithogenesis*. Oliver & Boyd, v.1, Edinburgh.

SUGUIO, K. (2003). *Geologia Sedimentar*. São Paulo (SP), Editora Edgard Blucher, 400 p.

______. Fatores paleoambientais e paleoclimáticos e subdivisão estratigráfica do Grupo Bauru. In: SOCIEDADE BRASILEIRA DE GEOLOGIA (SBG). *A Formação Bauru no estado de São Paulo e regiões adjacentes*: mesa-redonda. São Paulo: SBG, 1980. (Publ. esp. n.7.)

______. *Formação Bauru*: calcários e sedimentos detríticos associados. São Paulo, 1973. 2v. Tese (Livre-Docência) – Instituto de Geociências, Universidade de São Paulo (USP).

______ et al. Comportamentos estratigráficos e estrutural da Formação Bauru nas regiões administrativas 7 (Bauru), 8 (São José do Rio Preto) e 9 (Araçatuba) no estado de São Paulo. In: SIMPÓSIO REGIONAL DE GEOLOGIA, 1, São Paulo. *Atas*... São Paulo: Sociedade Brasileira de Geologia (SBG), 1977.

SUMMERFIELD, M. A. (1983). Silcrete. In: GOUDIE, A. S.; PYE, K. (Editors). *Chemilcal Sediments and Geomorphology*. Londres: Academy Press, p.59-91.

SWANSON, N. P.; DEDRICK, A. R.; WEAKLY, H. E. Soils Particles and Aggregates Transported in Runoff from Simulate Drainfall. *American Society of Agricultural and Biological Engineers*, v.8, n.3, p.437-440, 1969.

TARDY, Y. Géochimie des altérations: étude des arènes et des eaux de quelques massifs cristallins d'Europe et d'Afrique. *Mémoires du Serv. de la Carte Géologique d'Alsace et de Lorraine*, Estrasburgo, n.31, 1969.

TEIXEIRA, W. et al. *Decifrando a Terra*. São Paulo: Nacional, 2009.

TERZAGHI, K.; PECK, R. B. Soil Mechanics in Engineering Practice. Nova York: John Wiley & Sons, 1967.

THOMAS, M. F. An Approach to Some Problems of Landform Analysis in Tropical Environments. In: WOOD, P. D.; WHITTOW, J. B. (Orgs.). *Essays in Geography for Austin Miller*. Reino Unido: University Reading, 1965.

TOLEDO, M. C. M. de; OLIVEIRA, S. M. B. de; MELFI, A. J. Da rocha ao solo: intemperismo e pedogênese. In: TEIXEIRA, W. et al. *Decifrando a Terra*. São Paulo: Nacional, 2009.

TOUBEAU, Ph. *Optimization des caracteristiques geotechniques et minéralogiques dans le traitement des sols*: application aux betons de terre. Paris, 1987. 183p. Tese (Doutorado) – Université Paris VI.

TOWNSEND, F. C.; MANKE, P. G.; PARCHER, J. V. The Influence of Sesquioxides on Laterite Soil Properties. *Highway Research Board*, v.374, p.80-92, 1971.

TUNCER, E. R. (1976). Engineering Behaviour and Classification of Lateritic Soils in Relation to Soil Genesis. Ph. D. Thesis, Iowa State University, 135 p.

UNITED STATES OF AMERICA (USA). (1975). *Soil Taxonomy*: A Basic System of Soil Classification for Making and Interpreting Soil Surveys. Estados Unidos: Soil Conservation Service US Dept. of Agriculture.

VALADÃO, R. B. *Evolução de longo-termo do relevo do Brasil Oriental (desnudação, superfícies de aplanamento e soerguimento crustais)*. Salvador, 1998. 243p. Tese (Doutorado) – Universidade Federal da Bahia.

VALETON, I. (1983). Pleoenvironnement of Lateritic Bauxites Vertical and Lateral Differentiation. In: WILSON, R. C. L. (Editor). Residual Deposits Surface Related Weathering Processes and Materials. *Geological Society of London*, Special Publication, 11, p.77-90.

VARGAS, M. (1982). The Use of Atterberg in the Classification of Tropical Soils. VII Congresso Brasileiro de Mecânica dos Solos e Engenharia de Fundações, Associação Brasileira de Mecânica dos Solos – ABMS, v.V, p.262-278.

VARGAS, M. Characterization, Identification and Classification of Tropical Soils. In: INTERNATIONAL CONFERENCE OF GEOMECHANICS IN TROPICAL SOILS, 2. *Proceedings*... v.1. Singapura: Balkema, 1988.

______. Identificação e classificação de solos tropicais. In: SEMINÁRIO EM GEOTECNIA DE SOLOS TROPICAIS. *Anais*... Brasília: ABMS; CNPq; Senai; Editora UnB, Themag, 1987.

______. The Concept of Tropical Soils. In: INTERNATIONAL CONFERENCE ON GEOMECHANICS IN TROPICAL LATERITIC AND SAPROLITIC SOILS, 1. *Proceedings*... v.3. São Paulo: ISSMFE; ABMS, 1985.

______. Progresso dos estudos de solos tropicais em São Paulo. In: SIMPÓSIO SOBRE SOLOS TROPICAIS EM ENGENHARIA. *Anais*... v.2. Rio de Janeiro: Coordenação de Pós-Graduação e Pesquisas em Engenharia (Coppe); Universidade Federal do Rio de Janeiro (UFRJ), 1981.

______. Engineering Properties of Residual Soils from Southern-Central Region of Brazil. In: INTERNATIONAL CONGRESS OF THE INTERNATIONAL ASSOCIATION OF ENGINEERING GEOLOGY (IAEG), 2. *Proceedings*... v.1. São Paulo: Iaeg, 1974.

______. Structurally Unstable Soils in Southern Brazil. In: INTERNATIONAL CONFERENCE ON SOIL MECHANICS AND FOUNDATION ENGINEERING, 8.

Proceedings... v.2. Moscou: International Society for Soil Mechanics and Foundation Engineering (ISSMFE), 1973.

VARGAS, M. Geotecnia de solos residuais. *Revista Latino-Americana de Geotecnia*, v.1, 1971.

______. Some Engineering Properties of Residual Clay Soils Occurring in Southern Brazil. In: INTERNATIONAL CONFERENCE ON SOIL MECHANICS AND FOUNDATION ENGINEERING, 3. *Proceedings...* v.1. Zurique: International Society for Soil Mechanics and Foundation Engineering (ISSMFE), 1953.

VAUGHAN, P. R. Mechanical and Hydraulic Properties of Tropical Lateritic and Saprolitic Soils, Particularly Related to the Structure and Mineralogy Components. In: INTERNATIONAL CONFERENCE ON GEOMECHANICS IN TROPICAL LATERITIC AND SAPROLITIC SOILS, 1. *Proceedings...* v.3. São Paulo: ISSMFE; ABMS, 1985.

______. (1985). Mechanical and Hydraulic Properties of Tropical Lateritic and Saprolitic Soils, Particularly Related to the Structure and Mineralogy Components. First International Conference in Tropical, Lateritic and Saprolitic Soils. General Report, Section 2. Proceedings, p.231-283.

______; KWAN, C. W. (1984). Weathering, Structure and "in situ" Stress in Residual Soils. *Géotechnique*, v.34, n.1, p.43-59.

VAZ, L. F. Classificação genética dos solos e dos horizontes de alteração de rocha em regiões tropicais. *Revista Solos e Rochas*, São Paulo, v.19, n.2, p.117-136, ago. 1996.

______. *Estudo geológico de barragens*. v.1. São Paulo: Associação Paulista de Geologia Aplicada – APGA, 1969.

VALLERGA, S. A.; VAN TIL, C. J.; RANAMAND, N. (1969). Engineering Properties of Lateritic Materials Used in Thailand Roads Construction. Specialty Section on Engineering Properties of Lateritic Soils. VII ICSMFE. *Proceedings*, v.2, p.109-121.

VERÇOSA, J. J. do R. *Erosão superficial em taludes de corte em solo residual de gnaisse*. Rio de Janeiro, 1978. Tese (Mestrado) – Coordenação dos Programas de Pós-Graduação em Engenharia (Coppe), Universidade Federal do Rio de Janeiro (UFRJ).

VIEIRA, P. C. (1981). Sugestões para estudo de captação de água subterrânea do Grupo Bauru considerações tectônicas. *Revista Geociências*, v.2, n.2, p.5-16.

VILAR, O. M.; FERREIRA, S. R. de M. (2015). Solos colapsíveis e expansivos. In: Solos não saturados no contexto geotécnico. Associação Brasileira de Mecânica dos Solos e Engenharia Geotécnica – ABMS, Comitê de Solos Não Saturados, Comissão Técnica para a Educação. Organizadores: José Camapum de Carvalho, Gilson de Farias Neves Gitirama Júnior, Sandro Lemos Machado, Márcia Maria dos Anjos Mascarenha, Francisco Chagas da Silva Filho. São Paulo, p.415-440.

______; RODRIGUES, J. E.; NOGUEIRA, J. E. (1981). Solos colapsíveis: um Problema para a Engenharia de Solos Tropicais. In: 1° Simpósio Brasileiros de Solos Tropicais em Engenharia. Universidade Federal do Rio de Janeiro – UFRJ; Coordenação dos Programas de Pós-Graduação de Engenharia – COPPE; Associação Brasileira de Mecânica dos Solos – ABMS; Conselho Nacional de Desenvolvimento Científico e Tecnológico – CNPq. Rio de Janeiro. *Anais*, v.1, p.201-206.

______; RODRIGUES, R. A. Métodos expedidos para a previsão da resistência de solos não saturados e identificação de solos colapsíveis. In: SIMPÓSIO BRASILEIRO DE

SOLOS NÃO SATURADOS, 6. *Anais*... v.II. Salvador: Associação Brasileira de Mecânica dos Solos (ABMS), 2007.

VILAR, O. M.; PRANDI, E. M. (1992). Erosão nos solos. In: Solos no Interior do Estado de São Paulo. Associação Brasileira de Mecânica dos Solos, ABMS, Núcleo Regional de São Paulo; Departamento de Geotecnia da Escola de Engenharia de São Carlos – EESC, São Carlos SP), p.179-206.

______. (1979). *Efeito da Compressão Unidirecional do Sedimento Moderno (Solo Superficial) da Cidade de São Carlos*. Dissertação de Mestrado; Escola de Engenharia de São Carlos – EESC, Universidade de São Paulo – USP, São Carlos.

VITTE, A. C. Etchplanação dinâmica e episódica nos trópicos quentes e úmidos. *Revista do Departamento de Geografia*, Campinas: Unicamp, v.16, p.105-118, 2005.

______. Considerações sobre a teoria da etchplanação e sua aplicação nos estudos das formas de relevos nas regiões tropicais quentes e úmidas. *Terra Livre*, v.16, p.11-24, 2001.

WASHBURNE, C. W. *Petroleum Geology of the State of São Paulo*. São Paulo: Comissão Geográfica e Geológica do Estado de São Paulo, 1930. (Boletim, v.22.)

WHITE, J. C. (1908). Relatório Final da Comissão de Estudos das Minas de Carvão de Pedra no Brasil. Departamento Nacional da Produção Mineral – DNPM, 1988, Parte I p.1-300, Parte II p.301-617 (ed. Fac-similar). Rio de Janeiro.

WISCHMEIER, W. H. Use and Mesuse of the Universal Soil Loss Equation. *Journal of Soil and Water Conservation*, v.31, n.1, p.5-9, 1976.

______; MANNERING, J. V. Relation of Soil Properties to its Erodibility. *Soil Sci. Soc. Amer. Proceedings*, v.33, p.131-137, 1969.

WOHLERS, A. Cenozoico. *Geologia do Estado de São Paulo*, São Paulo: Instituto Geográfico e Geológico, v.41, p.147-169, 1964.

______; MEZZALIRA, S.; SETZER, J. Geologia da Folha de Jundiaí. *Revista do Instituto Geográfico e Geológico*, São Paulo, v.12, n.2, p.116-131, 1954.

WOLLE, C. M. (Coord.) (1985). Pecularities of *in situ* Behaviour of Tropical Lateritic and Saprolitic Soils in their Natural Conditions. In: INTERNATIONAL CONFERENCE ON GEOMECHANICS IN TROPICAL LATERITIC AND SAPROL

______. (1981). Microescorregamentos na Serra do Mar. Simpósio Brasileiro de Solos Tropicais em Engenharia, Rio de Janeiro (RJ). *Anais*, v.1, p.773-785.

______. (1980). Taludes Naturais – Mecanismos de Instabilização e Critérios de Segurança. Msc. Thesis, Escola Politécnica da Universidade de São Paulo – EPUSP, 145 p.

WOOLDRIDGE, S. W.; MORGAN, R. S. *An Outilene of Geomorphology*: The Physical Bases of Geography. 2.ed. Londres: Longmans, Green and Co, 1959.

YOUNG, R. A. Characteristics of Eroded Sediment. *Transcriptions*, American Society of Associates Executives (Asae), v.23, n.5, p.1.139-1.146, 1980.

ZAINE, J. E. *Geologia da Formação Rio Claro na Folha Rio Claro (SP)*. Rio Claro, 1994. 90p. Dissertação (Mestrado em Geociências – Geologia Regional) – Instituto de Geociências e Ciências Exatas, Universidade Estadual Paulista "Júlio de Mesquita Filho" (Unesp).

ZUQUETTE, L. V. (1993). Importância do mapeamento geotécnico no uso e ocupação do meio físico: fundamentos e guia para a elaboração. Tese de Livre-Docência, Escola de Engenharia de São Carlos – EESC, Universidade de São Paulo – USP.

SOBRE O LIVRO

Formato: 16 x 23 cm
Mancha: 27,5 x 49 paicas
Tipologia: Horley Old Style 11/15
Papel: Off-set 75 g/m² (miolo)
Cartão Triplex 250 g/m² (capa)

1ª edição Editora Unesp: 2025

EQUIPE DE REALIZAÇÃO

Capa
Marcelo Girard

Edição de texto
Tulio Kawata (Copidesque)
Carmen T. S. Costa (Revisão)

Editoração eletrônica
Sergio Gzeschnik

Assistente de produção
Erick Abreu

Assistência editorial
Alberto Bononi
Gabriel Joppert

Rettec artes gráficas e editora

Rua Xavier Curado, 388 • Ipiranga - SP • 04210 100
Tel.: (11) 2063 7000
rettec@rettec.com.br • www.rettec.com.br